科学出版社"十三五"普通高等教育本科规划教材

机器学习中的基本算法

范丽亚　编著

科　学　出　版　社

北　京

内 容 简 介

本书共八章. 第 1 章和第 2 章简要介绍了机器学习的基本概念、研究内容、算法体系, 以及相关的优化理论与优化算法. 第 3 章和第 4 章详细介绍了几类作为分类器和回归器的支持向量机算法, 包括算法出发点、建模思想、理论推导和算法在数据分类、识别、拟合、预测等方面的应用. 第 5 章和第 6 章着重介绍了两类常用的数据预处理方法, 一类是数据的特征提取方法, 另一类是数据的聚类方法. 第 7 章和第 8 章介绍了几类常用的神经网络算法和数据相关分析算法.

本书可用作数据科学与大数据技术、人工智能与云计算、计算机科学与应用、数学与应用数学等本科专业中机器学习课程的教材, 也可用作相关或相近学科研究生的参考教材.

图书在版编目(CIP)数据

机器学习中的基本算法/范丽亚编著. —北京：科学出版社, 2020.6
科学出版社"十三五"普通高等教育本科规划教材
ISBN 978-7-03-065202-7

Ⅰ.①机…　Ⅱ.①范…　Ⅲ.①机器学习-算法-教材　Ⅳ.①TP181

中国版本图书馆 CIP 数据核字 (2020) 第 086032 号

责任编辑：王丽平　孙翠勤 / 责任校对：彭珍珍
责任印制：赵　博 / 封面设计：陈　敬

科 学 出 版 社 出版
北京东黄城根北街 16 号
邮政编码：100717
http://www.sciencep.com

固安县铭成印刷有限公司印刷
科学出版社发行　各地新华书店经销
*
2020 年 6 月第　一　版　开本：720 × 1000　1/16
2024 年 4 月第五次印刷　印张：11 3/4　插页：1
字数：240 000
定价：88.00 元
(如有印装质量问题, 我社负责调换)

前　　言

　　机器学习作为人工智能领域的关键技术之一，是近 20 年兴起的一门多领域交叉学科，是研究计算机怎样模拟或实现人类的学习行为，以获取新的知识或技能. 它是人工智能的核心，是使计算机具有智能的根本途径，其应用遍及人工智能的各个领域. 机器学习理论主要是设计和分析一些让计算机可以自动 "学习" 的算法. 机器学习算法是一类从数据中自动分析获得规律，并利用规律对未知数据进行预测的方法，其中涉及大量的统计学知识和最优化理论与应用方面的知识. 在算法设计方面，机器学习理论关注的是可以实现的、行之有效的学习算法.

　　机器学习有十分广泛的应用，例如：计算机视觉、自然语言处理、生物特征识别、搜索引擎、医学诊断、检测信用卡欺诈、证券市场分析、DNA 序列测序、语音和手写识别、自主车辆驾驶、智能机器人等. 除此之外，机器学习的理论方法还可用于大数据集的数据挖掘这一领域. 事实上，在任何有数据积累的领域，机器学习方法均可发挥作用.

　　有关机器学习的知识进入大学课堂，既顺应了时代发展的潮流，也符合新时代教育改革的要求. 对于数学教育而言，既应该让学生掌握准确快速的计算方法和严密的逻辑推理，也需要培养他们用数学知识和计算机工具分析和解决实际问题的意识和能力. 传统的数学教育体系和内容无疑偏重于前者，开设机器学习课程则是加强后者的一种有益的、成功的尝试. 近年来，已有三百余所高校增设了数据科学与大数据技术专业，机器学习课程是该专业必不可少的必修课.

　　本书是作者在多年从事机器学习研究的基础上，参考大量文献而编写的. 学完本书全部内容约需 64 学时，其中课堂教学 48 学时，上机实验 16 学时. 本书针对的主要授课对象是数学与应用数学、数据科学与大数据技术、计算机科学与应用等专业的本科生. 全书共八章，包括机器学习简介、最优化的基本理论、支持向量机、数据的特征组合方法、数据聚类方法、神经网络简介以及典型相关分析等内容. 实验与课后作业随授课内容而定，主要是针对课堂讲授的算法进行数据实现.

　　由于作者水平有限，书中不尽完善之处在所难免，恳请读者批评指正.

范丽亚

2019 年 6 月于聊城大学

目　　录

彩图

第 1 章　机器学习简介

当前, 与数据有关的流行词汇很多, 如: 模式识别 (Pattern Recognition, PR)、数据挖掘 (Data Mining, DM)、人工智能 (Artificial Intelligence, AI)、机器学习 (Machine Learning, ML)、神经网络 (Neural Network, NN)、深度学习 (Deep Learning, DL) 等, 这些词汇中的每一个都代表着一个研究领域, 而且这些领域相互有交叉, 共同的基本工具之一就是最优化理论与算法、矩阵论、计算机软件等. 图 1.0.1 可以简单描述这些领域之间的关系.

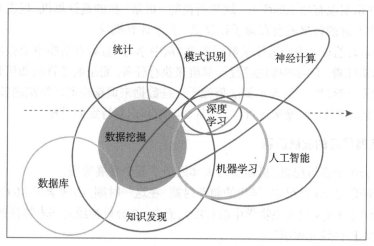

图 1.0.1　机器学习与相近领域的关系

机器学习并不是一个新概念, 最早的机器学习算法可追溯到 20 世纪 50 年代. 随着计算机软硬件的不断升级, 机器学习在复杂问题中的应用也越来越广泛, 譬如: 信息安全 (识别网络攻击模式)、图像分析 (面部识别、指纹识别)、大数据和深度学习 (市场营销)、物体识别和对象预测 (多传感器数据融合、自动驾驶)、模式识别 (分析代码漏洞) 等.

1.1　机器学习的基本概念

1.1.1　何为机器学习

学习是人类具有的一种重要智能行为. 但究竟什么是 "学习", 长期以来却众说纷纭. 社会学家、逻辑学家和心理学家都各有不同的看法. 按照人工智能大师西蒙的观点, "学习" 就是系统在不断重复的工作中对本身能力的增强或改进, 使得系统在下一次执行同样任务或类似任务时, 会比现在做得更好或效率更高. 西蒙对 "学习" 给出的定义本身就说明了学习的重要作用. 机器能否像人类一样可以具有学习能力呢? 1959 年, 美国的塞缪尔 (Samuel) 设计了一个下棋程序, 这个程序具有学习能力, 它可以在不断的对弈中改善自己的棋艺. 四年后, 这个程序战胜了设计者本人. 又过了三年, 这个程序战胜了美国一位保持八年不败的冠军. 这个程序向人们展示了机器学习的能力, 提出了许多令人深思的社会问题和哲学问题.

那么, 何为机器学习呢? 迄今为止, 还没有一个统一的定义, 而且也很难给出一个公认的和准确的定义. 简单地说, 机器学习是研究如何使用机器来模拟人类学习活动的一门学科. 稍为严格点的说法, 机器学习是一门研究机器如何获取新知识和新技能, 并识别现有知识的学问. 这里所说的 "机器" 指的是计算机, 现在是电子计算机, 或许不远的将来就会有量子计算机、光子计算机等.

机器学习的核心是 "用算法解析数据, 从中学习, 然后对某些事物做出决定或预测". 这意味着, 无需明确地编程计算机来执行任务, 而是教计算机如何开发算法来完成任务. "学习" 一词表示算法依赖于一些数据来调整模型或算法的参数, 可通过使用视频、图片、向量来进行学习, 从而归纳和识别特定的目标.

1.1.2　机器学习的发展历程

在过去半个多世纪里, 机器学习大体经历了五个发展阶段.

第一阶段是 20 世纪 40 年代的萌芽时期. 在这一时期, 心理学家 McCulloch 和数理逻辑学家 Pitts 引入生物学中的神经元概念, 在分析神经元基本特性的基础上, 提出了 "M-P 神经元模型".

第二阶段是 20 世纪 50 年代中叶至 60 年代中叶的热烈时期. 尽管在萌芽时期, 神经元的运作过程得到明晰, 但神经网络学习的高效运作需要依赖相关学习规则. 热烈时期的标志正是经典学习规则的提出. 1957 年, 美国神经学家 Rosenblatt 提出了最简单的前向人工神经网络——感知器, 开启了监督学习的先河.

第三阶段是 20 世纪 60 年代中叶至 70 年代中叶的冷静时期. 由于感知器结构单一, 并且只能处理简单的线性可分问题, 故如何突破这一局限, 成为理论界关注的焦点. 在冷静时期, 机器学习的发展几乎停滞不前.

第四阶段是 20 世纪 70 年代中叶至 80 年代末的复兴时期. 1980 年, 美国卡内基梅隆大学举办了首届机器学习国际研讨会, 标志着机器学习在世界范围内的复兴. 1986 年, 机器学习领域的专业期刊 *Machine Learning* 面世, 意味着机器学习再次成为理论及业界关注的焦点. 在复兴时期, 机器学习领域的最大突破是人工神经网络种类的丰富, 由此弥补了感知器单一结构的缺陷.

第五阶段是 20 世纪 90 年代后的多元发展时期. 通过对前四个阶段的梳理可知, 虽然每一阶段都存在明显的区分标志, 但几乎都是围绕人工神经网络方法及其学习规则的衍变展开. 事实上, 除了人工神经网络, 机器学习中的其他算法也在这些时期崭露头角. 例如, 1986 年, 澳大利亚计算机科学家罗斯·昆兰在 *Machine Learning* 上发表了著名的 ID3(迭代二叉树三代, Iterative Dichotomiser 3) 算法, 带动了机器学习中决策树算法的研究. 自 1995 年统计学家瓦普尼克 (Vapnik) 等在 *Machine Learning* 上发表了支持向量机 (Support Vector Machine, SVM) 起, 以 SVM 为代表的统计学习便大放异彩, 并迅速对符号学习的统治地位发起挑战. 与此同时, 集成学习与深度学习的提出, 成为机器学习的重要延伸.

1.1.3　机器学习与人工智能和深度学习之间的关系

人工智能 (AI) 是研究如何使计算机去做过去只能由人才能完成的工作, 如图 1.1.1 所示.

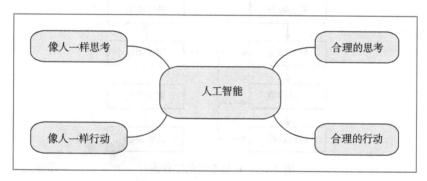

图 1.1.1　人工智能的研究思想

机器学习 (ML) 是人工智能的软件支撑, 主要研究人工智能中的学习算法. 机器学习的核心是数据与训练, 从数据中学习模型的过程称为 "训练", 用学到的模型进行预测的过程称为 "测试", 学到的模型适用于新样本的能力称为 "泛化能力". 机器学习的本质是寻找一个决策函数. 机器学习主要分为监督学习、无监督学习和强化学习三个类型, 包含众多算法, 各有优缺点.

深度学习 (DL) 是指含有多个隐层 (Hidden Layers) 的人工神经网络. 人工神经网络可以只包含输入层 (Input Layer) 和输出层 (Output Layer), 而没有隐层, 这样的网络称为浅层网络或单层网络. 而深度学习不仅有输入层和输出层, 还至少需有一个隐层.

综上所述, 人工智能、机器学习、神经网络与深度学习之间的关系可表示为图 1.1.2.

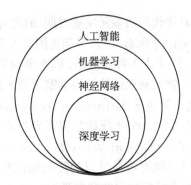

图 1.1.2   人工智能、机器学习、神经网络与深度学习之间的关系

1.1.4   机器学习的工作流程

简单地说, 机器学习的工作流程可用图 1.1.3 表示.

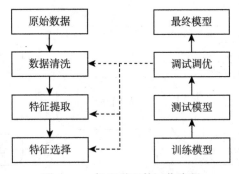

图 1.1.3   机器学习的工作流程

首先收集数据, 然后对数据进行处理. 这一过程包括对数据的清洗、特征提取、特征选择、降噪处理等. 将处理好的数据分为训练集和测试集, 根据学习任务, 利用训练集学习模型, 利用测试集测试和调优模型, 利用调整好的模型完成任务.

处理数据主要包含以下几个方面.

缺失值处理: 常用平均值、中值、分位数、众数、随机值、插值等来填充.

格式与内容处理: 问题五花八门, 处理起来要极为细心, 如去除重复数据.

降噪处理: 噪声数据过多会导致模型的泛化能力差, 但适当的噪声数据有助于防止模型的过度拟合.

特征提取与特征选择都可看作是数据的降维方法. 特征提取 (也称特征组合) 主要是指将原有的 n 个特征通过适当的方法组合为 $j(j < n)$ 个特征; 特征选择是指在原有的 n 个特征中通过适当的方法去掉若干个 $(n - m$ 个) 不太重要的特征, 保留剩下的特征 $(m$ 个).

1.2 两个简单的例子

例 1.2.1 瑞雪兆丰年

"瑞雪兆丰年" 是一条谚语, 其意思是: 如果前一年冬天下雪很大很多, 第二年庄稼丰收的可能性就比较大. 那么这条谚语是怎么得来的呢? 我们想象一下当时的情景.

第一年冬天: 雪很大, 世界很美! 第二年收获时节, 庄稼大丰收!

第二年冬天: 没怎么下雪, 不过景色也不错! 第三年收获时节, 庄稼颗粒无收, 苍天啊! 我怎么活啊!

第三年冬天: 哇, 又下雪了, 世界真美! 第四年收获时节, 又是大丰收!

年复一年, 若干年后的一个冬天, 下起了大雪. 农民老伯根据多年的经验, 断定来年肯定是一个丰收年. 这就是 "瑞雪兆丰年" 的故事.

头年的瑞雪和来年的丰收, 本是两个看起来并不相关的现象, 但是智慧的农民老伯通过几十年甚至几代人的经验, 总结出了两个现象之间的规律. 现代的农业科学家可以借助往年的下雪量和第二年的亩产量, 通过数据分析, 很快就可以弄清楚 "瑞雪兆丰年" 背后的原理.

例 1.2.2 啤酒与尿布

20 世纪 90 年代, 某超市拥有大量的顾客资源, 并且已经采用了先进的计算机技术, 随时记录每天顾客购物车中所挑选的商品明细. 在其中一个普通的日子里:

顾客 A: 我今天买了一双拖鞋、一瓶洗发水、两瓶鱼子酱;

顾客 B: 我今天买了一个网球拍、两瓶啤酒、一包尿布;

顾客 C: 我今天买了一瓶啤酒、两瓶葡萄酒、三瓶二锅头. 本想买尿布, 可是没找到, 算了;

顾客 D: 我今天买了五份尿布、一瓶啤酒、两斤茄子;

顾客 E: 我今天本来想买啤酒和尿布, 可是只找到尿布, 没找到啤酒, 只能买一样又太麻烦, 我去另一家超市看看吧;

……

就这样经年累月, 这家超市积累了大量的顾客购物数据. 直到有一天, 它的技术专家发现: 购买了啤酒的顾客, 更有可能同时购买尿布. 为此, 它尝试将超市中的啤酒和尿布摆放在相近的柜台, 这样也许会带来意想不到的收获. 这一尝试实行后,

顾客 C: 哈哈, 今天找到尿布了, 啤酒和尿布我都买了, 妈妈再也不用担心我找不到商品了;

顾客 E: 啤酒和尿布放在一起了, 真是方便, 以后天天来这家超市, 再也不用去别家超市了.

从此, 该超市的销售额得到了显著提升, 啤酒和尿布的故事也广为流传, 成为销售界和 IT 界津津乐道的成功典范.

顾客购买啤酒和购买尿布的行为, 原本是两个看起来没什么关联的现象, 但是该超市的技术专家以大量的用户购物数据为样本, 通过先进的方法, 最终找到了两者之间的重要关联和规律.

问题来了: 如何利用机器学习算法来找到 "头年的瑞雪和来年的丰收" 以及 "啤酒和尿布" 之间的关系呢?

1.3　机器学习的研究内容

机器学习主要研究面向分类、聚类、回归、关联、降维等任务的学习算法, 包括基于统计的学习方法和人工神经网络方法. 复杂一些的人工神经网络可用作深度学习, 具有强大的拟合能力. 在瑞雪兆丰年的例子中, 从新一年降雪情况推断出下一年收获情况就是回归任务; 而在啤酒与尿布的例子中, 只需要找出它们之间的关联关系, 并不需要进行回归. 因此, 这两个例子分属于不同的机器学习任务.

1.3.1　机器学习算法的种类

机器学习涵盖众多算法, 主要分为监督学习 (Supervised Learning) 算法、半监督学习 (Semi-supervised Learning) 算法、无监督学习 (Unsupervised Learning) 算法和强化学习 (Reinforcement Learning) 算法. 下面介绍这些算法的基本模式.

监督学习算法包含分类算法和回归算法, 使用的数据均为带有类标签的数据. 分类算法是基于对已有的标签数据的学习, 实现对新数据类标签的判别; 回归算法是针对连续型输出变量进行预测, 通过已有数据寻找输入变量和输出变量之间的关系, 然后利用这种关系对新输入数据预测其输出.

半监督学习算法包含分类算法、回归算法和聚类算法, 使用的数据少数带有类标签, 多数不带有类标签.

无监督学习算法包含聚类算法和降维算法, 使用的数据不带有类标签. 聚类算法属于一种探索性的数据分析技术, 在没有任何已知信息 (类标签、输出变量、反馈信息等) 的情况下, 将数据划分为若干个组或簇, 使得每一簇的数据具有一定的相似度, 且不同簇的数据之间有较大的区别. 在实际应用中, 所处理的数据往往是高维数据 (成百上千维), 占据存储空间大且处理起来成本也高. 通过降维, 可以去掉数据中的噪声, 以及不同维度中所存在的相似特征, 在保留数据重要信息的情况下, 最大程度地将数据压缩到一个低维空间中.

1.3.2 机器学习算法的评价标准

在机器学习中, 不同的算法有不同的评价标准. 分类算法常用的评价标准有五个: 误差 (Error, ERR)、准确率 (Accuracy, ACC)、精度 (Precision, PRE)、召回率 (Recall, REC) 和 F1 分数 (F1-Score).

为了给出上述五个评价标准的定义, 首先介绍真正 (True Positive, TP)、真负 (True Negative, TN)、假正 (False Positive, FP) 和假负 (False Negative, FN) 的概念. 图 1.3.1 是一个直观定义.

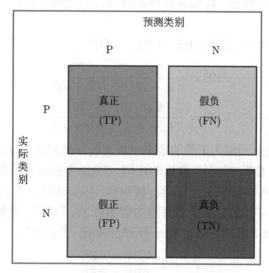

图 1.3.1　真正、真负、假正、假负的含义

其中 TP 是指实际是正类, 预测也是正类的数据数; TN 是指实际是负类, 预测也是负类的数据数; FP 是指实际是负类, 预测为正类的数据数; FN 是指实际是正类, 预测为负类的数据数

ERR 和 ACC 都是反映错误分类数据数量的信息. 误差和准确率之和为 1, 即 ERR = 1−ACC, 其中

$$\text{ACC} = \frac{\text{真正} + \text{真负}}{\text{样本总数}} = \frac{\text{TP} + \text{TN}}{\text{TP} + \text{TN} + \text{FP} + \text{FN}},$$

$$\text{ERR} = \frac{\text{假正} + \text{假负}}{\text{样本总数}} = \frac{\text{FP} + \text{FN}}{\text{TP} + \text{TN} + \text{FP} + \text{FN}}.$$

ERR 反映的是被错误分类 (简称错分) 的数据比例, ACC 反映的是被正确分类的数据比例.

对于类标签数据的数量不平衡的分类问题, 真正率 (TP Rate, TPR) 和假正率 (FP Rate, FPR) 也是非常有用的评价标准. TPR 表示正类数据被正确分类的比例,

FPR 表示负类数据被错误分类的比例, 其中

$$\text{TPR} = \frac{真正}{正类样本数} = \frac{\text{TP}}{\text{TP} + \text{FN}},$$

$$\text{FPR} = \frac{假正}{负类样本数} = \frac{\text{FP}}{\text{TN} + \text{FP}}.$$

在有些情况中, 真正率比假正率更为重要. 如在癌症患者的诊断中 (恶性肿瘤为正类, 良性肿瘤为负类), 主要关注的是能正确诊断出恶性肿瘤患者 (真正率), 这样能使患者得到及时救治. 降低良性肿瘤被误诊的比例 (假正率) 固然重要, 但对患者的影响不大.

除了 ERR 和 ACC, 还有 PRE 和 REC, 其中

$$\text{PRE} = \frac{真正}{真正 + 假正} = \frac{\text{TP}}{\text{TP} + \text{FP}},$$

$$\text{REC} = \frac{真正}{真正 + 真负} = \frac{\text{TP}}{\text{TP} + \text{TN}}.$$

PRE 反映的是被判别为正类的数据中被正确分类的比例, REC 反映的是所有被判别正确类别的数据中, 正类数据的比例. PRE 主要适用于类标签数据数量不平衡的分类问题, 例如恐怖分子 (正类, 极少数) 和非恐怖分子 (负类, 大量). PRE 也可被理解为算法寻找数据集中感兴趣的数据点 (视为正类) 的能力.

F1 分数是组合 PRE 和 REC 的一种评价标准, 其定义为

$$\text{F1} = 2 \cdot \frac{\text{PRE} \times \text{REC}}{\text{PRE} + \text{REC}}.$$

1.3.3 机器学习算法中的过拟合和欠拟合现象

机器学习算法中常会出现的两种现象: 欠拟合现象和过拟合现象.

欠拟合现象是指所构建的算法没有很好地捕捉到数据的本质特征, 因而不能很好地拟合数据. 如图 1.3.2 中的 Size 和 Price 数据集, 直线拟合就是欠拟合.

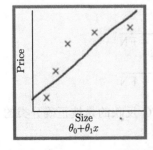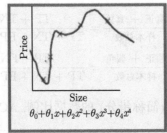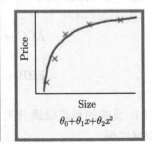

图 1.3.2 数据拟合中的过拟合和欠拟合现象

过拟合现象是指所构建的算法把数据学习的太彻底, 以至于把噪声数据的特征都学习进去了, 这样就会导致在测试过程中不能很好地识别数据, 使得算法泛化能力减弱. 如图 1.3.2 所示的四次多项式拟合就是过拟合, 而二次多项式拟合是恰当的拟合. 在树叶的识别学习中, 就有可能出现如图 1.3.3 所示的过拟合和欠拟合现象.

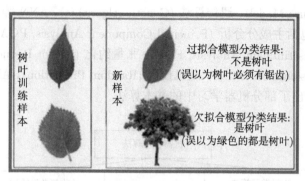

图 1.3.3   树叶识别中的过拟合和欠拟合现象

那么, 如何避免过拟合和欠拟合呢?

针对欠拟合现象, 可采用下面三种方法.

(1) 添加其他特征项, 细化数据的特征. 有时候算法出现欠拟合现象是因为特征项不够多, 这时可以通过添加特征项来解决.

(2) 增加拟合多项式的次数, 这是一个常用的方法. 如将线性拟合改进为二次多项式拟合或三次多项式拟合, 使得算法的泛化能力更强.

(3) 减少正则化参数. 正则化的目的是防止算法过拟合.

针对过拟合现象, 可采取如下方法.

(1) 重新清洗数据. 导致过拟合的一个原因可能是数据不纯.

(2) 增加训练数据的个数. 训练集过小容易产生过拟合.

(3) 采用正则化方法. 正则化方法包括 l_0 正则、l_1 正则和 l_2 正则. 正则是指在目标函数中加入一个适当的范数 (机器学习中称为正则项).

1.4   机器学习算法概述

根据不同的学习任务, 机器学习的基本算法大致可分为四类: 分类算法、回归算法、聚类算法和降维算法. 每类算法大体上都是先构建最优化模型, 然后在求解模型的基础上提出相应的算法.

分类算法包括分类树 (Classification Tree)、支持向量机、随机森林 (Random Forest)、模糊分类 (Fuzzy Classification)、人工神经网络 (Artificial Neural Network,

ANN) 等.

回归算法包括线性回归 (Linear Regression)、Logistic 回归 (Logistic Regression)、支持向量回归 (Support Vector Regression, SVR)、决策树 (Decision Tree)、贝叶斯网络 (Bayesian Network)、模糊分类、ANN 等.

聚类算法包括 k-均值聚类, 层次聚类 (Hierarchical Clustering)、高斯混合模型 (Gaussian Mixture Model)、遗传算法 (Genetic Algorithm)、ANN 等.

降维算法包括主成分分析 (Principal Component Analysis, PCA)、Fisher 判别分析 (Fisher Discriminant Analysis, FDA)、张量约化 (Tensor Reduction)、多维统计 (Multidimensional Statistics)、随机投影 (Random Projection)、ANN 等.

图 1.4.1 列出了部分机器学习中的基本算法.

图 1.4.1 部分机器学习中的基本算法

下面简述一些常用的机器学习算法.

(1) 决策树. 在进行逐步应答的过程中, 典型的决策树分析会使用分层变量或决策节点, 它使用树状图来决定决策或可能的后果. 例如, 将一个用户分类为信用可靠或不可靠. 决策树的优点是擅长对人、地点、事物的一系列不同特征、品质、特性进行评估. 常用于基于规则的信用评估、赛马结果预测等问题, 其工作原理见图 1.4.2.

(2) 支持向量机. 主要用于对数据集进行分类和回归, 例如新闻分类、手写字母识别、模式识别等. 优点是擅长在变量 x 与其他变量之间进行二元分类操作, 无论其关系是否为线性. 支持向量机的工作原理见图 1.4.3.

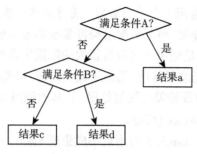

图 1.4.2 决策树的工作原理

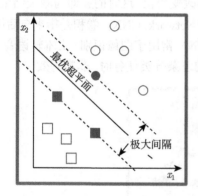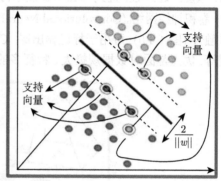

图 1.4.3 支持向量机的工作原理

(3) 回归 (Regression). 回归可以勾画出因变量与一个或多个自变量之间的状态关系. 譬如路面交通流量分析、邮件过滤等. 优点是可用于识别变量之间的连续关系, 即便这个关系不是非常明显.

(4) 朴素贝叶斯分类 (Naive Bayesian Classification, NBC). NBC 主要用于计算可能条件的分支概率. 每个独立的特征都是条件独立的, 不会影响其他特征. 譬如在一个装有 2 个黄球和 3 个红球的罐子里, 连续拿到两个黄球的概率是多少? 从图 1.4.4 中可以看出, 前后抓取两个黄球的概率为 1/10.

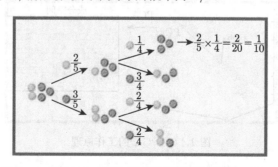

图 1.4.4 连续拿到两个黄球的概率

(5) k-近邻. 该算法常用于多分类数据. 通过对某个数据 k 个近邻的类标签投票多少来对该数据进行分类, 将其分配给类标签投票最多的类. 用一个距离函数来执行这个分类过程, 优点是适用于对容量较大的数据集进行自动分类.

(6) k-均值. 是一种无监督算法, 常用于聚类问题. 分组的数目 k 是一个输入参数, 不合适的 k 可能会导致较差的聚类结果. 其基本思路为:

(a) 任选 k 个 centroid 点 (质心);

(b) 数据在最接近的 centroid 点附近形成集群 (簇);

(c) 利用现有簇中数据点的均值产生新的 centroid 点;

(d) 重复上述过程, 直到 centroid 点不再改变为止, 这时的簇即为聚类结果.

(7) 卷积神经网络 (Convolutional Neural Network, CNN). 卷积是指来自后续层的权重融合 (图 1.4.5), 可用于标记输出层. CNN 常用于图像识别、文本转语音、药物发现等, 优点是面对数据规模大、特征多的复杂分类任务时, 非常有效.

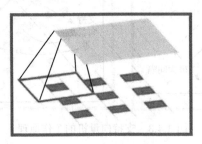

图 1.4.5　卷积的原理

(8) 主成分分析. 主要用于对高维数据的降维任务. 减少高维数据的特征有两类常用的方法, 一是特征选择, 选择去掉一些承载任务信息不多的特征; 另一是特征组合, 将承载相近信息的特征组合在一起, 达到降维的目的. PCA 是一个常用的无监督特征组合方法, 它将数据的 n 个特征组合为 $k(k < n)$ 个正交的特征 (称为主成分), 如图 1.4.6 所示.

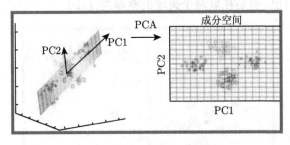

图 1.4.6　PCA 的工作原理

(9) 线性判别分析 (Linear Discriminant Analysis, LDA). 不同于 PCA, LDA 是

另一个常用的监督特征组合方法, 它是将高维数据映射到最佳判别子空间中, 使得数据在该子空间中有最佳的可分离性, 如图 1.4.7 所示.

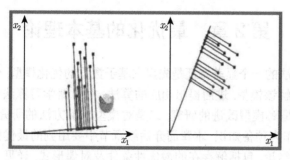

图 1.4.7 LDA 的工作原理

第 2 章　最优化的基本理论

机器学习算法的一个显著特征是先建立基于数据的优化模型, 然后利用最优化的理论和算法求解该模型, 进而提出相应的算法. 对机器学习算法的研究主要集中在三个方面: 一是对模型改进的研究, 二是对模型求解方法的研究, 三是对数据形式的拓展研究. 作为预备知识, 本章简介后续章节中要用到的最优化理论中的一些基本概念和基本结论, 包括解存在的最优性条件及对偶形式, 详见文献 [1, 2, 3].

2.1　最优化问题

在生产和经营过程中, 经常会遇到一些这样的问题: 在生产条件不变的情况下, 如何通过统筹安排, 合理利用人力、物力、财力等资源, 使总经济效益最好. 这样的问题常常可以转化为最优化问题, 下面看三个简单的问题.

例 2.1.1 (生产计划问题)　某工厂计划生产 A, B 两种产品, 生产每吨产品的用煤量、用电量、工作日及所带来的利润见表 2.1.1.

表 2.1.1　原材料用量表

	用煤量/吨	用电量/千瓦时	工作日/天	利润/元
A	9	4	3	7000
B	5	5	10	12000

由于条件限制, 该厂现有煤 360 吨, 电 200 千瓦时, 工作日 300 天. 问 A, B 两种产品各生产多少吨能使工厂获利最大.

解　设 A 产品生产 x_1 吨, B 产品生产 x_2 吨 (称 x_1, x_2 为决策变量), 则工厂获利为 $7000x_1 + 12000x_2$(称为目标函数), 同时 x_1, x_2 受到如下限制:

$$
\begin{aligned}
9x_1 + 5x_2 &\leqslant 360 \quad &\text{(煤资源限制)},\\
4x_1 + 5x_2 &\leqslant 200 \quad &\text{(电资源限制)},\\
3x_1 + 10x_2 &\leqslant 300 \quad &\text{(工作日限制)},\\
x_1, x_2 &\geqslant 0 \quad &\text{(非负限制)},
\end{aligned}
\tag{2.1.1}
$$

为了使利润最大, 可构建如下数学结构:

$$\max_{x_1,x_2} \quad 7000x_1 + 12000x_2$$
$$\text{s.t.} \quad 9x_1 + 5x_2 \leqslant 360,$$
$$4x_1 + 5x_2 \leqslant 200, \tag{2.1.2}$$
$$3x_1 + 10x_2 \leqslant 300,$$
$$x_1, x_2 \geqslant 0,$$

其中 max 和 s.t. 分别是 maximize(最大化) 和 subject to(约束于) 的简写. 称不等式组 (2.1.1) 为约束条件, 称每个不等式为一个约束.

例 2.1.2 (处理水污染问题) 如图 2.1.1 所示, 靠近某河流有两个工厂: 工厂 1 和工厂 2, 流经工厂 1 的水量是 500 万立方米/天. 在两个工厂之间有一条流量为 200 万立方米/天的支流, 流向工厂 2. 工厂 1 每天排放的工业污水是 2 万立方米, 工厂 2 每天排放的工业污水是 1.4 万立方米. 从工厂 1 排出的污水到工厂 2 之前, 有 20% 可自然净化. 根据环保要求, 河流中工业污水的含量应不大于 0.2%. 若两个工厂都各自处理一部分污水, 工厂 1 处理污水的成本是 1000 元/万立方米, 工厂 2 处理污水的成本是 800 元/万立方米. 问在满足环保要求的条件下, 两工厂各应处理多少污水才能使总处理费最少?

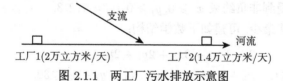

图 2.1.1 两工厂污水排放示意图

解 设工厂 1 每天处理 x_1 万立方米的污水, 工厂 2 每天处理 x_2 万立方米的污水, 则目标函数为 $1000x_1 + 800x_2$. 根据环保要求, 工厂 1 排出的污水到支流汇入处应满足约束:

$$\frac{2 - x_1}{500} \leqslant \frac{2}{1000 - 2}.$$

两工厂的污水总排量应满足约束:

$$\frac{0.8(2 - x_1) + (1.4 - x_2)}{700 + 0.2(2 - x_1)} \leqslant \frac{2}{1000 - 2}.$$

决策变量 x_1, x_2 还应满足约束 $0 \leqslant x_1 \leqslant 2, 0 \leqslant x_2 \leqslant 1.4$. 为了使总处理费最少, 可构建如下数学结构:

$$\min_{x_1,x_2} \quad 1000x_1 + 800x_2$$
$$\text{s.t.} \quad \frac{2 - x_1}{500} \leqslant \frac{2}{1000 - 2},$$
$$\frac{0.8(2 - x_1) + (1.4 - x_2)}{700 + 0.2(2 - x_1)} \leqslant \frac{2}{1000 - 2}, \tag{2.1.3}$$
$$0 \leqslant x_1 \leqslant 2, \quad 0 \leqslant x_2 \leqslant 1.4,$$

其中 min 是 minimize(最小化) 的简写.

例 2.1.3 (运输问题)   现从两个仓库 A_1, A_2 运输某种物资到三个部队 $B_1, B_2,$ B_3. 各仓库的存储量、各部队的需求量及每吨物资的运输费 (单位: 百元) 可参见表 2.1.2. 问如何调运可使总运费最少?

表 2.1.2   存储量、需求量和单位运费

仓库	单位运费/百元			存储量/吨
	B_1	B_2	B_3	
A_1	2	1	3	50
A_2	2	2	4	30
需求量/吨	40	15	25	

解   设从仓库 A_1 运往部队 B_1, B_2, B_3 的运输量分别为 x_1, x_2, x_3(吨), 从仓库 A_2 运往部队 B_1, B_2, B_3 的运输量分别为 y_1, y_2, y_3(吨), 则总费用为
$$2x_1 + x_2 + 3x_3 + 2y_1 + 2y_2 + 4y_3.$$
仓库 A_1, A_2 受到的约束分别为 $x_1 + x_2 + x_3 \leqslant 50, y_1 + y_2 + y_3 \leqslant 30.$
部队 B_1, B_2, B_3 受到的约束分别为 $x_1 + y_1 \geqslant 40, x_2 + y_2 \geqslant 15, x_3 + y_3 \geqslant 25.$
决策变量还受到非负约束 $x_i \geqslant 0, y_j \geqslant 0, i, j = 1, 2, 3.$
为了使总运费最少, 可建如下数学结构:

$$
\begin{aligned}
\min \quad & 2x_1 + x_2 + 3x_3 + 2y_1 + 2y_2 + 4y_3 \\
\text{s.t.} \quad & x_1 + x_2 + x_3 \leqslant 50, \quad y_1 + y_2 + y_3 \leqslant 30, \\
& x_1 + y_1 \geqslant 40, \quad x_2 + y_2 \geqslant 15, \quad x_3 + y_3 \geqslant 25, \\
& x_i \geqslant 0, \quad y_j \geqslant 0, \quad i, j = 1, 2, 3.
\end{aligned}
\tag{2.1.4}
$$

这样的问题可以举出很多. 可以看出结构 (2.1.2)—(2.1.4) 具有一些共同的特点: 目标函数都是决策变量的线性函数, 最大化或最小化目标函数, 每个约束都是决策变量的线性等式或线性不等式, 决策变量为非负实数. 具有这些特点的数学结构统称为线性规划 (Linear Programming, LP) 模型. 可用线性规划模型描述的问题称为线性规划问题. 线性规划模型的一般形式为

$$
\begin{aligned}
\max(\text{或}\min) \quad & z = c_1 x_1 + \cdots + c_n x_n \\
\text{s.t.} \quad & a_{i1} x_1 + \cdots + a_{in} x_n = b_i, \quad i = 1, \cdots, p, \\
& a_{i1} x_1 + \cdots + a_{in} x_n \leqslant b_i, \quad i = p+1, \cdots, q, \\
& a_{i1} x_1 + \cdots + a_{in} x_n \geqslant b_i, \quad i = q+1, \cdots, m, \\
& x_j \in R, \quad j = 1, \cdots, n,
\end{aligned}
\tag{2.1.5}
$$

其中 $x_j \in R, j = 1, \cdots, n$ 是决策变量 (称为自由变量), $z = \sum\limits_{j=1}^{n} c_j x_j$ 是目标函数, 称每个 $c_j (j = 1, \cdots, n)$ 为价值系数. 为了便于书写, 模型 (2.1.5) 常用矩阵形式表

示. 记

$$x = \begin{bmatrix} x_1 \\ \vdots \\ x_n \end{bmatrix}, \quad c = \begin{bmatrix} c_1 \\ \vdots \\ c_n \end{bmatrix}, \quad r_1 = \begin{bmatrix} b_1 \\ \vdots \\ b_p \end{bmatrix}, \quad r_2 = \begin{bmatrix} b_{p+1} \\ \vdots \\ b_q \end{bmatrix}, \quad r_3 = \begin{bmatrix} b_{q+1} \\ \vdots \\ b_m \end{bmatrix},$$

$$A_1 = \begin{bmatrix} a_{11} & \cdots & a_{1n} \\ \vdots & \ddots & \vdots \\ a_{p1} & \cdots & a_{pn} \end{bmatrix}, \quad A_2 = \begin{bmatrix} a_{p+11} & \cdots & a_{p+1n} \\ \vdots & \ddots & \vdots \\ a_{q1} & \cdots & a_{qn} \end{bmatrix},$$

$$A_3 = \begin{bmatrix} a_{q+11} & \cdots & a_{q+1n} \\ \vdots & \ddots & \vdots \\ a_{m1} & \cdots & a_{mn} \end{bmatrix},$$

则模型 (2.1.5) 可表示为

$$\begin{aligned} \max_{x \in R^n} (\text{或} \min_{x \in R^n}) \quad & c^{\mathrm{T}}x \\ \text{s.t.} \quad & A_1 x - r_1 = 0, \\ & A_2 x - r_2 \leqslant 0, \\ & -A_3 x + r_3 \leqslant 0. \end{aligned} \qquad (2.1.6)$$

如果目标函数或约束函数中至少有一个是决策变量的非线性函数, 则对应的数学结构称为非线性规划 (Nonlinear Programming, NLP) 模型, 其一般形式为

$$\begin{aligned} \min_{x \in R^n} \quad & f(x) \\ \text{s.t.} \quad & c_i(x) \leqslant 0, \quad i = 1, \cdots, m, \\ & g_j(x) = 0, \quad j = 1, \cdots, p, \end{aligned} \qquad (2.1.7)$$

其中 $f, c_i, g_j : R^n \to R$ 均为函数且至少有一个不是线性函数. 如果 $f, c_i, g_j : R^n \to R$ 都是线性函数, 则模型 (2.1.7) 是线性规划模型. 模型 (2.1.7) 也可表示为

$$\begin{aligned} \min_{x \in R^n} \quad & f(x) \\ \text{s.t.} \quad & c_i(x) \leqslant 0, \quad i = 1, \cdots, m, \\ & c_j(x) = 0, \quad j = m+1, \cdots, m+p. \end{aligned} \qquad (2.1.8)$$

称模型 (2.1.7) 或模型 (2.1.8) 为约束最优化模型. 由于每个等式约束 $c_j(x) = 0$ 都可用两个不等式约束 $c_j(x) \leqslant 0, -c_j(x) \leqslant 0$ 来代替, 所以模型 (2.1.8) 也可等价地表示为

$$\begin{aligned} \min_{x \in R^n} \quad & f(x) \\ \text{s.t.} \quad & c_i(x) \leqslant 0, \quad i = 1, \cdots, q. \end{aligned}$$

满足所有约束条件的点称为模型的可行解, 可行解的集合称为可行域. 例如, 集合 $D = \{x \in R^n : c_i(x) \leqslant 0, i = 1, \cdots, m, g_j(x) = 0, j = 1, \cdots, p\}$ 是模型 (2.1.7) 的可行域, 而 $x \in D$ 是模型 (2.1.7) 的可行解.

特别地, 若目标函数是决策变量的二次函数, 所有约束函数都是决策变量的线性函数, 则称模型 (2.1.7) 为二次规划模型, 其一般形式为

$$\min_{x \in R^n} \quad \frac{1}{2} x^{\mathrm{T}} G x + b^{\mathrm{T}} x$$
$$\text{s.t.} \quad A_1 x + r_1 \leqslant 0, \quad A_2 x + r_2 = 0,$$

其中 $G \in R^{n \times n}, A_1 \in R^{m \times n}, A_2 \in R^{p \times n}$ 是矩阵, $b \in R^n, r_1 \in R^m, r_2 \in R^p$ 是向量.

2.2　基本概念与基本结论

首先, 考虑无约束最优化模型 $\min_{x \in R^n} f(x)$. 若存在 $x^* \in R^n$ 使得

$$f(x^*) \leqslant f(x), \quad \forall x \in R^n,$$

则称 x^* 为全局最优解或全局极小解 (简称全局解). 若存在 $x^* \in R^n$ 的一个邻域 $N(x^*)$ 使得

$$f(x^*) \leqslant f(x), \quad \forall x \in R^n \cap N(x^*),$$

则称 x^* 为局部最优解或局部极小解 (简称局部解). 所有全局解 (局部解) 的集合称为全局解集 (局部解集).

其次, 考虑约束最优化模型 (2.1.7). 设可行域 D 非空, 若存在 $x^* \in D$ 使得

$$f(x^*) \leqslant f(x), \quad \forall x \in D,$$

则称 x^* 为全局解. 若存在 $x^* \in D$ 的一个邻域 $N(x^*)$ 使得

$$f(x^*) \leqslant f(x), \quad \forall x \in D \cap N(x^*),$$

则称 x^* 为局部解. 不论是约束最优化模型还是无约束最优化模型, 全局解一定是局部解, 但局部解不一定是全局解. 寻找全局解很难, 大部分情况下都是寻找局部解.

设 $S \subseteq R^n$ 是非空集合. 若对任意的 $x, y \in S$ 和任意的 $t \in [0, 1]$, 有 $tx + (1-t)y \in S$, 则称 S 是凸集, 这时称 $tx + (1-t)y$ 是 x 和 y 的凸组合. 一般地, 对任意有限个 $x_1, \cdots, x_l \in R^n$ 和任意有限个 $t_1, \cdots, t_l \in [0, 1] : t_1 + \cdots + t_l = 1$, 称 $t_1 x_1 + \cdots + t_l x_l$ 是 $x_1, \cdots, x_l$ 的凸组合, 称 $t_1, \cdots, t_l$ 是凸组合系数.

设 $S \subseteq R^n$ 是非空凸集, $f : S \to R$ 是函数. 若对任意的 $x, y \in S$ 和任意的 $t \in [0,1]$, 有 $f(tx + (1-t)y) \leqslant tf(x) + (1-t)f(y)$, 则称 f 是凸函数.

对约束最优化模型 (2.1.7), 若目标函数和所有的约束函数都是凸函数, 则称其为凸规划模型; 否则, 称之为非凸规划模型.

定理 2.2.1 非空集合 $S \subseteq R^n$ 是凸集当且仅当 S 中任意有限个点的凸组合仍属于 S.

证明 充分性显然成立, 下面只需证明必要性.

设 $S \subseteq R^n$ 是凸集. 任取有限个点 $x_1, \cdots, x_l \in S$ 和有限个数 $t_1, \cdots, t_l \in [0,1] : \sum_{i=1}^{l} t_i = 1$, 证明凸组合 $t_1 x_1 + \cdots + t_l x_l \in S$. 下面对个数 l 用归纳法:

若 $l = 1$, 则凸组合 $t_1 x_1 + \cdots + t_l x_l$ 退化为 $x_1 \in S$.

若 $l = 2$, 则凸组合 $t_1 x_1 + \cdots + t_l x_l$ 退化为 $t_1 x_1 + (1-t_1)x_2$. 由凸集的定义知, $t_1 x_1 + (1-t_1)x_2 \in S$.

假设当 $l = k$ 时, 有 $t_1 x_1 + \cdots + t_k x_k \in S$, 其中 $t_i \geqslant 0, i = 1, \cdots, k$ 且 $\sum_{i=1}^{k} t_i = 1$.

当 $l = k+1$ 时, 考虑凸组合 $x = t_1 x_1 + \cdots + t_k x_k + t_{k+1} x_{k+1}$, 其中 $t_i \geqslant 0, i = 1, \cdots, k+1$ 且 $\sum_{i=1}^{k+1} t_i = 1$. 若 $t_{k+1} = 0$, 则 $\sum_{i=1}^{k} t_i = 1$. 由假设知

$$x = t_1 x_1 + \cdots + t_k x_k + t_{k+1} x_{k+1} = t_1 x_1 + \cdots + t_k x_k \in S.$$

若 $t_{k+1} = 1$, 则 $t_1 = \cdots = t_k = 0$. 这时 $x = t_1 x_1 + \cdots + t_k x_k + t_{k+1} x_{k+1} = x_{k+1} \in S$. 若 $t_{k+1} \in (0,1)$, 则 $\sum_{i=1}^{k} t_i = 1 - t_{k+1}$ 且

$$x = \sum_{i=1}^{k} t_i \left(\frac{t_1}{\sum_{i=1}^{k} t_i} x_1 + \cdots + \frac{t_k}{\sum_{i=1}^{k} t_i} x_k \right) + t_{k+1} x_{k+1}$$

$$= (1 - t_{k+1}) \left(\frac{t_1}{1 - t_{k+1}} x_1 + \cdots + \frac{t_k}{1 - t_{k+1}} x_k \right) + t_{k+1} x_{k+1}.$$

记 $z = \frac{t_1}{1 - t_{k+1}} x_1 + \cdots + \frac{t_k}{1 - t_{k+1}} x_k$. 由假设知 $z \in S$ 且 $x = (1 - t_{k+1})z + t_{k+1} x_{k+1}$. 由 S 是凸集知 $x \in S$.

定理 2.2.2 设 $S \subseteq R^n$ 是非空凸集, $f : S \to R$ 是可微函数. 则 f 是凸函数当且仅当对任意的 $x, y \in S$ 有 $f(x) \geqslant f(y) + \nabla f(y)^{\mathrm{T}}(x - y)$, 其中 $\nabla f(y)$ 表示函数 f 的梯度.

证明 先证必要性.

设 f 是凸函数, 则对任意的 $x, y \in S$ 和任意的 $t \in (0, 1]$, 有

$$y + t(x - y) = tx + (1 - t)y \in S$$

和

$$f(y + t(x - y)) \leqslant tf(x) + (1 - t)f(y) = f(y) + t[f(x) - f(y)].$$

进而有

$$\frac{f(y + t(x - y)) - f(y)}{t} \leqslant f(x) - f(y).$$

令 $t \downarrow 0$, 则 $\nabla f(y)^{\mathrm{T}}(x - y) \leqslant f(x) - f(y)$, 即 $f(x) \geqslant f(y) + \nabla f(y)^{\mathrm{T}}(x - y)$.

再证充分性.

设对任意的 $x, y \in S$ 有 $f(x) \geqslant f(y) + \nabla f(y)^{\mathrm{T}}(x - y)$. 任取 $x, y \in S$ 和 $t \in (0, 1]$, 有 $\bar{y} = tx + (1 - t)y \in S$ 且

$$f(x) \geqslant f(\bar{y}) + \nabla f(\bar{y})^{\mathrm{T}}(x - \bar{y}), \tag{2.2.1}$$

$$f(y) \geqslant f(\bar{y}) + \nabla f(\bar{y})^{\mathrm{T}}(y - \bar{y}). \tag{2.2.2}$$

$(2.2.1) \times t + (2.2.2) \times (1 - t)$ 得 $tf(x) + (1 - t)f(y) \geqslant f(\bar{y})$, 即

$$f(y + t(x - y)) \leqslant tf(x) + (1 - t)f(y).$$

由定义知 f 是凸函数.

定理 2.2.3 (凸规划模型解的性质)   针对凸规划模型

$$\min_{x} \quad f(x)$$
$$\mathrm{s.t.} \quad c_i(x) \leqslant 0, \quad i = 1, \cdots, q,$$

(1) 可行域 $D = \{x \in R^n : c_i(x) \leqslant 0, i = 1, \cdots, q\}$ 是凸集;

(2) 局部解一定是全局解, 即 x^* 是局部解当且仅当 x^* 是全局解;

(3) 最优解集是凸集.

证明 首先证明结论 (1).

任取 $x, y \in D$ 和 $t \in [0, 1]$, 有 $c_i(x) \leqslant 0, c_i(y) \leqslant 0, i = 1, \cdots, q$. 由每个 c_i 是凸函数知

$$c_i(tx + (1 - t)y) \leqslant tc_i(x) + (1 - t)c_i(y) \leqslant 0, \quad i = 1, \cdots, q.$$

于是有 $tx + (1 - t)y \in D$. 由凸集的定义知, 可行域 D 是凸集.

其次证明结论 (2).

设 x^* 是局部解, 则 $x^* \in D$ 且存在 x^* 的一个邻域 $N(x^*)$ 使得

$$f(x^*) \leqslant f(x), \quad \forall x \in D \cap N(x^*). \tag{2.2.3}$$

任取 $x \in D$ 和 $t \in [0,1]$, 由结论 (1) 知 $tx + (1-t)x^* \in D$. 由 f 是凸函数知

$$f(tx + (1-t)x^*) \leqslant tf(x) + (1-t)f(x^*) = f(x^*) + t[f(x) - f(x^*)].$$

当 t 取充分小的正数时, 有 $tx + (1-t)x^* \in D \cap N(x^*)$, 将其代入 (2.2.3) 式, 有

$$f(x^*) \leqslant f(tx + (1-t)x^*).$$

于是

$$f(tx + (1-t)x^*) \leqslant f(tx + (1-t)x^*) + t[f(x) - f(x^*)].$$

上式等价于 $f(x^*) \leqslant f(x), \forall x \in D$. 因此 x^* 是全局解.

最后证明结论 (3).

设 M 是最优解集. 任取 $x_1, x_2 \in M$ 和 $t \in [0,1]$, 有 $x_1, x_2 \in D$ 且

$$\begin{aligned} f(x_1) &\leqslant f(x), \quad \forall x \in D, \\ f(x_2) &\leqslant f(x), \quad \forall x \in D. \end{aligned} \tag{2.2.4}$$

由结论 (1) 知 $tx_1 + (1-t)x_2 \in D$. 由 (2.2.4) 式和函数 f 的凸性可推出

$$f(tx_1 + (1-t)x_2) \leqslant tf(x_1) + (1-t)f(x_2) \leqslant tf(x) + (1-t)f(x) = f(x), \quad \forall x \in D.$$

于是 $tx_1 + (1-t)x_2 \in M$, 故 M 是凸集.

定理 2.2.4　考虑二次函数 $f(x) = \dfrac{1}{2}x^{\mathrm{T}}Gx + r^{\mathrm{T}}x + b$, 其中 $G \in R^{n \times n}, r \in R^n, b \in R$. 若 G 是对称非负定阵, 则 f 是凸函数.

证明　任取 $x, y \in R^n$. 显然 $\nabla f(y) = Gy + r, \nabla^2 f(y) = G, \nabla^3 f(y) = 0$. 将 $f(x)$ 在点 y 进行 Taylor 展开:

$$\begin{aligned} f(x) &= f(y) + \nabla f(y)^{\mathrm{T}}(x - y) + \frac{1}{2}(x - y)^{\mathrm{T}}\nabla^2 f(y)(x - y) \\ &= f(y) + \nabla f(y)^{\mathrm{T}}(x - y) + \frac{1}{2}(x - y)^{\mathrm{T}}G(x - y). \end{aligned}$$

由于 G 是对称非负定阵, 所以 $(x - y)^{\mathrm{T}}G(x - y) \geqslant 0$. 从而有

$$f(x) \geqslant f(y) + \nabla f(y)^{\mathrm{T}}(x - y).$$

由定理 2.2.2 知, f 是凸函数.

根据定理 2.2.4, 若二次规划模型

$$\min_{x \in R^n} \quad \frac{1}{2} x^{\mathrm{T}} G x + r^{\mathrm{T}} x$$

$$\text{s.t.} \quad A x + b \leqslant 0$$

中的 G 是对称非负定阵, 则此二次规划模型是凸规划模型. 再根据定理 2.2.3, 此二次规划模型的局部解就是全局解.

2.3　最优性条件

最优性条件是指最优化模型解存在的充分条件、必要条件或充分必要条件. 最优性条件是提出求解最优化模型有效算法的理论保证. 本节先考虑无约束最优化模型解的最优性条件, 然后考虑约束最优化模型解的最优性条件 [1].

定理 2.3.1 (无约束模型解存在的必要条件)　设 $f : R^n \to R$ 是连续可微函数, 且 $x^* \in R^n$ 是无约束模型

$$\min_{x \in R^n} f(x) \tag{2.3.1}$$

的局部解, 则 $\nabla f(x^*) = 0$.

证明　任取 $d \in R^n$, 定义函数 $\varphi : R \to R$ 使得

$$\varphi(\alpha) = f(x^* + \alpha d), \quad \forall \alpha \in R.$$

由函数 f 连续可微知, 函数 φ 也连续可微. 由 x^* 是局部解知, 存在 x^* 的一个邻域 $N(x^*)$ 使得 $f(x^*) \leqslant f(x), \forall x \in N(x^*)$. 由于 $\lim\limits_{\alpha \to 0}(x^* + \alpha d) = x^*$, 所以存在 $\alpha = 0$ 的一个邻域 $N(0)$ 使得

$$x^* + \alpha d \in N(x^*), \quad \forall \alpha \in N(0).$$

于是,

$$f(x^* + 0 \cdot d) = f(x^*) \leqslant f(x^* + \alpha d), \quad \forall \alpha \in N(0),$$

即 $\varphi(0) \leqslant \varphi(\alpha), \forall \alpha \in N(0)$, 这表明 $\alpha = 0$ 是函数 $\varphi : R \to R$ 的局部极小解. 进而

$$0 = \varphi'(0) = \lim_{\alpha \to 0} \frac{\varphi(\alpha) - \varphi(0)}{\alpha} = \lim_{\alpha \to 0} \frac{f(x^* + \alpha d) - f(x^*)}{\alpha}$$

$$= \lim_{\alpha \to 0} \frac{\nabla f(x^* + \theta \alpha d)^{\mathrm{T}} \alpha d}{\alpha} = \nabla f(x^*)^{\mathrm{T}} d,$$

其中 θ 在 0 和 α 之间. 由向量 d 的任意性知 $\nabla f(x^*) = 0$.

定理 2.3.2 (无约束模型解存在的充分必要条件) 设 $f : R^n \to R$ 是连续可微的凸函数, 则 x^* 是无约束模型 (2.3.1) 的最优解当且仅当 $\nabla f(x^*) = 0$.

证明 由 $f : R^n \to R$ 是连续可微的凸函数知, 模型 (2.3.1) 是凸规划模型. 由定理 2.2.3 知, 模型 (2.3.1) 的局部解一定是全局解. 根据定理 2.3.1, 只需证明充分性即可.

设 $x^* \in R^n$ 满足 $\nabla f(x^*) = 0$. 由函数 f 的凸性和定理 2.2.2 可推出

$$f(x) \geqslant f(x^*) + \nabla f(x^*)^{\mathrm{T}}(x - x^*) = f(x^*), \quad \forall x \in R^n.$$

由此可知 x^* 是最优解.

考虑一般的约束优化模型 (2.1.7):

$$\min_{x \in R^n} \quad f(x)$$
$$\mathrm{s.t.} \quad c_i(x) \leqslant 0, \quad i = 1, \cdots, m,$$
$$g_j(x) = 0, \quad j = 1, \cdots, p.$$

记 $c(x) = [c_1(x), \cdots, c_m(x)]^{\mathrm{T}}, g(x) = [g_1(x), \cdots, g_p(x)]^{\mathrm{T}}$. 称

$$L(x, \alpha, \beta) = f(x) + \alpha^{\mathrm{T}} c(x) + \beta^{\mathrm{T}} g(x), \quad \forall(x, \alpha, \beta) \in R^n \times R^m_+ \times R^p$$

为模型 (2.1.7) 的 Lagrange 函数, 称 α, β 为 Lagrange 乘子向量. 若目标函数 $f(x)$ 和所有的约束函数 $c_i(x), g_j(x)$ 都是可微的, 则

$$\nabla_x L(x, \alpha, \beta) = \nabla f(x) + \nabla c(x)\alpha + \nabla g(x)\beta$$
$$= \nabla f(x) + \sum_{i=1}^{m} \alpha_i \nabla c_i(x) + \sum_{j=1}^{p} \beta_j \nabla g_j(x),$$

其中

$$\nabla c(x) = [\nabla c_1(x), \cdots, \nabla c_m(x)] \in R^{n \times m}, \quad \nabla g(x) = [\nabla g_1(x), \cdots, \nabla g_p(x)] \in R^{n \times p}.$$

令 $\nabla_x L(x, \alpha, \beta) = 0$, 得 $\nabla f(x) + \nabla c(x)\alpha + \nabla g(x)\beta = 0$. 称

$$\begin{cases} \nabla f(x) + \nabla c(x)\alpha + \nabla g(x)\beta = 0, \\ c(x) \leqslant 0 \Leftrightarrow c_i(x) \leqslant 0, i = 1, \cdots, m, \\ g(x) = 0 \Leftrightarrow g_j(x) = 0, j = 1, \cdots, p, \\ \alpha \geqslant 0 \Leftrightarrow \alpha_i \geqslant 0, i = 1, \cdots, m, \\ \alpha^{\mathrm{T}} c(x) = 0 \Leftrightarrow \alpha_i c_i(x) = 0, i = 1, \cdots, m \end{cases} \tag{2.3.2}$$

为模型 (2.1.7) 的 Karush-Kuhn-Tucher 条件 (简称 KKT 条件), 称 $\alpha^{\mathrm{T}} c(x) = 0$ 为互补松弛条件. 若 $x \in R^n$ 满足 (2.3.2) 式, 则称其满足 KKT 条件.

定理 2.3.3 (一般约束模型解存在的 KKT 必要条件)　对一般的约束优化模型:

$$\min_{x \in R^n} \quad f(x)$$
$$\text{s.t.} \quad c_i(x) \leqslant 0, \quad i = 1, \cdots, m, \tag{2.3.3}$$
$$c_j(x) = 0, \quad j = m + 1, \cdots, m + p,$$

设①目标函数 $f(x)$ 是连续可微的; ② 所有的约束函数 $c_i(x), i = 1, \cdots, m + p$ 是线性函数, 即 $c_i(x) = a_i^T x - b_i, i = 1, \cdots, m$; ③ x^* 是局部解. 则 x^* 满足 KKT 条件, 即存在 $\alpha^* = (\alpha_1^*, \cdots, \alpha_m^*)^T \in R_+^m, \beta^* = (\beta_{m+1}^*, \cdots, \beta_{m+p}^*)^T \in R^p$ 使得

$$\begin{cases} \nabla f(x^*) + \sum_{i=1}^m \alpha_i^* \nabla c_i(x^*) + \sum_{j=m+1}^{m+p} \beta_j^* \nabla c_j(x^*) = 0, \\ c_i(x^*) \leqslant 0, \quad i = 1, \cdots, m, \\ c_j(x^*) = 0, \quad j = m + 1, \cdots, m + p, \\ \alpha_i^* \geqslant 0, \quad \alpha_i^* c_i(x^*) = 0, \quad i = 1, \cdots, m. \end{cases} \tag{2.3.4}$$

定义 2.3.1 (有效约束和有效集)　(1) 设 $\bar{x} \in R^n$, 若 $c_k(\bar{x}) = 0 (k \in \{1, \cdots, m + p\})$, 则称第 k 个约束在 $\bar{x}$ 处是有效约束;

(2) 设 $\bar{x} \in R^n, A(\bar{x}) = \{k : c_k(\bar{x}) = 0\}$. 称 $A(\bar{x})$ 是点 $\bar{x}$ 的有效集, 即 $\bar{x}$ 处有效约束的指标集.

定理 2.3.4 (一般约束模型解存在的 KKT 必要条件)　对一般约束模型 (2.3.3), 若

(1) 目标函数 $f(x)$ 和所有的约束函数 $c_i(x), i = 1, \cdots, m + p$ 都是连续可微的;

(2) x^* 是局部解;

(3) $A(x^*)$ 是 x^* 的有效集且向量组 $\{\nabla c_k(x^*) : k \in A(x^*)\}$ 线性无关.

则 x^* 满足 KKT 条件, 即存在 $\alpha^* = (\alpha_1^*, \cdots, \alpha_m^*)^T \in R_+^m, \beta^* = (\beta_{m+1}^*, \cdots, \beta_{m+p}^*)^T \in R^p$ 满足 (2.3.4) 式.

定理 2.3.5 (不等式约束模型解存在的鞍点充分条件)　对不等式约束模型:

$$\min_{x \in R^n} \quad f(x)$$
$$\text{s.t.} \quad c_i(x) \leqslant 0, \quad i = 1, \cdots, m, \tag{2.3.5}$$

引入 Lagrange 函数

$$L(x, \alpha) = f(x) + \alpha^T c(x), \quad \forall (x, \alpha) \in R^n \times R_+^m,$$

若 $x^* \in R^n$ 满足鞍点条件, 即存在 $\alpha^* = (\alpha_1^*, \cdots, \alpha_m^*)^T \in R_+^m$ 使得

$$L(x^*, \alpha) \leqslant L(x^*, \alpha^*) \leqslant L(x, \alpha^*), \quad \forall (x, \alpha) \in R^n \times R_+^m.$$

则 x^* 是模型 (2.3.5) 的全局解.

证明 首先证明 x^* 是模型 (2.3.5) 的可行解.

设 D 是模型 (2.3.5) 的可行域. 由鞍点条件知 $L(x^*, \alpha) \leqslant L(x^*, \alpha^*), \forall \alpha \in R_+^m$,
即 $\sum_{i=1}^{m} \alpha_i c_i(x^*) \leqslant \sum_{i=1}^{m} \alpha_i^* c_i(x^*), \forall \alpha \in R_+^m$. 从而有

$$\sum_{i=1}^{m} (\alpha_i - \alpha_i^*) c_i(x^*) \leqslant 0, \quad \forall \alpha \in R_+^m. \tag{2.3.6}$$

取 m 个向量 $\alpha^1, \cdots, \alpha^m$ 使得 $\alpha^j = \alpha^* + \varepsilon_j, j = 1, \cdots, m,$ 其中

$$\varepsilon_j = (0, \cdots, 0, \underset{j}{1}, 0, \cdots, 0)^{\mathrm{T}}, \quad j = 1, \cdots, m.$$

显然 $\alpha^1, \cdots, \alpha^m \in R_+^m$ 且由 (2.3.6) 知 $c_j(x^*) \leqslant 0, j = 1, \cdots, m,$ 故 $x^* \in D$.

其次证明 x^* 是模型 (2.3.5) 的最优解.

在 (2.3.6) 式中取 $\alpha = 0$ 可得 $\sum_{i=1}^{m} \alpha_i^* c_i(x^*) \geqslant 0$. 再由鞍点条件知 $L(x^*, \alpha^*) \leqslant L(x, \alpha^*), \forall x \in D,$ 即

$$f(x^*) + (\alpha^*)^{\mathrm{T}} c(x^*) \leqslant f(x) + (\alpha^*)^{\mathrm{T}} c(x), \quad \forall x \in D. \tag{2.3.7}$$

由 $x, x^* \in D$ 可推出 $c(x^*) \leqslant 0, c(x) \leqslant 0$. 从而有

$$(\alpha^*)^{\mathrm{T}} c(x^*) = \sum_{i=1}^{m} \alpha_i^* c_i(x^*) \leqslant 0, \quad (\alpha^*)^{\mathrm{T}} c(x) = \sum_{i=1}^{m} \alpha_i^* c_i(x) \leqslant 0.$$

进而可推出 $\sum_{i=1}^{m} \alpha_i^* c_i(x^*) = 0$, 将其与 $\sum_{i=1}^{m} \alpha_i^* c_i(x) \leqslant 0$ 代入 (2.3.7) 式, 可得

$$f(x^*) \leqslant f(x) + (\alpha^*)^{\mathrm{T}} c(x) \leqslant f(x), \quad \forall x \in D.$$

由此可知 x^* 是模型 (2.3.5) 的最优解.

定理 2.3.6 (一般约束模型解存在的鞍点充分条件) 对一般的约束模型 (2.3.3):

$$\begin{aligned}
\min_{x \in R^n} \quad & f(x) \\
\text{s.t.} \quad & c_i(x) \leqslant 0, \quad i = 1, \cdots, m, \\
& c_j(x) = 0, \quad j = m+1, \cdots, m+p,
\end{aligned}$$

引入 Lagrange 函数

$$L(x, \alpha, \beta) = f(x) + \sum_{i=1}^{m} \alpha_i c_i(x) + \sum_{j=m+1}^{m+p} \beta_j c_j(x), \quad \forall (x, \alpha, \beta) \in R^n \times R_+^m \times R^p. \tag{2.3.8}$$

若 $x^* \in R^n$ 满足鞍点条件, 即存在 $(\alpha^*, \beta^*) \in R_+^m \times R^p$ 使得

$$L(x^*, \alpha, \beta) \leqslant L(x^*, \alpha^*, \beta^*) \leqslant L(x, \alpha^*, \beta^*), \quad \forall (x, \alpha, \beta) \in R^n \times R_+^m \times R^p.$$

则 x^* 是模型 (2.3.3) 的全局解.

因为一般约束模型 (2.3.3) 可以转化为不等式约束模型 (2.3.5), 所以可用类似于定理 2.3.5 的证明方法, 证明定理 2.3.6.

定理 2.3.7 (凸规划模型解存在的 KKT 充分条件)　对凸规划模型 (2.3.3), 引入形如 (2.3.8) 式的 Lagrange 函数. 若

(1) 所有的等式约束函数 $c_j(x), j = m+1, \cdots, m+p$ 都是线性函数, 即

$$c_j(x) = a_j^{\mathrm{T}} x - b_j, \quad j = m+1, \cdots, m+p;$$

(2) $x^* \in R^n$ 满足 KKT 条件, 即存在 $(\alpha^*, \beta^*) \in R_+^m \times R^p$ 使得

$$\begin{cases} \nabla_x L(x^*, \alpha^*, \beta^*) = \nabla f(x^*) + \sum_{i=1}^m \alpha_i^* \nabla c_i(x^*) + \sum_{j=m+1}^{m+p} \beta_j^* \nabla c_j(x^*) = 0, \\ c_i(x^*) \leqslant 0, \quad i = 1, \cdots, m, \quad c_j(x^*) = 0, \quad j = m+1, \cdots, m+p, \\ \alpha^* \geqslant 0, \quad \alpha_i^* c_i(x^*) = 0, i = 1, \cdots, m. \end{cases}$$

则 x^* 是凸规划模型 (2.3.3) 的全局解.

证明　设 D 是凸规划模型 (2.3.3) 的可行域. 由 KKT 条件知 $x^* \in D$.

任取 $x \in D$. 由于目标函数 f 和所有不等式约束函数 $c_i, i = 1, \cdots, m$ 都是凸函数, 根据定理 2.2.2, 有

$$\begin{aligned} f(x) &\geqslant f(x^*) + \nabla f(x^*)^{\mathrm{T}}(x - x^*), \\ c_i(x) &\geqslant c_i(x^*) + \nabla c_i(x^*)^{\mathrm{T}}(x - x^*), \quad i = 1, \cdots, m. \end{aligned} \tag{2.3.9}$$

由条件 (1) 知 $\nabla c_j(x) = a_j, j = m+1, \cdots, m+p$. 再由 $x^* \in D$ 知

$$c_j(x^*) = 0, \quad \nabla c_j(x^*) = a_j, \quad j = m+1, \cdots, m+p.$$

于是, 对 $j = m+1, \cdots, m+p$, 有

$$c_j(x) = a_j^{\mathrm{T}}(x^* + x - x^*) - b_j = c_j(x^*) + a_j^{\mathrm{T}}(x - x^*) = \nabla c_j(x^*)^{\mathrm{T}}(x - x^*). \tag{2.3.10}$$

联合 (2.3.9) 和 (2.3.10) 式可推出:

$$f(x) + \sum_{i=1}^m \alpha_i^* c_i(x) + \sum_{j=m+1}^{m+p} \beta_j^* c_j(x)$$

$$\geqslant f(x^*) + \nabla f(x^*)^{\mathrm{T}}(x - x^*) + \sum_{i=1}^{m} \alpha_i^*[c_i(x^*) + \nabla c_i(x^*)^{\mathrm{T}}(x - x^*)]$$

$$+ \sum_{j=m+1}^{m+p} \beta_j^* \nabla c_j(x^*)^{\mathrm{T}}(x - x^*)$$

$$= f(x^*) + \sum_{i=1}^{m} \alpha_i^* c_i(x^*) + \nabla f(x^*)^{\mathrm{T}}(x - x^*) + \sum_{i=1}^{m} \alpha_i^* \nabla c_i(x^*)^{\mathrm{T}}(x - x^*)$$

$$+ \sum_{j=m+1}^{m+p} \beta_j^* \nabla c_j(x^*)^{\mathrm{T}}(x - x^*)$$

$$= f(x^*) + \sum_{i=1}^{m} \alpha_i^* c_i(x^*) + \left[\nabla f(x^*) + \sum_{i=1}^{m} \alpha_i^* \nabla c_i(x^*) + \sum_{j=m+1}^{m+p} \beta_j^* \nabla c_j(x^*)\right]^{\mathrm{T}}(x - x^*)$$

$$\overset{\mathrm{KKT}}{\geqslant} f(x^*).$$

再由 $\displaystyle\sum_{i=1}^{m} \alpha_i^* c_i(x) \leqslant 0, \ \sum_{j=m+1}^{m+p} \beta_j^* c_j(x) = 0$ 可推出

$$f(x^*) \leqslant f(x) + \sum_{i=1}^{m} \alpha_i^* c_i(x) + \sum_{j=m+1}^{m+p} \beta_j^* c_j(x) \leqslant f(x).$$

因此 x^* 是全局解.

定理 2.3.8 (凸二次规划模型解存在的 KKT 充分必要条件)　对二次规划模型:

$$\min_{x \in R^n} \quad \frac{1}{2} x^{\mathrm{T}} G x + r^{\mathrm{T}} x \tag{2.3.11}$$
$$\text{s.t.} \quad Ax + d \leqslant 0,$$

其中 $G \in R^{n \times n}, A \in R^{m \times n}, r \in R^n, d \in R^m$. 引入 Lagrange 函数

$$L(x, \alpha) = \frac{1}{2} x^{\mathrm{T}} G x + r^{\mathrm{T}} x + \alpha^{\mathrm{T}}(Ax + d), \quad \forall (x, \alpha) \in R^n \times R_+^m.$$

若 G 是对称非负定阵, 则 $x^* \in R^n$ 是模型 (2.3.11) 的全局解当且仅当 x^* 满足 KKT 条件, 即存在 $\alpha^* \in R_+^m$ 使得

$$\begin{cases} \nabla_x L(x^*, \alpha^*) = Gx^* + r + A^{\mathrm{T}}\alpha^* = 0, \\ Ax^* + d \leqslant 0, \\ \alpha^* \geqslant 0, \quad (\alpha^*)^{\mathrm{T}}(Ax^* + d) = 0. \end{cases}$$

证明　设 G 是对称非负定阵. 由定理 2.2.4 知, 模型 (2.3.11) 是凸二次规划模型. 由定理 2.3.7 知, 充分性成立. 由定理 2.3.3 和定理 2.2.3 知, 必要性成立.

2.4   最优化模型的 Wolfe 对偶形式

对一般约束最优化模型:

$$
\begin{aligned}
\min_{x \in R^n} \quad & f(x) \\
\text{s.t.} \quad & c_i(x) \leqslant 0, \quad i = 1, \cdots, m, \\
& g_j(x) = 0, \quad j = 1, \cdots, p,
\end{aligned}
\tag{2.4.1}
$$

设目标函数 $f(x)$ 和所有的约束函数 $c_i(x), g_j(x), i = 1, \cdots, m, j = 1, \cdots, p$ 都是可微函数. 引入 Lagrange 函数

$$
L(x, \alpha, \beta) = f(x) + \alpha^{\mathrm{T}} c(x) + \beta^{\mathrm{T}} g(x), \quad \forall (x, \alpha, \beta) \in R^n \times R_+^m \times R^p,
$$

称最优化模型:

$$
\begin{aligned}
\max_{\alpha, \beta} \quad & L(x, \alpha, \beta) \\
\text{s.t.} \quad & \nabla_x L(x, \alpha, \beta) = 0, \quad \alpha \geqslant 0
\end{aligned}
\tag{2.4.2}
$$

为模型 (2.4.1) 的 Wolfe 对偶形式, 称模型 (2.4.1) 为原始模型. 原始模型和对偶形式互为对偶, 即对偶形式 (2.4.2) 的 Wolfe 对偶形式是原始模型 (2.4.1).

特别地, 对不等式约束模型:

$$
\begin{aligned}
\min_{x \in R^n} \quad & f(x) \\
\text{s.t.} \quad & c_i(x) \leqslant 0, \quad i = 1, \cdots, m,
\end{aligned}
\tag{2.4.3}
$$

若目标函数 $f(x)$ 和所有的约束函数 $c_i(x), i = 1, \cdots, m$ 都是可微函数, 则其 Wolfe 对偶形式为

$$
\begin{aligned}
\max_{\alpha} \quad & L(x, \alpha) \\
\text{s.t.} \quad & \nabla_x L(x, \alpha) = 0, \quad \alpha \geqslant 0.
\end{aligned}
\tag{2.4.4}
$$

例 2.4.1   写出凸二次规划模型:

$$
\begin{aligned}
\min_{x \in R^n} \quad & \frac{1}{2} x^{\mathrm{T}} G x + r^{\mathrm{T}} x \\
\text{s.t.} \quad & A x + d \leqslant 0
\end{aligned}
\tag{2.4.5}
$$

的 Wolfe 对偶形式, 其中 $G \in R^{n \times n}$ 是对称非负定阵且 $A \in R^{m \times n}, r \in R^n, d \in R^m$.

解   引入 Lagrange 函数

$$
L(x, \alpha) = \frac{1}{2} x^{\mathrm{T}} G x + r^{\mathrm{T}} x + \alpha^{\mathrm{T}} (A x + d), \quad \forall (x, \alpha) \in R^n \times R_+^m,
$$

并令 $\nabla_x L(x,\alpha) = 0$, 可得 $Gx + r + A^{\mathrm{T}}\alpha = 0$, 进而得 $Gx = -(A^{\mathrm{T}}\alpha + r)$.

若 G 是正定阵, 则 G 可逆, 这时 $x = -G^{-1}(A^{\mathrm{T}}\alpha + r)$; 否则, 将 G 正则化, 即用 $G + \delta I_n$ 代替 G, 其中 $\delta > 0$ 是正则化参数. 这时 $x = -(G + \delta I)^{-1}(A^{\mathrm{T}}\alpha + r)$.

不失一般性, 将 $x = -G^{-1}(A^{\mathrm{T}}\alpha + r)$ 代入 Lagrange 函数中, 有

$$
\begin{aligned}
L(\alpha) &= \frac{1}{2}x^{\mathrm{T}}Gx + x^{\mathrm{T}}r + x^{\mathrm{T}}A^{\mathrm{T}}\alpha + \alpha^{\mathrm{T}}d = -\frac{1}{2}x^{\mathrm{T}}Gx + x^{\mathrm{T}}(Gx + r + A^{\mathrm{T}}\alpha) + d^{\mathrm{T}}\alpha \\
&= -\frac{1}{2}x^{\mathrm{T}}Gx + d^{\mathrm{T}}\alpha = -\frac{1}{2}(A^{\mathrm{T}}\alpha + r)^{\mathrm{T}}G^{-1}(A^{\mathrm{T}}\alpha + r) + d^{\mathrm{T}}\alpha \\
&= -\frac{1}{2}\alpha^{\mathrm{T}}AG^{-1}A^{\mathrm{T}}\alpha - r^{\mathrm{T}}G^{-1}A^{\mathrm{T}}\alpha - \frac{1}{2}r^{\mathrm{T}}G^{-1}r + d^{\mathrm{T}}\alpha \\
&= -\frac{1}{2}\alpha^{\mathrm{T}}AG^{-1}A^{\mathrm{T}}\alpha - (AG^{-1}r - d)^{\mathrm{T}}\alpha - \frac{1}{2}r^{\mathrm{T}}G^{-1}r.
\end{aligned}
$$

于是, 模型 (2.4.5) 的 Wolfe 对偶形式为

$$
\begin{aligned}
\max_{\alpha} \quad & -\frac{1}{2}\alpha^{\mathrm{T}}AG^{-1}A^{\mathrm{T}}\alpha - (AG^{-1}r - d)^{\mathrm{T}}\alpha - \frac{1}{2}r^{\mathrm{T}}G^{-1}r \\
\text{s.t.} \quad & \alpha \geqslant 0.
\end{aligned}
\tag{2.4.6}
$$

由于 $\frac{1}{2}r^{\mathrm{T}}G^{-1}r$ 与乘子向量 α 无关, 所以模型 (2.4.6) 等价于如下最优化模型:

$$
\begin{aligned}
\min_{\alpha} \quad & \frac{1}{2}\alpha^{\mathrm{T}}AG^{-1}A^{\mathrm{T}}\alpha + (AG^{-1}r - d)^{\mathrm{T}}\alpha \\
\text{s.t.} \quad & \alpha \geqslant 0.
\end{aligned}
\tag{2.4.7}
$$

由 G 是对称非负定阵知 $AG^{-1}A^{\mathrm{T}}$ 也是对称非负定阵, 所以模型 (2.4.7) 仍是凸二次规划模型. 由此可见, 凸二次规划的 Wolfe 对偶形式仍是凸二次规划.

原始模型与对偶形式的解之间有什么关系呢? 下面的两个定理回答了这一问题.

定理 2.4.1 (弱对偶定理) 对不等式约束模型 (2.4.3), 若目标函数 $f(x)$ 和所有的约束函数 $c_i(x), i = 1, \cdots, m$ 都是可微函数, 则其 Wolfe 对偶形式 (2.4.4) 的目标函数值不超过原始模型 (2.4.3) 的目标函数值, 即

$$
L(x,\alpha) \leqslant f(x), \quad \forall (x,\alpha) \in D \times D_1,
$$

其中 $D = \{x \in R^n : c_i(x) \leqslant 0, i = 1, \cdots, m\}$ 和 $D_1 = \{\alpha \in R_+^m : \nabla_x L(x,\alpha) = 0\}$ 分别是原始模型 (2.4.3) 和对偶形式 (2.4.4) 的可行域.

定理 2.4.2 (强对偶定理) 对凸规划模型 (2.4.3), 设目标函数 $f(x)$ 和所有的约束函数 $c_i(x), i = 1, \cdots, m$ 都是连续可微函数, $x^* \in D$, $A(x^*)$ 是 x^* 的有效集且梯度向量组 $\{\nabla c_k(x^*) : k \in A(x^*)\}$ 线性无关.

(1) 若 $x^* \in D$ 是原始模型 (2.4.3) 的最优解, 则其 Wolfe 对偶形式 (2.4.4) 也一定有最优解 $\alpha^* \in D_1$ 且对应的最优值相等, 即 $L(x^*, \alpha^*) = f(x^*)$.

(2) 设 $(x^*, \alpha^*) \in D \times D_1$. 则 x^* 和 α^* 分别是原始模型 (2.4.3) 和对偶形式 (2.4.4) 的最优解当且仅当对应的目标函数值相等.

从定理 2.4.2 中可以看出:

(1) 原始模型和对偶形式同时有最优解, 且对应的最优值相等;

(2) 若原始模型和对偶形式的某对可行解对应的目标函数值相等, 则它们分别是最优解;

(3) 定理 2.4.2 仅限于凸规划模型.

例 2.4.2　写出凸二次规划模型:

$$\min_{x \in R^n} \quad \frac{1}{2}x^T G x + r^T x$$
$$\text{s.t.} \quad Ax + d \leqslant 0, \quad Bx + q = 0 \tag{2.4.8}$$

的 Wolfe 对偶形式, 其中 $G \in R^{n \times n}$ 是对称非负定阵且 $A \in R^{m \times n}, B \in R^{p \times n}, r \in R^n, d \in R^m, q \in R^p$.

解　引入 Lagrange 函数

$$L(x, \alpha, \beta) = \frac{1}{2}x^T G x + r^T x + \alpha^T(Ax + d) + \beta^T(Bx + q), \quad \forall (x, \alpha, \beta) \in R^n \times R_+^m \times R^p,$$

并令 $\nabla_x L(x, \alpha, \beta) = 0$, 得 $Gx + r + A^T\alpha + B^T\beta = 0$, 进而得 $Gx = -(A^T\alpha + B^T\beta + r)$. 记

$$U = \begin{bmatrix} A \\ B \end{bmatrix} \in R^{(m+p) \times n}, \quad \gamma = \begin{bmatrix} \alpha \\ \beta \end{bmatrix}, \quad \tilde{d} = \begin{bmatrix} d \\ q \end{bmatrix} \in R^{m+p},$$

则 $Gx = -(U^T\gamma + r)$. 若 G 是正定阵, 则 $x = -G^{-1}(U^T\gamma + r)$; 否则, 将 G 正则化, 可得 $x = -(G + \delta I)^{-1}(U^T\gamma + r)$. 不失一般性, 将 $x = -G^{-1}(U^T\gamma + r)$ 代入 Lagrange 函数, 有

$$\begin{aligned} L(\gamma) &= \frac{1}{2}x^T G x + x^T r + x^T A^T\alpha + \alpha^T d + x^T B^T\beta + \beta^T q \\ &= -\frac{1}{2}x^T G x + x^T(Gx + r + A^T\alpha + B^T\beta) + d^T\alpha + q^T\beta \\ &= -\frac{1}{2}x^T G x + \tilde{d}^T\gamma = -\frac{1}{2}(U^T\gamma + r)^T G^{-1}(U^T\gamma + r) + \tilde{d}^T\gamma \\ &= -\frac{1}{2}\gamma^T U G^{-1} U^T\gamma - r^T G^{-1} U^T\gamma - \frac{1}{2}r^T G^{-1} r + \tilde{d}^T\gamma \\ &= -\frac{1}{2}\gamma^T U G^{-1} U^T\gamma - (UG^{-1}r - \tilde{d})^T\gamma - \frac{1}{2}r^T G^{-1} r. \end{aligned}$$

于是, 模型 (2.4.8) 的 Wolfe 对偶形式为

$$\min_{\gamma} \quad \frac{1}{2}\gamma^{\mathrm{T}}UG^{-1}U^{\mathrm{T}}\gamma + (UG^{-1}r - \tilde{d})^{\mathrm{T}}\gamma$$
$$\text{s.t.} \quad \alpha \geqslant 0. \tag{2.4.9}$$

显然, 模型 (2.4.9) 仍是一个凸二次规划模型.

2.5 无约束最优化算法

考虑无约束最优化模型:

$$\min_{x \in R^n} f(x),$$

设目标函数 $f : R^n \to R$ 是连续可微的且 $x^* \in R^n$ 是最优解. 由定理 2.3.1 知 $\nabla f(x^*) = 0$, 即

$$\left.\frac{\partial f(x)}{\partial x_i}\right|_{x=x^*} = 0, \quad i = 1, \cdots, n.$$

上式是由 n 个未知量, n 个方程构成的方程组, 一般为非线性方程组. 只有在比较特殊的情况下可用解析的方法求出精确解. 一般情况下只能利用数值 (迭代) 方法求出近似解, 也就是说, 先给出 x^* 的一个初始估计 x^0(称为初始迭代点), 然后通过一定的规则得到一系列迭代点 $x^1, x^2, \cdots, x^k, \cdots$, 使之趋近于 x^*. 常用的迭代方法是线性迭代法, 即

$$x^{k+1} = x^k + t_k p^k, \quad k = 0, 1, 2, \cdots,$$

其中 $t_k > 0$ 称为搜索步长, 非零向量 $p^k \in R^n$ 称为搜索方向. 对应的迭代思路可用下面的算法描述.

算法 2.5.1 (线性迭代法)

步 1. 给出终止准则, 置 $k = 0$, 任取初始迭代点 x^k.

步 2. 按照某种规则确定搜索方向 p^k.

步 3. 根据搜索方向 p^k, 确定搜索步长 t_k.

步 4. 计算下一个迭代点 $x^{k+1} = x^k + t_k p^k$.

步 5. 若 x^{k+1} 满足终止准则, 则停止迭代, 得 (近似) 最优解 $x^* \leftarrow x^{k+1}$. 否则, 置 $k \leftarrow k+1$, 转步 2.

如何确定搜索方向 p^k 和搜索步长 t_k 呢? 采用的方法不同, 可得到不同的具体迭代算法.

2.5.1　最速下降法

最速下降法也称为负梯度法, 是求解无约束模型时最早使用的一种算法, 后来提出的诸多算法都是试图改进这一算法.

最速下降法的基本思想是, 设目标函数 $f: R^n \to R$ 是连续可微的且已知当前迭代点 x^k, 选取使目标函数值下降最快的方向 (即负梯度方向 $-\nabla f(x^k)$) 作为搜索方向 p^k, 然后沿该搜索方向, 用精确一维搜索法确定搜索步长 t_k, 进而利用线性迭代法得到下一个迭代点 x^{k+1}. 以此类推, 直至满足迭代终止准则为止. 具体算法如下.

算法 2.5.2 (最速下降法)

步 1. 给定精度 $\varepsilon > 0$, 置 $k = 0$. 任取初始迭代点 $x^k \in R^n$.

步 2. 计算搜索方向 $p^k = -\nabla f(x^k)$.

步 3. 若 $\|p^k\| < \varepsilon$, 则停止迭代, 置 $x^* \leftarrow x^k$; 否则, 转步 4.

步 4. 沿搜索方向 p^k, 利用精确一维搜索法寻找搜索步长 t_k.

步 5. 计算下一个迭代点 $x^{k+1} = x^k + t_k p^k$. 置 $k \leftarrow k+1$, 转步 2.

精确一维搜索法

在确定了当前迭代点 x^k 和搜索方向 p^k 之后, 定义函数 $\varphi: R_+ \to R$ 使得

$$\varphi(t) = f(x^k + tp^k), \quad t \geqslant 0.$$

通过求解优化模型 $\min_{t \geqslant 0} \varphi(t)$, 得到搜索步长 t_k.

最速下降法的优点是程序简单, 计算量小, 存储量小; 缺点是下降速度慢, 计算时间长, 在极小点附近收敛得比较慢.

2.5.2　Newton 法

Newton 法的基本思想是, 设目标函数 $f: R^n \to R$ 是二阶连续可微的且已知当前迭代点 x^k. 取 $p^k = -[\nabla^2 f(x^k)]^{-1} \nabla f(x^k)$ 为搜索方向, 取 $t_k = 1$ 为搜索步长, 其中 $\nabla^2 f(x^k) \in R^{n \times n}$ 表示函数 f 在点 x^k 处的 Hessian 阵, 然后利用线性迭代法得到下一个迭代点:

$$x^{k+1} = x^k + t_k p^k = x^k - [\nabla^2 f(x^k)]^{-1} \nabla f(x^k).$$

具体算法如下.

算法 2.5.3 (Newton 法)

步 1. 给出精度 $\varepsilon > 0$, 置 $k = 0$, 任取初始迭代点 $x^k \in R^n$.

步 2. 计算梯度 $\nabla f(x^k)$ 和 Hessian 阵 $\nabla^2 f(x^k)$.

步 3. 若 $\|\nabla f(x^k)\| < \varepsilon$, 则停止迭代, 置 $x^* \leftarrow x^k$; 否则, 转步 4.

步 4. 计算搜索方向 $p^k = -[\nabla^2 f(x^k)]^{-1}\nabla f(x^k)$.

步 5. 计算下一个迭代点 $x^{k+1} = x^k - [\nabla^2 f(x^k)]^{-1}\nabla f(x^k)$, 置 $k \leftarrow k+1$, 转步 2.

Newton 法的优点是收敛速度快. 但有三个缺点, ① 目标函数要求是二阶连续可微的; ② 需要计算 Hessian 阵的逆矩阵, 计算量大; ③ 初始迭代点 x^0 选得不好, 算法可能不收敛. 为了克服第三个缺点, 学者对 Newton 法进行了修正, 提出了阻尼 Newton 法.

2.5.3　阻尼 Newton 法

阻尼 Newton 法又称修正 Newton 法, 主要是修正 Newton 法中的搜索步长. 在阻尼 Newton 法中, 搜索方向仍为 $p^k = -[\nabla^2 f(x^k)]^{-1}\nabla f(x^k)$, 但搜索步长不再是 $t_k = 1$, 而是利用精确一维搜索法得到, 即通过最优化模型 $\min_{t\geqslant 0}\varphi(t)$ 得到. 具体算法如下.

算法 2.5.4 (阻尼 Newton 法)

步 1. 给出精度 $\varepsilon > 0$, 置 $k = 0$, 任取初始迭代点 $x^k \in R^n$.

步 2. 计算梯度 $\nabla f(x^k)$ 和 Hessian 阵 $\nabla^2 f(x^k)$.

步 3. 若 $\|\nabla f(x^k)\| < \varepsilon$, 则停止迭代, 置 $x^* \leftarrow x^k$; 否则, 转步 4.

步 4. 计算搜索方向 $p^k = -[\nabla^2 f(x^k)]^{-1}\nabla f(x^k)$.

步 5. 沿搜索方向 p^k, 利用精确一维搜索法寻找搜索步长 t_k.

步 6. 利用线性迭代法计算下一个迭代点 $x^{k+1} = x^k - t_k[\nabla^2 f(x^k)]^{-1}\nabla f(x^k)$, 置 $k \leftarrow k+1$, 转步 2.

阻尼 Newton 法的优点也是收敛速度快. 缺点有两个. ① 目标函数要求是二阶连续可微的; ② 需要计算 Hessian 阵的逆矩阵, 计算量大.

2.5.4　FR 共轭梯度法

共轭梯度法 (Conjugate Gradient Method) 是介于最速下降法和 Newton 法之间的一种最优化算法, 它仅需要目标函数的一阶导数信息, 但却克服了最速下降法收敛慢的缺点, 同时又避免了 Newton 法需要存储和计算 Hessian 阵并求其逆矩阵的缺点. 共轭梯度法不仅是求解大型线性方程组的最有用的方法之一, 而且也是求解大型非线性最优化模型的最有效的算法之一. 共轭梯度法的优点是存储量小、有限步收敛性、稳定性高, 而且不需要任何外来参数. 本节只介绍 FR 共轭梯度法, 它是由 Fletcher 和 Reeves 于 1964 年提出的. FR 共轭梯度法只针对无约束凸二次规划模型:

$$\min_{x \in R^m}\quad f(x) = \frac{1}{2}x^{\mathrm{T}}Gx + r^{\mathrm{T}}x + b. \tag{2.5.1}$$

下面直接给出具体算法.

算法 2.5.5 (FR 共轭梯度法)

步 1. 给出精度 $\varepsilon > 0$, 置 $k = 0$, 任取初始迭代点 $x^k \in R^n$.

步 2. 计算梯度 $g_k = \nabla f(x^k)$. 若 $\|g_k\| < \varepsilon$, 停止迭代, 置 $x^* \leftarrow x^k$; 否则, 转步 3.

步 3. 取搜索方向 $p^k = -g_k$. 沿搜索方向 p^k, 利用精确一维搜索法寻找搜索步长 t_k.

步 4. 计算下一个迭代点 $x^{k+1} = x^k + t_k p^k$.

步 5. 计算梯度 $g_{k+1} = \nabla f(x^{k+1})$. 若 $\|g_{k+1}\| < \varepsilon$, 停止迭代, 置 $x^* \leftarrow x^{k+1}$; 否则, 转步 6.

步 6. 计算 $\mu_{k+1,k} = \|g_{k+1}\|^2 / \|g_k\|^2$.

步 7. 计算 x^{k+1} 处的搜索方向 $p^{k+1} = -g_{k+1} + \mu_{k+1,k} p^k$ (注意: 这里的搜索方向不再是负梯度方向, 这一点与最速下降法不同).

步 8. 沿搜索方向 p^{k+1}, 利用精确一维搜索法寻找搜索步长 t_{k+1}. 置 $k \leftarrow k+1$, 转步 4.

一般来讲, 对 n 维问题, FR 共轭梯度法至多迭代 n 次, 就可得到模型 (2.5.1) 的最优解. 如果第 n 个迭代点 x^n 仍未满足终止准则, 则将 x^n 作为初始迭代点, 即 $x^0 \leftarrow x^n$, 重新开始迭代. 实际计算表明, 这样做一般都可以取得好的效果.

2.5.5　Newton-Armijo 法

类似于阻尼 Newton 法, Newton-Armijo 法也是修正 Newton 法中的搜索步长. 但不同于阻尼 Newton 法是用精确一维搜索法来寻找步长, Newton-Armijo 法是利用 Armijo 方法确定步长, 这种方法属于非精确一维搜索法. 具体地说, 就是在 Newton-Armijo 法中, 搜索方向仍为 $p^k = -[\nabla^2 f(x^k)]^{-1} \nabla f(x^k)$ (称为 Newton 方向), 但搜索步长 $t_k > 0$ 是利用 Armijo 方法得到的 (称为 Armijo 步长), 即取 $t_k \in \{1, 1/2, 1/2^2, 1/2^3, \cdots\}$ 使得

$$f(x^k) - f(x^k + t_k p^k) \geqslant -\delta t_k \nabla f(x^k)^{\mathrm{T}} p^k,$$

其中 $\delta \in (0, 1/2)$. 然后利用线性迭代法得到下一个迭代点. 下面给出具体算法.

算法 2.5.6 (Newton-Armijo 法)

步 1. 给出精度 $\varepsilon > 0$, 置 $k = 0$, 任取初始迭代点 $x^k \in R^n$.

步 2. 计算梯度 $\nabla f(x^k)$ 和 Hessian 阵 $\nabla^2 f(x^k)$.

步 3. 若 $\|\nabla f(x^k)\| < \varepsilon$, 则停止迭代, 置 $x^* \leftarrow x^k$; 否则, 转步 4.

步 4. 计算搜索方向 $p^k = -[\nabla^2 f(x^k)]^{-1} \nabla f(x^k)$.

步 5. 沿搜索方向 p^k, 利用 Armijo 方法寻找搜索步长 t_k.

步 6. 利用线性迭代法计算下一个迭代点 $x^{k+1} = x^k - t_k [\nabla^2 f(x^k)]^{-1} \nabla f(x^k)$, 置 $k \leftarrow k+1$, 转步 2.

2.6 求解二次规划的两种快速算法

本节介绍两种求解二次规划模型的快速算法, 一种是对偶坐标下降 (Dual Coordinate Descent, DCD) 算法, 另一种是逐次超松弛 (Successive Over Belaxation, SOR) 迭代算法 (见文献 [3]). 在本书后续章节中, 这两种方法将用来加快算法的学习速度.

2.6.1 对偶坐标下降算法

DCD 算法是求解二次规划模型:

$$\min_{\alpha} \quad f(\alpha) = \frac{1}{2}\alpha^{\mathrm{T}}H\alpha + q^{\mathrm{T}}\alpha \tag{2.6.1}$$
$$\text{s.t.} \quad 0 \leqslant \alpha \leqslant u$$

的一种快速有效的迭代算法, 其中 $H \in R^{m \times m}$ 是对称非负定阵, $\alpha, q \in R^m$ 和 $u \in R_+^m$ 是 m 维向量. DCD 算法的优点是不需要计算逆矩阵, 这样可回避矩阵的奇异性问题, 同时也缩短了算法的学习时间. 这是因为: 当维度 m 较大时, 计算一个 $m \times m$ 矩阵的逆矩阵是很耗时的, 有时甚至是不可能的.

DCD 算法的基本思想是每一步选择 $\alpha = (\alpha_1, \cdots, \alpha_m)^{\mathrm{T}} \in R^m$ 的一个分量进行极小化, 同时视其他分量为常数, 即在第 i 步, 选择对 α_i 进行极小化, 视其他的 $\alpha_j (j \neq i)$ 为常数, 这时模型 (2.6.1) 可简化为

$$\min_{t} \quad f(\alpha + t\varepsilon_i) \tag{2.6.2}$$
$$\text{s.t.} \quad 0 \leqslant \alpha_i + t \leqslant u_i,$$

其中 $\varepsilon_i = (0, \cdots, 0, 1, 0, \cdots, 0)^{\mathrm{T}} \in R^m$ 为第 i 个分量为 1, 其余分量为 0 的列向量. 由于 $f(\alpha)$ 关于 α 的一阶、二阶和三阶导数分别为

$$\nabla_{\alpha}f(\alpha) = H\alpha + q, \quad \nabla_{\alpha}^2 f(\alpha) = H = [h_{ij}]_{m \times m}, \quad \nabla_{\alpha}^3 f(\alpha) = 0_{m \times m},$$

所以 $f(\alpha + t\varepsilon_i)$ 在 $f(\alpha)$ 处的 Taylor 展开式为

$$f(\alpha + t\varepsilon_i) = f(\alpha) + t\nabla_{\alpha}f(\alpha)^{\mathrm{T}}\varepsilon_i + \frac{1}{2}t^2\varepsilon_i^{\mathrm{T}}\nabla_{\alpha}^2 f(\alpha)\varepsilon_i = \frac{1}{2}h_{ii}t^2 + t[\nabla f(\alpha)]_i + f(\alpha),$$

其中 $[\nabla f(\alpha)]_i$ 表示 $\nabla f(\alpha)$ 的第 i 个分量. 由于 $f(\alpha)$ 与 t 无关, 所以模型 (2.6.2) 可等价地表示为

$$\min_{t} \quad g(t) = \frac{1}{2}h_{ii}t^2 + t[\nabla f(\alpha)]_i$$
$$\text{s.t.} \quad 0 \leqslant \alpha_i + t \leqslant u_i.$$

令 $dg(t)/dt = 0$, 得 $t = -[\nabla f(\alpha)]_i/h_{ii}$, 进而有 $\alpha_i + t = \alpha_i - [\nabla f(\alpha)]_i/h_{ii}$. 考虑到约束条件 $0 \leqslant \alpha_i + t \leqslant u_i$, 采用下面的方法更新 α_i:

$$\alpha_i^{\text{new}} \leftarrow \min\{\max\{\alpha_i - [\nabla f(\alpha)]_i/h_{ii}, 0\}, u_i\},$$

其中 $\max\{\alpha_i - [\nabla f(\alpha)]_i/h_{ii}, 0\}$ 限定 $0 \leqslant \alpha_i + t$, 而 $\min\{\alpha_i - [\nabla f(\alpha)]_i/h_{ii}, u_i\}$ 限定 $\alpha_i + t \leqslant u_i$. 下面给出具体算法.

算法 2.6.1 (DCD 算法)

步 1. 初始化. 对二次规划模型 (2.6.1), 输入矩阵 $H \in R^{m \times m}$ 和向量 $q, u \in R^m$. 置 $k = 0, i = 1, \varepsilon > 0$, 取 $\alpha^k = 0 \in R^m$.

步 2. 置 $[\nabla f(\alpha^k)]_i \leftarrow [H\alpha^k + q]_i$.

步 3. 令 $\alpha_i^{k+1} = \min\{\max\{\alpha_i^k - [\nabla f(\alpha^k)]_i/h_{ii}, 0\}, u_i\}$. 若 $|\alpha_i^{k+1} - \alpha_i^k| \geqslant \varepsilon$, 置 $k \leftarrow k+1$, 转步 2; 否则, 转步 4.

步 4. 若 $i \leqslant m-1$, 置 $\alpha_i^* \leftarrow \alpha_i^{k+1}, i \leftarrow i+1$, 转步 2; 若 $i = m$, 置 $\alpha_i^* \leftarrow \alpha_i^{k+1}$. 输出: $\alpha^* \in R^m$.

特别地, 对如下形式的二次规划模型:

$$\begin{aligned} \min_{\alpha} \quad & f(\alpha) = \frac{1}{2}\alpha^{\mathrm{T}}H\alpha + q^{\mathrm{T}}\alpha \\ \text{s.t.} \quad & \alpha \geqslant 0, \end{aligned} \tag{2.6.3}$$

视模型 (2.6.1) 中的向量 $u \to +\infty$, 可得如下 DCD 算法.

算法 2.6.2 (DCD 算法)

步 1. 初始化. 对二次规划模型 (2.6.3), 输入矩阵 $H \in R^{m \times m}$ 和向量 $q \in R^m$. 置 $k = 0, i = 1, \varepsilon > 0$, 取 $\alpha^k = 0 \in R^m$.

步 2. 置 $[\nabla f(\alpha^k)]_i \leftarrow [H\alpha^k + q]_i$.

步 3. 令 $\alpha_i^{k+1} = \max\{\alpha_i^k - [\nabla f(\alpha^k)]_i/h_{ii}, 0\}$. 若 $|\alpha_i^{k+1} - \alpha_i^k| \geqslant \varepsilon$, 置 $k \leftarrow k+1$, 转步 2; 否则, 转步 4.

步 4. 若 $i \leqslant m-1$, 置 $\alpha_i^* \leftarrow \alpha_i^{k+1}, i \leftarrow i+1$, 转步 2; 若 $i = m$, 置 $\alpha_i^* \leftarrow \alpha_i^{k+1}$. 输出: $\alpha^* \in R^m$.

2.6.2　逐次超松弛迭代算法

SOR 迭代算法是求解二次规划模型:

$$\begin{aligned} \min_{\alpha} \quad & f(\alpha) = \frac{1}{2}\alpha^{\mathrm{T}}H\alpha - e_m^{\mathrm{T}}\alpha \\ \text{s.t.} \quad & 0 \leqslant \alpha \leqslant ce_m \end{aligned} \tag{2.6.4}$$

的一种有效快速的迭代算法, 其中 $H \in R^{m \times m}$ 是对称非负定阵且主对角线上的元素均非零, $\alpha, e_m = (1, \cdots, 1)^{\mathrm{T}} \in R^m$, $c > 0$ 是参数. 类似于 DCD 算法, SOR 迭代

算法的优点也是不需要计算矩阵的逆矩阵, 这一点既回避了矩阵的奇异性问题, 也缩短了算法的学习时间.

记 $H = L + D + L^{\mathrm{T}}$, 其中 D 是由 H 的主对角线元素构成的对角阵, L 是 H 的严格下三角阵. 定义加函数:

$$x_+ = \begin{cases} \max\{x, 0\}, & x \in R, \\ ((x_1)_+, \cdots, (x_m)_+)^{\mathrm{T}}, & x \in R^m. \end{cases}$$

对向量 $x = (x_1, \cdots, x_m)^{\mathrm{T}}, y = (y_1, \cdots, y_m)^{\mathrm{T}} \in R^m$, 记

$$\begin{cases} \min\{x, y\} = (\min\{x_1, y_1\}, \cdots, \min\{x_m, y_m\})^{\mathrm{T}} \in R^m, \\ \max\{x, y\} = (\max\{x_1, y_1\}, \cdots, \max\{x_m, y_m\})^{\mathrm{T}} \in R^m. \end{cases}$$

下面先给出算法, 然后再做详细解释.

算法 2.6.3 (SOR 迭代算法)

对二次规划模型 (2.6.4), 输入矩阵 $H \in R^{m \times m}$ 和参数 $c > 0$.

步 1. 置 $i = 1, \varepsilon > 0$, 取 $t \in (0, 2), \alpha^i = 0 \in R^m$, 计算矩阵 $D, L \in R^{m \times m}$.

步 2. 更新 α^i: $\alpha^{i+1} = \alpha^i - tD^{-1}(H\alpha^i - e_m + L^{\mathrm{T}}(\alpha^{i+1} - \alpha^i))$.

步 3. 若 $\|\alpha^{i+1} - \alpha^i\| \leqslant \varepsilon$, 转步 4; 否则, 置 $i \leftarrow i + 1$, 转步 2.

步 4. 令 $\alpha^* = \min\{(\alpha^{i+1})_+, ce_m\}$, 其中 $(\alpha^{i+1})_+$ 限定 $\alpha^* \geqslant 0$, 而 $\min\{(\alpha^{i+1})_+, ce_m\}$ 限定 $\alpha^* \leqslant ce_m$.

输出: $\alpha^* \in R^m$.

下面给出具体解释. 由于 L^{T} 是严格上三角阵, 所以利用公式:

$$\alpha^{i+1} = \alpha^i - tD^{-1}(H\alpha^i - e_m + L^{\mathrm{T}}(\alpha^{i+1} - \alpha^i)) = \alpha^i - tD^{-1}(H\alpha^i - e_m) - P(\alpha^{i+1} - \alpha^i).$$

计算 α^{i+1} 时, 有如下形式:

$$\begin{bmatrix} \alpha_1^{i+1} \\ \vdots \\ \alpha_{m-1}^{i+1} \\ \alpha_m^{i+1} \end{bmatrix} = \alpha^i - tD^{-1}(H\alpha^i - e_m) - P \begin{bmatrix} \alpha_1^{i+1} - \alpha_1^i \\ \vdots \\ \alpha_{m-1}^{i+1} - \alpha_{m-1}^i \\ \alpha_m^{i+1} - \alpha_m^i \end{bmatrix}$$

$$= \alpha^i - tD^{-1}(H\alpha^i - e_m) - \begin{bmatrix} 0 & p_{12} & p_{13} & \cdots & p_{1m} \\ 0 & 0 & p_{23} & \cdots & p_{2m} \\ \vdots & \vdots & \vdots & & \vdots \\ 0 & 0 & 0 & \cdots & p_{(m-1)m} \\ 0 & 0 & 0 & \cdots & 0 \end{bmatrix} \begin{bmatrix} \alpha_1^{i+1} - \alpha_1^i \\ \vdots \\ \alpha_{m-1}^{i+1} - \alpha_{m-1}^i \\ \alpha_m^{i+1} - \alpha_m^i \end{bmatrix}$$

$$= \alpha^i - tD^{-1}(H\alpha^i - e_m) - \begin{bmatrix} \sum\limits_{j=2}^{m} p_{1j}\alpha_j^{i+1} - \sum\limits_{j=2}^{m} p_{1j}\alpha_j^i \\ \vdots \\ p_{(m-1)m}\alpha_m^{i+1} - p_{(m-1)m}\alpha_m^i \\ 0 \end{bmatrix},$$

其中 $P = tD^{-1}L^{\mathrm{T}} = [p_{ij}]_{m \times m}$ 仍是严格上三角阵. 于是有

$$\begin{cases} \alpha_m^{i+1} = [\alpha^i - tD^{-1}(H\alpha^i - e_m)]_m, \\ \alpha_{m-1}^{i+1} = [\alpha^i - tD^{-1}(H\alpha^i - e_m)]_{m-1} - p_{(m-1)m}\alpha_m^{i+1} + p_{(m-1)m}\alpha_m^i \\ \qquad = [\alpha^i - tD^{-1}(H\alpha^i - e_m)]_{m-1} - p_{(m-1)m}[\alpha^i - tD^{-1}(H\alpha^i - e_m)]_m \\ \qquad\quad + p_{(m-1)m}\alpha_m^i, \\ \qquad \vdots \\ \alpha_1^{i+1} = [\alpha^i - tD^{-1}(H\alpha^i - e_m)]_1 - \sum\limits_{j=2}^{m} p_{1j}\alpha_j^{i+1} + \sum\limits_{j=2}^{m} p_{1j}\alpha_j^i. \end{cases}$$

上式表明, 算法 2.6.3 中的步 2 是可行的, 从最后一个分量开始更新, 直至第一个分量, 不会造成计算中的冲突.

2.7   交替方向乘子法简介

交替方向乘子法 (Alternating Direction Method of Multipliers, ADMM) 是求解可分解凸规划的一种迭代方法, 尤其在求解大规模凸规划上卓有成效. 利用 ADMM 可以将原问题的目标函数等价地分解成若干个可求解的子问题, 然后并行求解每一个子问题, 协调各子问题的解可得到原问题的全局解. 由于 ADMM 的提出早于大规模分布式计算系统和大规模优化问题的出现, 所以在 2011 年前, 这种方法并不广为人知.

2.7.1   乘子法

乘子法 (Method of Multipliers, MM) 常被称为增广 Lagrange 法, 是基于增广 Lagrange 函数的迭代算法, 针对如下等式约束凸规划:

$$\begin{aligned} \min_{x} \quad & f(x) \\ \text{s.t.} \quad & Ax = b, \end{aligned} \tag{2.7.1}$$

其中 $x \in R^d$ 是决策变量, $A \in R^{m \times d}$ 是约束矩阵, $b \in R^m$ 是常向量, $f : R^d \to R$ 是凸函数. 模型 (2.7.1) 的 Lagrange 函数和增广 Lagrange 函数分别定义为

$$L(x,\alpha) = f(x) + \alpha^{\mathrm{T}}(Ax - b),$$
$$L_\rho(x,\alpha) = f(x) + \alpha^{\mathrm{T}}(Ax - b) + \frac{\rho}{2}\|Ax - b\|_2^2,$$

其中 $\alpha \in R^m$ 是 Lagrange 乘子向量, $\rho > 0$ 是罚参数. 事实上, 考虑增广 Lagrange 函数就相当于在模型 (2.7.1) 的目标函数中加上了一个正则项, 使之成为如下形式:

$$\min_x \quad f(x) + \frac{\rho}{2}\|Ax - b\|_2^2$$
$$\text{s.t.} \quad Ax = b.$$

针对模型 (2.7.1), 乘子法的更新迭代方式见算法 2.7.1.

算法 2.7.1 (乘子法)

步 1. 初始化. 给定参数 $\rho > 0$ 和误差上界 $\varepsilon > 0$, 置 $k = 0$. 任取 $\alpha^k \in R^m$.

步 2. 计算 $x^k = \arg\min_x L_\rho(x,\alpha^k)$.

步 3. 更新 $\alpha^{k+1} = \alpha^k + \rho(Ax^k - b)$.

步 4. 更新 $x^{k+1} = \arg\min_x L_\rho(x,\alpha^{k+1})$.

步 5. 若 $\|x^{k+1} - x^k\|_2 < \varepsilon$, 停止迭代, 置 $x^* \leftarrow x^{k+1}$; 否则, 置 $k \leftarrow k+1$, 转步 3.

2.7.2 交替方向乘子法

ADMM 针对如下等式约束最优化模型:

$$\min_x \quad f(x) + g(z)$$
$$\text{s.t.} \quad Ax + Bz = c, \tag{2.7.2}$$

其中 $x \in R^d$ 是决策变量, $z \in R^p, A \in R^{m \times d}, B \in R^{m \times p}$ 是约束矩阵, $c \in R^m$ 是常向量, $f: R^d \to R$ 是凸函数, $g: R^p \to R$. 模型 (2.7.2) 的增广 Lagrange 函数为

$$L_\rho(x,z,\alpha) = f(x) + g(z) + \alpha^{\mathrm{T}}(Ax + Bz - c) + \frac{\rho}{2}\|Ax + Bz - c\|_2^2.$$

类似于算法 2.7.1, 针对模型 (2.7.2) 有如下算法.

算法 2.7.2 (针对模型 (2.7.2) 的 ADMM)

步 1. 给定参数 $\rho > 0$ 和误差上界 $\varepsilon > 0$, 置 $k = 0$. 任取 $\alpha^k \in R^m$ 和 $z^k \in R^p$.

步 2. 计算 $x^k = \arg\min_x L_\rho(x,z^k,\alpha^k)$.

步 3. 更新 $z^{k+1} = \arg\min_z L_\rho(x^k,z,\alpha^k)$.

步 4. 更新 $\alpha^{k+1} = \alpha^k + \rho(Ax^k + Bz^{k+1} - c)$.

步 5. 更新 $x^{k+1} = \arg\min_x L_\rho(x,z^{k+1},\alpha^{k+1})$.

步 6. 若 $\|x^{k+1} - x^k\|_2 < \varepsilon$, 则停止迭代, 置 $x^* \leftarrow x^{k+1}$; 否则, 置 $k \leftarrow k+1$, 转步 3.

2.7.3   全局一致性优化

考虑全局一致性优化 (Global Consensus Optimization) 模型:

$$\min_{x_i} \quad \sum_{i=1}^{N} f_i(x_i) \tag{2.7.3}$$
$$\text{s.t.} \quad x_i = z, \quad i = 1, \cdots, N,$$

其中 $x_i \in R^d$ 是局部决策变量, $z \in R^d$ 是全局一致变量, $f_i : R^d \to R$. 模型 (2.7.3) 的增广 Lagrange 函数为

$$
\begin{aligned}
L_\rho(x_1, \cdots, x_N, z, \alpha_1, \cdots, \alpha_N) &= \sum_{i=1}^{N} f_i(x_i) + \sum_{i=1}^{N} \alpha_i^{\mathrm{T}}(x_i - z) + \frac{\rho}{2} \sum_{i=1}^{N} \|x_i - z\|_2^2 \\
&= \sum_{i=1}^{N} \left[f_i(x_i) + \alpha_i^{\mathrm{T}}(x_i - z) + \frac{\rho}{2} \|x_i - z\|_2^2 \right].
\end{aligned}
$$

类似于算法 2.7.2, 针对模型 (2.7.3) 有如下算法.

算法 2.7.3 (针对模型 (2.7.3) 的 ADMM)

步 1. 给定参数 $\rho > 0$ 和误差上界 $\varepsilon > 0$, 置 $k = 0$. 任取 $z^k, \alpha^k \in R^d, i = 1, \cdots, N$.

步 2. 计算 $x_i^k = \arg\min_{x_i} \left\{ f_i(x_i) + (\alpha_i^k)^{\mathrm{T}}(x_i - z^k) + \frac{\rho}{2} \|x_i - z^k\|_2^2 \right\}, i = 1, \cdots, N$.

步 3. 更新 $z^{k+1} = \dfrac{1}{N} \sum_{i=1}^{N} \left(x_i^k + \dfrac{1}{\rho} \alpha_i^k \right)$.

步 4. 更新 $\alpha_i^{k+1} = \alpha_i^k + \rho(x_i^k - z^{k+1}), i = 1, \cdots, N$.

步 5. 更新 $x_i^{k+1} = \arg\min_{x_i} \left\{ f_i(x_i) + (\alpha_i^{k+1})^{\mathrm{T}}(x_i - z^{k+1}) + \frac{\rho}{2} \|x_i - z^{k+1}\|_2^2 \right\}$, $i = 1, \cdots, N$.

步 6. 若 $\|x_i^{k+1} - x_i^k\|_2 < \varepsilon, i = 1, \cdots, N$, 停止迭代, 置 $x_i^* \leftarrow x_i^{k+1}, i = 1, \cdots, N$; 否则, 置 $k \leftarrow k + 1$, 转步 3.

一般地, 考虑带有正则项的全局一致性优化模型:

$$\min_{x_i} \quad \sum_{i=1}^{N} f_i(x_i) + g(z) \tag{2.7.4}$$
$$\text{s.t.} \quad x_i = z, \quad i = 1, \cdots, N.$$

针对模型 (2.7.4) 有如下算法.

算法 2.7.4 (针对模型 (2.7.4) 的 ADMM)

步 1. 给定参数 $\rho > 0$ 和误差上界 $\varepsilon > 0$, 置 $k = 0$. 任取 $z^k, \alpha_i^k \in R^d, i = 1, \cdots, N$.

步 2. 计算 $x_i^k = \arg\min_{x_i} \left\{ f_i(x_i) + (\alpha_i^k)^{\mathrm{T}}(x_i - z^k) + \dfrac{\rho}{2} \left\| x_i - z^k \right\|_2^2 \right\}, i = 1, \cdots, N.$

步 3. 更新 $z^{k+1} = \arg\min_z \left\{ g(z) + \displaystyle\sum_{i=1}^N \left(-(\alpha_i^k)^{\mathrm{T}} z + \dfrac{\rho}{2} \left\| x_i^k - z \right\|_2^2 \right) \right\}.$

步 4. 更新 $\alpha_i^{k+1} = \alpha_i^k + \rho(x_i^k - z^{k+1}), i = 1, \cdots, N.$

步 5. 更新 $x_i^{k+1} = \arg\min_{x_i} \left\{ f_i(x_i) + (\alpha_i^{k+1})^{\mathrm{T}}(x_i - z^{k+1}) + \dfrac{\rho}{2} \left\| x_i - z^{k+1} \right\|_2^2 \right\},$
$i = 1, \cdots, N.$

步 6. 若 $\left\| x_i^{k+1} - x_i^k \right\|_2 < \varepsilon, i = 1, \cdots, N,$ 停止迭代, 置 $x_i^* \leftarrow x_i^{k+1}, i = 1, \cdots, N;$
否则, 置 $k \leftarrow k+1$, 转步 3.

2.7.4 基于 1-范数的 ADMM

考虑带有 1-范数正则项的 Lasso 模型:

$$\min_x f(x) = \frac{1}{2} \| Ax - b \|_2^2 + \lambda \| x \|_1. \tag{2.7.5}$$

为了利用 ADMM 求解模型 (2.7.5), 首先将其转化为全局一致性优化模型:

$$\min_{x_i} \quad \frac{1}{2N} \sum_{i=1}^N \| Ax_i - b \|_2^2 + \lambda \| z \|_1 \tag{2.7.6}$$
$$\text{s.t.} \quad x_i = z, \quad i = 1, \cdots, N.$$

由于模型 (2.7.6) 的目标函数

$$\frac{1}{2N} \sum_{i=1}^N \| Ax_i - b \|_2^2 + \lambda \| z \|_1 = \frac{1}{2N} \sum_{i=1}^N \| Ax_i - b \|_2^2 + \frac{\lambda}{N} \sum_{i=1}^N \| z \|_1$$
$$= \frac{1}{N} \sum_{i=1}^N \left(\frac{1}{2} \| Ax_i - b \|_2^2 + \lambda \| z \|_1 \right),$$

所以可将其转化为

$$\min_{x_i} \quad \sum_{i=1}^N \left(\frac{1}{2} \| Ax_i - b \|_2^2 + \lambda \| z \|_1 \right) \tag{2.7.7}$$
$$\text{s.t.} \quad x_i = z, \quad i = 1, \cdots, N.$$

模型 (2.7.7) 的增广 Lagrange 函数为

$$L_\rho(x_1, \cdots, x_N, z, \alpha) = \sum_{i=1}^N \left(\frac{1}{2} \| Ax_i - b \|_2^2 + \lambda \| z \|_1 \right)$$

$$+ \sum_{i=1}^{N} \alpha_i^{\mathrm{T}}(x_i - z) + \frac{\rho}{2} \sum_{i=1}^{N} \| x_i - z \|_2^2.$$

下面给出针对模型 (2.7.7) 的 ADMM.

算法 2.7.5 (针对模型 (2.7.7) 的 ADMM)

步 1. 给定参数 $\rho > 0$ 和误差上界 $\varepsilon > 0$, 置 $k = 0$. 任取 $z^k, \alpha_i^k \in R^d, i = 1, \cdots, N$.

步 2. 计算 $x_i^k = \arg\min_{x_i} \left\{ \frac{1}{2} \|Ax_i - b\|_2^2 + (\alpha_i^k)^{\mathrm{T}}(x_i - z^k) + \frac{\rho}{2} \|x_i - z^k\|_2^2 \right\}, i = 1, \cdots, N$.

步 3. 更新 $z^{k+1} = \arg\min_z \left\{ \lambda \|z\|_1 + \sum_{i=1}^{N} \left(-(\alpha_i^k)^{\mathrm{T}} z + \frac{\rho}{2} \|x_i^k - z\|_2^2 \right) \right\}$.

步 4. 更新 $\alpha_i^{k+1} = \alpha_i^k + \rho(x_i^k - z^{k+1}), i = 1, \cdots, N$.

步 5. 更新

$$\begin{aligned} x_i^{k+1} = \arg\min_{x_i} \Big\{ & \frac{1}{2} \|Ax_i - b\|_2^2 + (\alpha_i^{k+1})^{\mathrm{T}}(x_i - z^{k+1}) \\ & + \frac{\rho}{2} \|x_i - z^{k+1}\|_2^2 \Big\}, \quad i = 1, \cdots, N. \end{aligned}$$

步 6. 若 $\|x_i^{k+1} - x_i^k\|_2 < \varepsilon, i = 1, \cdots, N$, 则停止迭代, 置 $x_i^* \leftarrow x_i^{k+1}, i = 1, \cdots, N$; 否则, 置 $k \leftarrow k + 1$, 转步 3.

针对算法 2.7.5, 下面给出进一步的解释.

计算 x_i^k 时, 令

$$L_i(x_i) = \frac{1}{2} \|Ax_i - b\|_2^2 + (\alpha_i^k)^{\mathrm{T}}(x_i - z^k) + \frac{\rho}{2} \|x_i - z^k\|_2^2,$$

且 $\partial L_i(x_i)/\partial x_i = 0$, 则

$$A^{\mathrm{T}}(Ax_i - b) + \alpha_i^k + \rho(x_i - z^k) = 0 \Rightarrow (A^{\mathrm{T}}A + \rho I_d)x_i = A^{\mathrm{T}}b + \rho z^k - \alpha_i^k.$$

进而有

$$x_i^k = (A^{\mathrm{T}}A + \rho I_d)^{-1}(A^{\mathrm{T}}b + \rho z^k - \alpha_i^k).$$

更新 z^{k+1} 时, 由于目标函数

$$\begin{aligned} L_z(x_1^k, \cdots, x_N^k, z, \alpha_i^k) &= \lambda \| z \|_1 + \sum_{i=1}^{N} \left(-(\alpha_i^k)^{\mathrm{T}} z + \frac{\rho}{2} \|x_i^k - z\|_2^2 \right) \\ &= \lambda \| z \|_1 + \frac{\rho}{2} \sum_{i=1}^{N} \|x_i^k - z\|_2^2 - \sum_{i=1}^{N} (\alpha_i^k)^{\mathrm{T}} z \end{aligned}$$

$$=\lambda\parallel z\parallel_1+\frac{N\rho}{2}\parallel z\parallel_2^2-\rho\sum_{i=1}^{N}(x_i^k)^{\mathrm{T}}z-\sum_{i=1}^{N}(\alpha_i^k)^{\mathrm{T}}z+\frac{\rho}{2}\sum_{i=1}^{N}\parallel x_i^k\parallel_2^2$$

$$=\lambda\parallel z\parallel_1+\frac{N\rho}{2}\parallel z\parallel_2^2-\left(\sum_{i=1}^{N}(\rho x_i^k+\alpha_i^k)^{\mathrm{T}}z\right)+\frac{\rho}{2}\sum_{i=1}^{N}\parallel x_i^k\parallel_2^2$$

$$=\lambda\parallel z\parallel_1+\frac{N\rho}{2}\left[\parallel z\parallel_2^2-\frac{2}{N\rho}\left(\sum_{i=1}^{N}(\rho x_i^k+\alpha_i^k)\right)^{\mathrm{T}}z\right.$$

$$\left.+\frac{1}{(N\rho)^2}\left\|\sum_{i=1}^{N}(\rho x_i^k+\alpha_i^k)\right\|_2^2\right]$$

$$+\frac{\rho}{2}\sum_{i=1}^{N}\parallel x_i^k\parallel_2^2-\frac{1}{2N\rho}\left\|\sum_{i=1}^{N}(\rho x_i^k+\alpha_i^k)\right\|_2^2$$

$$=N\rho\left[\frac{1}{2}\left\|z-\frac{1}{N\rho}\sum_{i=1}^{N}(\rho x_i^k+\alpha_i^k)\right\|_2^2+\frac{\lambda}{N\rho}\parallel z\parallel_1\right]$$

$$+\frac{\rho}{2}\sum_{i=1}^{N}\parallel x_i^k\parallel_2^2-\frac{1}{2N\rho}\left\|\sum_{i=1}^{N}(\rho x_i^k+\alpha_i^k)\right\|_2^2,$$

且 $\frac{\rho}{2}\sum_{i=1}^{N}\parallel x_i^k\parallel_2^2-\frac{1}{2N\rho}\left\|\sum_{i=1}^{N}(\rho x_i^k+\alpha_i^k)\right\|_2^2$ 与 z 无关, 所以步 3 可简化为

$$z^{k+1}=\arg\min_z\left\{\frac{1}{2}\left\|z-\frac{1}{N\rho}\sum_{i=1}^{N}(\rho x_i^k+\alpha_i^k)\right\|_2^2+\frac{\lambda}{N\rho}\|z\|_1\right\}.$$

由于 1-范数 $\|z\|_1$ 是不可微的, 无法利用导数方法, 为此利用软阈值 (Soft-threshold) 法, 可得

$$z^{k+1}=S_{\lambda/N\rho}\left(\frac{1}{N\rho}\sum_{i=1}^{N}(\rho x_i^k+\alpha_i^k)\right),$$

其中

$$S_\kappa(\alpha)=\begin{cases}\alpha-\kappa, & \alpha>\kappa,\\0, & |\alpha|\leqslant\kappa,\\\alpha+\kappa, & \alpha<-\kappa.\end{cases}$$

于是, 算法 2.7.5 可简化为以下形式.

算法 2.7.6 (针对模型 (2.7.7) 的 ADMM)

步 1. 给定参数 $\rho>0$ 和误差上界 $\varepsilon>0$, 置 $k=0$. 任取 $z^k,\alpha_i^k\in R^d,i=1,\cdots,N$.

步 2. 计算 $x_i^k = (A^{\mathrm{T}}A + \rho I_d)^{-1}(A^{\mathrm{T}}b + \rho z^k - \alpha_i^k), i = 1, \cdots, N.$

步 3. 更新 $z^{k+1} = S_{\lambda/N\rho}\left(\dfrac{1}{N\rho}\sum\limits_{i=1}^{N}(\rho x_i^k + \alpha_i^k)\right).$

步 4. 更新 $\alpha_i^{k+1} = \alpha_i^k + \rho(x_i^k - z^{k+1}), i = 1, \cdots, N.$

步 5. 更新 $x_i^{k+1} = (A^{\mathrm{T}}A + \rho I_d)^{-1}(A^{\mathrm{T}}b + \rho z^{k+1} - \alpha_i^{k+1}), i = 1, \cdots, N.$

步 6. 若 $\left\|x_i^{k+1} - x_i^k\right\|_2 < \varepsilon, i = 1, \cdots, N,$ 停止迭代, 置 $x_i^* \leftarrow x_i^{k+1}, i = 1, \cdots, N;$
否则, 置 $k \leftarrow k + 1,$ 转步 3.

参 考 文 献

[1] 孙文瑜, 徐成贤, 朱德通. 最优化方法. 北京: 高等教育出版社, 2004.

[2] 邓乃扬, 田英杰. 数据挖掘中的新方法: 支持向量机. 北京: 科学出版社, 2004.

[3] HSIEH C J, CHANG K W, LIN C J, et al. A dual coordinate descent method for large-scale linear svm//Proceedings of the 25th International Conference on Machine Learning. Helsinki, Finland, 2008: 408-415.

第 3 章　支持向量分类机

正如第 1 章中所介绍的, 机器学习主要包括四部分研究内容: 分类、回归、聚类和降维. 每部分内容都有众多的学习算法. 从本章开始, 将分门别类地介绍几种常用的基本算法. 本章和下一章主要介绍支持向量机 (SVM). 用于分类任务的 SVM 称为支持向量分类机 (Support Vector Machine for Classification), 仍记为 SVM; 用于回归任务的 SVM 称为支持向量回归机 (Support Vector Machine for Regression), 记为 SVR.

我们知道, 分类问题并不是新问题, 但是计算机的普及应用, 特别是机器学习和数据挖掘的迅速发展, 使其再次受到广泛的关注. 解决分类问题的方法有很多, 目前比较新颖的一类方法是 SVM[1-6]. SVM 基于统计学习理论和最优化理论, 是广泛使用的数据挖掘技术之一, 它的应用极为广泛, 诸如文本分类、人脸验证、语音识别、信息与图像检测、遥感图像分析等 [7-18].

3.1　基　本　概　念

先看一个例子.

例 3.1.1 (心脏病诊断)　假设心脏病取决于患者的年龄 x_1 和胆固醇水平 x_2. 表 3.1.1 是 10 个患者的诊断结果.

表 3.1.1　10 个患者的诊断结果

患者编号	年龄 x_1	胆固醇水平 x_2	诊断结果
1	60	165	否
2	57	150	否
⋮	⋮	⋮	⋮
10	70	190	是

用 $x_i = (x_{i1}, x_{i2})$ 表示第 i 个患者的检查结果, 用 y_i 表示第 i 个患者的诊断结果, $y_i = 1$ 表示患有心脏病, $y_i = -1$ 表示没有心脏病, 则 10 个患者的检查与诊断结果可分别表述为

$$\begin{cases} x_1 = (60, 165), & y_1 = -1, \\ x_2 = (57, 150), & y_2 = -1, \\ \quad\quad\cdots\cdots \\ x_{10} = (70, 190), & y_{10} = 1. \end{cases}$$

称 $\{(x_i, y_i)\}_{i=1}^{10}$ 为数据集 (Data Set), $\{x_i\}_{i=1}^{10}$ 为 (输入) 样本集 (the Set of Input Samples), y_i 为样本 x_i 对应的类标签 (Class Label).

现新来一个患者, 检查结果为 $\tilde{x} = (\tilde{x}_1, \tilde{x}_2)$, 如何判断该患者是否患有心脏病, 即所对应的类标签 $y_{\tilde{x}}$ 是 1 还是 -1, 这样的问题称为二分类问题. 一般地, 有如下定义.

定义 3.1.1 (分类问题)　　根据数据集 $\{(x_i, y_i)\}_{i=1}^{m} \in R^d \times R$, 寻找一个实值函数 $f: R^d \to R$, 以便利用这个函数来判断任一输入样本 $x \in R^d$ 的类标签 y_x, 这样的问题称为分类问题. 若类标签 y_x 只取 $\{1, -1\}$, 则称为二分类问题; 若类标签 $y_x \in \{1, \cdots, c\}$, 其中 c 为正整数, 则称为 c 类分类问题. $c \geqslant 3$ 的分类问题称为多类分类问题. 称 $f: R^d \to R$ 为分类决策函数.

若 $f: R^d \to R$ 是线性函数, 即 $f(x) = \langle w, x \rangle + b = w^{\mathrm{T}}x + b$, 则称为线性分类问题, 其中 $w \in R^d, b \in R$ 分别为分类决策函数的法向量和阈值, 这时称 $f(x) = 0$ 为分类超平面. 若 $f: R^d \to R$ 是非线性函数, 则称为非线性分类问题, 称 $f(x) = 0$ 为超曲面. 对分类问题来说, 如何寻找分类决策函数是一个关键.

定义 3.1.2 (线性可分问题和线性不可分问题)　　给出二分类数据集 $T = \{(x_i, y_i)\}_{i=1}^{m} \in R^d \times \{\pm 1\}$.

(1) 若存在 $w \in R^d, b \in R$ 和 $\varepsilon > 0$ 使得

$$\begin{cases} \langle w, x_i \rangle + b \geqslant \varepsilon, & \forall i : y_i = 1, \\ \langle w, x_j \rangle + b \leqslant -\varepsilon, & \forall j : y_j = -1, \end{cases}$$

则称 T 是线性可分数据集, 称对应的分类问题是线性可分问题, 如图 3.1.1 所示.

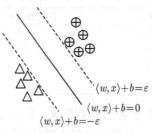

图 3.1.1　线性可分数据集

(2) 若至少存在一个 $i_0 : y_{i_0} = 1$ 使得 $\langle w, x_{i_0} \rangle + b < 0$, 或至少存在一个 $j_0 : y_{j_0} = -1$, 使得 $\langle w, x_{j_0} \rangle + b > 0$, 则称 T 是线性不可分数据集, 称对应的分类问题是线性不可分问题, 如图 3.1.2 所示.

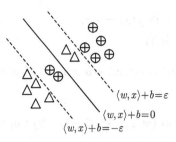

图 3.1.2　线性不可分数据集

(3) 若只存在极少数的 $i_0 : y_{i_0} = 1$ 使得 $\langle w, x_{i_0} \rangle + b < 0$, 或极少数的 $j_0 : y_{j_0} = -1$ 使得 $\langle w, x_{j_0} \rangle + b > 0$, 则称 T 是近似线性可分数据集, 称对应的分类问题是近似线性可分问题.

对 (近似) 线性可分的二分类问题, 只需寻找线性分类决策函数. 而对线性不可分的二分类问题, 需要寻找非线性分类决策函数.

对二分类数据集 $T = \{(x_i, y_i)\}_{i=1}^m \in R^d \times \{\pm 1\}$, 常记 $X = [x_1, \cdots, x_m] \in R^{d \times m}$(称为样本矩阵), $y = (y_1, \cdots, y_m)^{\mathrm{T}} \in R^m$(称为类标签向量), $D = \mathrm{diag}(y_1, \cdots, y_m) \in R^{m \times m}$(称为类标签矩阵). 在本书中, 用 $e_m = (1, \cdots, 1)^{\mathrm{T}} \in R^m$ 和 $I_m \in R^{m \times m}$ 分别表示 m 维 1 向量和 $m \times m$ 单位矩阵.

3.2　硬间隔 SVM

如何通过线性可分的二分类数据集 $T = \{(x_i, y_i)\}_{i=1}^m \in R^d \times \{\pm 1\}$ 来寻找线性分类决策函数 $f(x) = \langle w, x \rangle + b$ 呢? 常用的一种方法就是硬间隔 SVM, 它是基于极大间隔概念. 极大间隔是指极大化两类数据间的最小间隔.

硬间隔 SVM 的基本思想是寻找间隔最大的两个平行的边界超平面, 然后取中间者为分类超平面, 进而得到分类决策函数. 其几何意义可用图 3.2.1 表示:

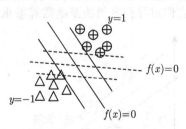

图 3.2.1　极大间隔的含义

记两个平行的边界超平面分别为 $\langle \bar{w}, x \rangle + \bar{b} = k$ 和 $\langle \bar{w}, x \rangle + \bar{b} = -k$, 其中 $k > 0$. 令 $w = \bar{w}/k, b = \bar{b}/k$, 则两个边界超平面可分别表示为 $\langle w, x \rangle + b = 1$ 和 $\langle w, x \rangle + b = -1$. 这时分类决策函数为 $f(x) = \langle w, x \rangle + b$, 分类超平面为 $f(x) = 0$,

边界超平面分别为 $f(x) = 1$ 和 $f(x) = -1$.

对两个边界超平面, 分别有

$$f(x_i) = \langle w, x_i \rangle + b \geqslant 1, \quad \forall i : y_i = 1 \tag{3.2.1}$$

和

$$f(x_j) = \langle w, x_j \rangle + b \leqslant -1, \quad \forall j : y_j = -1. \tag{3.2.2}$$

(3.2.1) 和 (3.2.2) 式可统一地写为

$$y_i(\langle w, x_i \rangle + b) \geqslant 1, \quad i = 1, \cdots, m.$$

由解析几何知识, 两个边界超平面的间隔为 $2/\|w\|$, 为了体现极大间隔的思想, 可构建如下最优化模型:

$$\begin{aligned} \max_{w,b} \quad & 2/\|w\| \\ \text{s.t.} \quad & y_i(\langle w, x_i \rangle + b) \geqslant 1, \quad i = 1, \cdots, m. \end{aligned} \tag{3.2.3}$$

为了便于求解, 可将模型 (3.2.3) 等价地表示为

$$\begin{aligned} \min_{w,b} \quad & \frac{1}{2} \|w\|^2 \\ \text{s.t.} \quad & y_i(\langle w, x_i \rangle + b) \geqslant 1, \quad i = 1, \cdots, m. \end{aligned} \tag{3.2.4}$$

称模型 (3.2.4) 为硬间隔 SVM 的原始问题, 显然它关于 (w, b) 是一个凸二次规划模型, 有 $d + 1$ 个决策变量和 m 个不等式约束. 模型 (3.2.4) 的矩阵形式为

$$\begin{aligned} \min_{w,b} \quad & \frac{1}{2} \|w\|^2 \\ \text{s.t.} \quad & D(X^{\mathrm{T}} w + b e_m) \geqslant e_m. \end{aligned} \tag{3.2.5}$$

图 3.2.2 是硬间隔 SVM 的一个直观解释, 位于边界超平面上的数据称为支持向量 (后面有具体解释), 它们对寻找分类决策函数起着重要作用.

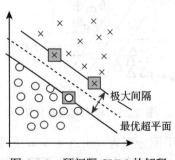

图 3.2.2   硬间隔 SVM 的解释

为了求解模型 (3.2.5), 考虑其 Lagrange 函数

$$L(w,b,\alpha)=\frac{1}{2}\|w\|^2-\alpha^{\mathrm{T}}(D(X^{\mathrm{T}}w+be_m)-e_m)=\frac{1}{2}\|w\|^2-\alpha^{\mathrm{T}}DX^{\mathrm{T}}w-b\alpha^{\mathrm{T}}De_m+e_m^{\mathrm{T}}\alpha,$$

并令 $\dfrac{\partial L(w,b,\alpha)}{\partial w}=\dfrac{\partial L(w,b,\alpha)}{\partial b}=0$, 可得

$$\begin{cases} w-XD\alpha=0 \Rightarrow w=XD\alpha=\displaystyle\sum_{i=1}^{n}\alpha_i y_i x_i, \\ \alpha^{\mathrm{T}}De_m=0 \Rightarrow \displaystyle\sum_{i=1}^{n}\alpha_i y_i=0 \Rightarrow y^{\mathrm{T}}\alpha=0. \end{cases} \tag{3.2.6}$$

将 (3.2.6) 式代入 Lagrange 函数中, 有

$$\begin{aligned} L(\alpha) &= \frac{1}{2}\|w\|^2-\alpha^{\mathrm{T}}DX^{\mathrm{T}}w-b\alpha^{\mathrm{T}}De_m+e_m^{\mathrm{T}}\alpha=\frac{1}{2}w^{\mathrm{T}}w-\alpha^{\mathrm{T}}DX^{\mathrm{T}}w+e_m^{\mathrm{T}}\alpha \\ &= -\frac{1}{2}w^{\mathrm{T}}w+w^{\mathrm{T}}(w-XD\alpha)+e_m^{\mathrm{T}}\alpha=-\frac{1}{2}w^{\mathrm{T}}w+e_m^{\mathrm{T}}\alpha \\ &= -\frac{1}{2}\alpha^{\mathrm{T}}DX^{\mathrm{T}}XD\alpha+e_m^{\mathrm{T}}\alpha=-\frac{1}{2}\alpha^{\mathrm{T}}G\alpha+e_m^{\mathrm{T}}\alpha, \end{aligned}$$

其中 $\alpha\in R_+^m$ 是乘子向量,

$$G=DX^{\mathrm{T}}XD=\sum_{i,j=1}^{m}y_i y_j x_i^{\mathrm{T}}x_j=\sum_{i,j=1}^{m}y_i y_j\langle x_i,x_j\rangle$$

是对称非负定阵. 于是, 模型 (3.2.5) 的 Wolfe 对偶形式为

$$\begin{aligned} &\min_{\alpha} && \frac{1}{2}\alpha^{\mathrm{T}}G\alpha-e_m^{\mathrm{T}}\alpha \\ &\text{s.t.} && y^{\mathrm{T}}\alpha=0, \quad \alpha\geqslant 0. \end{aligned} \tag{3.2.7}$$

显然, 模型 (3.2.7) 是关于 α 的一个凸二次规划, 有 m 个决策变量和 $m+1$ 个约束.

通过求解模型 (3.2.7) 得到线性分类决策函数的方法称为硬间隔 SVM. 具体思路如下.

第一步. 解模型 (3.2.7), 得最优解 $\alpha^*\in R_+^m$.

由强对偶定理 2.4.2 和定理 2.3.3 知, 原始模型 (3.2.4) 有最优解 (w^*,b^*) 且满足 KKT 条件, 从而有 $\alpha_i^*(y_i(\langle w^*,x_i\rangle+b^*)-1)=0, i=1,\cdots,m$. 若存在 $j\in\{1,\cdots,m\}$ 使得 $\alpha_j^*>0$, 则 $y_j(\langle w^*,x_j\rangle+b^*)-1=0$, 进而有 $b^*=y_j-\langle w^*,x_j\rangle$. 称 $\alpha_j^*>0$ 对应的输入样本 x_j 为支持向量. 显然, 支持向量位于边界超平面上.

若 $\alpha_i^*=0$, 则由松弛条件知 $y_i(\langle w^*,x_i\rangle+b^*)>1$. 在这种情况下, 若 $y_i=1$, 则 $\langle w^*,x_i\rangle+b^*>1$, 说明 x_i 位于超平面 $\langle w^*,x_i\rangle+b^*=1$ 的内部; 若 $y_i=-1$, 则 $\langle w^*,x_i\rangle+b^*<-1$, 说明 x_i 位于超平面 $\langle w^*,x_i\rangle+b^*=-1$ 的内部.

由此可知, 只有支持向量对寻找分类决策函数起作用.

第二步. 寻找原始问题 (3.2.4) 的最优解 (w^*, b^*).

将 α^* 代入 (3.2.6) 式, 可得

$$\begin{cases} w^* = XD\alpha^* = \displaystyle\sum_{i=1}^m \alpha_i^* y_i x_i, \\ b^* = y_j - \langle w^*, x_j \rangle = y_j - \displaystyle\sum_{i=1}^m \alpha_i^* y_i \langle x_i, x_j \rangle, \quad \alpha_j^* > 0. \end{cases}$$

下面给出具体算法.

算法 3.2.1 (硬间隔 SVM)

步 1. 给定数据集 $T = \{(x_i, y_i)\}_{i=1}^m \in R^d \times \{\pm 1\}$.

步 2. 求解模型 (3.2.7), 得最优解 $\alpha^* \in R_+^m$.

步 3. 计算 $w^* = XD\alpha^* = \displaystyle\sum_{i=1}^m \alpha_i^* y_i x_i$.

步 4. 找 α^* 的一个正分量 $\alpha_j^* > 0$, 计算

$$b^* = y_j - \langle w^*, x_j \rangle = y_j - \sum_{i=1}^n \alpha_i^* y_i \langle x_i, x_j \rangle.$$

步 5. 构造分类决策函数 $f(x) = \langle w^*, x \rangle + b^*$.

步 6. 对任一输入样本 $\tilde{x} \in R^d$, 其类标签为

$$y_{\tilde{x}} = \operatorname{sign}(f(\tilde{x})) = \operatorname{sign}(\langle w^*, \tilde{x} \rangle + b^*).$$

需要说明的是:

(1) 经典的 SVM 只适用于二分类问题.

(2) 原始模型 (3.2.4) 和对偶模型 (3.2.7) 都是凸二次规划模型, 求解哪一个都可以, 但有一个选择原则: ① 决策变量的个数越少越好; ② 约束个数越少越好; ③ 每个约束函数越简单越好.

3.3 软间隔 SVM

对近似线性可分的二分类问题, 如何寻找线性分类决策函数 $f(x) = \langle w, x \rangle + b$ 呢?

由于近似线性可分问题中只有少数样本容易错分, 也就是说, 只有少数样本不满足模型 (3.2.4) 中的约束条件 $y_i(\langle w, x_i \rangle + b) \geqslant 1$. 为此, 引入松弛变量 $\xi_i \geqslant 0$, 放松不等式约束为

$$y_i(\langle w, x_i \rangle + b) \geqslant 1 - \xi_i, \quad \xi_i \geqslant 0.$$

若样本 x_i 满足约束 $y_i(\langle w, x_i \rangle + b) \geqslant 1$, 则 $\xi_i = 0$; 否则, $\xi_i > 0$. ξ_i 的取值至关重要, 若取得过大 (如取充分大), 则 $1 - \xi_i \to -\infty$, 这对约束样本没有意义; 若取得过小, 则起不到放松的作用. 因此希望自动选择 ξ_i 的取值且越小越好. 于是, 在模型 (3.2.4) 的目标函数中加入惩罚项 $\sum_{i=1}^{m} \xi_i$, 得到下面改进的二次规划模型:

$$\begin{aligned}
\min_{w, b, \xi_i} \quad & \frac{1}{2} \|w\|^2 + C \sum_{i=1}^{m} \xi_i \\
\text{s.t.} \quad & y_i(\langle w, x_i \rangle + b) \geqslant 1 - \xi_i, \\
& \xi_i \geqslant 0, \quad i = 1, \cdots, m,
\end{aligned} \tag{3.3.1}$$

其中 $C > 0$ 是调节参数, 用于调节间隔 $\dfrac{\|w\|^2}{2}$ 与惩罚项 $\sum_{i=1}^{m} \xi_i$ 之间的权重. 若考虑间隔 $\dfrac{\|w\|^2}{2}$ 多一些, 则取 C 值小一点; 若考虑惩罚项 $\sum_{i=1}^{m} \xi_i$ 多一些, 则取 C 值大一点. 记 $\xi = (\xi_1, \cdots, \xi_m)^{\mathrm{T}} \in R_+^m$ (称为松弛向量), 则模型 (3.3.1) 可表示为矩阵形式:

$$\begin{aligned}
\min_{w, b, \xi} \quad & \frac{1}{2} \|w\|^2 + C e_m^{\mathrm{T}} \xi \\
\text{s.t.} \quad & D(X^{\mathrm{T}} w + b e_m) \geqslant e_m - \xi, \quad \xi \geqslant 0.
\end{aligned} \tag{3.3.2}$$

模型 (3.3.2) 包含 $d + m + 1$ 个决策变量, m 个不等式约束和 m 个非负约束. 类似于硬间隔 SVM, 考虑模型 (3.3.2) 的 Lagrange 函数:

$$\begin{aligned}
L(w, b, \xi, \alpha, \beta) &= \frac{1}{2} \|w\|^2 + C e_m^{\mathrm{T}} \xi - \alpha^{\mathrm{T}}(D(X^{\mathrm{T}} w + b e_m) - e_m + \xi) - \beta^{\mathrm{T}} \xi \\
&= \frac{1}{2} \|w\|^2 + C e_m^{\mathrm{T}} \xi - \alpha^{\mathrm{T}} D X^{\mathrm{T}} w - b \alpha^{\mathrm{T}} D e_m + e_m^{\mathrm{T}} \alpha - \alpha^{\mathrm{T}} \xi - \beta^{\mathrm{T}} \xi,
\end{aligned}$$

并令 $\dfrac{\partial L}{\partial w} = \dfrac{\partial L}{\partial b} = \dfrac{\partial L}{\partial \xi} = 0$, 可得

$$\begin{cases}
w - X D \alpha = 0 \Rightarrow w = X D \alpha = \sum_{i=1}^{m} \alpha_i y_i x_i, \\
\alpha^{\mathrm{T}} D e_m = 0 \Rightarrow \sum_{i=1}^{m} \alpha_i y_i = 0 \Rightarrow y^{\mathrm{T}} \alpha = 0, \\
C e_m - \alpha - \beta = 0 \Rightarrow 0 \leqslant \alpha \leqslant C e_m.
\end{cases} \tag{3.3.3}$$

将 (3.3.3) 式代入 Lagrange 函数中, 有

$$L(\alpha) = \frac{1}{2}\|w\|^2 - \alpha^T D X^T w + e_m^T \alpha = -\frac{1}{2}w^T w + w^T(w - XD\alpha) + e_m^T \alpha$$

$$= -\frac{1}{2}w^T w + e_m^T \alpha = -\frac{1}{2}\alpha^T D X^T X D \alpha + e_m^T \alpha = -\frac{1}{2}\alpha^T G \alpha + e_m^T \alpha,$$

其中 $G = DX^T X D = \sum\limits_{i,j=1}^{m} y_i y_j \langle x_i, x_j \rangle$ 是对称非负定阵. 于是, 模型 (3.3.2) 的 Wolfe
对偶形式为

$$\begin{aligned} \min_{\alpha} \quad & \frac{1}{2}\alpha^T G \alpha - e_m^T \alpha \\ \text{s.t.} \quad & y^T \alpha = 0, \quad 0 \leqslant \alpha \leqslant C e_m. \end{aligned} \tag{3.3.4}$$

模型 (3.3.4) 是关于乘子向量 $\alpha \in R_+^m$ 的一个凸二次规划, 包含 m 个决策变量,
m 个不等式约束, 1 个等式约束和 m 个非负约束. 相比于模型 (3.3.2), 模型 (3.3.4)
中决策变量的个数更少, 虽然多了一个等式约束, 但约束函数的表现形式更为简单.
因此, 求解模型 (3.3.4) 比求解模型 (3.3.2) 要容易.

通过求解模型 (3.3.4) 而得到分类决策函数的方法称为软间隔 SVM 或 C-SVM.
具体思路如下.

第一步　求解模型 (3.3.4), 得最优解 $\alpha^* \in R_+^m$.

由 (3.3.3) 式, 得 $\beta^* = C e_m - \alpha^*$. 由强对偶定理 2.4.2 和定理 2.3.3 知, 原始模
型 (3.3.1) 有最优解 (w^*, b^*, ξ^*) 且满足 KKT 条件. 考虑互补松弛条件:

$$\alpha_i^*(y_i(\langle w^*, x_i \rangle + b^*) - 1 + \xi_i^*) = 0, \quad \beta_i^* \xi_i^* = 0, \quad i = 1, \cdots, m. \tag{3.3.5}$$

若存在 $i \in \{1, \cdots, m\}$ 使得 $\alpha_i^* = 0$, 则 $\beta_i^* = C$. 由 (3.3.5) 式知 $\xi_i^* = 0$ 且

$$y_i(\langle w^*, x_i \rangle + b^*) - 1 + \xi_i^* = y_i(\langle w^*, x_i \rangle + b^*) - 1 > 0,$$

这表明 x_i 位于边界超平面的内部 (图 3.3.1). 这样的样本对寻找分类决策函数不起
作用.

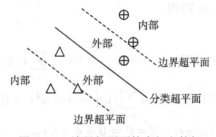

图 3.3.1　边界超平面的内部和外部

若存在 $i \in \{1, \cdots, m\}$ 使得 $\alpha_i^* = C$, 则 $\beta_i^* = 0$. 由 (3.3.5) 式知 $\xi_i^* > 0$ 且

$$y_i(\langle w^*, x_i \rangle + b^*) = 1 - \xi_i^* < 1.$$

这表明若 $y_i = 1$, 则 $\langle w^*, x_i \rangle + b^* < 1$; 若 $y_i = -1$, 则 $\langle w^*, x_i \rangle + b^* > -1$. 这时 x_i 位于边界超平面的外部 (图 3.3.1). 这样的样本对寻找分类决策函数起作用.

若存在 $i \in \{1, \cdots, m\}$ 使得 $0 < \alpha_i^* < C$, 则 $0 < \beta_i^* = C - \alpha_i^* < C$. 由 (3.3.5) 式知 $\xi_i^* = 0$ 且

$$y_i(\langle w^*, x_i \rangle + b^*) - 1 + \xi_i^* = 0 \Rightarrow y_i(\langle w^*, x_i \rangle + b^*) = 1,$$

这表明 x_i 位于边界超平面上. 这样的样本也对寻找分类决策函数起作用. 类似于硬间隔 SVM, 称 $\alpha_i^* > 0$ 对应的输入样本 x_i 为支持向量.

第二步 寻找分类决策函数 $f(x) = \langle w^*, x \rangle + b^*$. 将 α^* 代入 (3.3.3) 式中, 得到

$$w^* = XD\alpha^* = \sum_{i=1}^{m} \alpha_i^* y_i x_i.$$

根据第一步的讨论, 取 α^* 得一个正分量 $0 < \alpha_j^* < C$, 计算

$$b^* = y_j - \langle w^*, x_j \rangle = y_j - \sum_{i=1}^{m} \alpha_i^* y_i \langle x_i, x_j \rangle.$$

具体算法如下.

算法 3.3.1 (C-SVM)

步 1. 给定数据集 $T = \{(x_i, y_i)\}_{i=1}^{m} \in R^d \times \{\pm 1\}$.

步 2. 选择适当的模型参数 $C > 0$.

步 3. 求解模型 (3.3.4), 得最优解 $\alpha^* \in R_+^m$.

步 4. 计算 $w^* = XD\alpha^* = \sum_{i=1}^{m} \alpha_i^* y_i x_i$.

步 5. 找 α^* 的一个正分量 $0 < \alpha_j^* < C$, 并计算

$$b^* = y_j - \langle w^*, x_j \rangle = y_j - \sum_{i=1}^{m} \alpha_i^* y_i \langle x_i, x_j \rangle.$$

步 6. 构造分类决策函数 $f(x) = \langle w^*, x \rangle + b^*$.

步 7. 对任一输入样本 $\tilde{x} \in R^d$, 其类标签为

$$y_{\tilde{x}} = \text{sign}(f(\tilde{x})) = \text{sign}(\langle w^*, \tilde{x} \rangle + b^*).$$

在现实应用中遇到的数据分类问题大都是近似线性可分或线性不可分的, 故以后只考虑 C-SVM, 不再考虑硬间隔 SVM.

3.4　最小二乘 SVM

为了回避求解凸二次规划模型 (3.3.1), 缩短 C-SVM 的学习时间, 本节介绍一种快速学习方法——最小二乘 SVM(Least Squares SVM, LSSVM). 为此, 需对模型 (3.3.1) 加以改进, 将其中松弛变量的一次惩罚改为二次惩罚, 将不等式约束改为等式约束, 去掉非负约束, 从而得到如下二次规划模型:

$$\min_{w,b,\xi_i} \quad \frac{1}{2}\|w\|^2 + \frac{c}{2}\sum_{i=1}^{m}\xi_i^2$$
$$\text{s.t.} \quad \xi_i = y_i(\langle w, x_i\rangle + b) - 1, \quad i = 1, \cdots, m, \tag{3.4.1}$$

其中 $c > 0$ 是调节参数. 模型 (3.4.1) 可等价地转化为无约束模型:

$$\min_{w,b} f(w,b) = \frac{1}{2}\|w\|^2 + \frac{c}{2}\left\|(D(X^{\mathrm{T}}w + be_m) - e_m)\right\|^2. \tag{3.4.2}$$

为了求解模型 (3.4.2), 令 $\dfrac{\partial f(w,b)}{\partial w} = \dfrac{\partial f(w,b)}{\partial b} = 0$, 可得线性方程组:

$$\begin{cases} c^{-1}w + XD(D(X^{\mathrm{T}}w + be_m) - e_m) = 0, \\ e_m^{\mathrm{T}}D(D(X^{\mathrm{T}}w + be_m) - e_m) = 0. \end{cases} \tag{3.4.3}$$

由于 $D^2 = I_m, Dy = e_m, De_m = y$, 所以方程组 (3.4.3) 可简化为

$$\left(\begin{bmatrix} c^{-1}I_d & 0 \\ 0 & 0 \end{bmatrix} + \begin{bmatrix} XX^{\mathrm{T}} & Xe_m \\ e_m^{\mathrm{T}}X^{\mathrm{T}} & e_m^{\mathrm{T}}e_m \end{bmatrix}\right)\begin{bmatrix} w \\ b \end{bmatrix} = \begin{bmatrix} X \\ e_m^{\mathrm{T}} \end{bmatrix}y. \tag{3.4.4}$$

记

$$H = \begin{bmatrix} I_d & 0 \\ 0 & 0 \end{bmatrix} \in R^{(d+1)\times(d+1)}, \quad G = \begin{bmatrix} X \\ e_m^{\mathrm{T}} \end{bmatrix} \in R^{(d+1)\times m}, \quad u = \begin{bmatrix} w \\ b \end{bmatrix} \in R^{d+1},$$

则方程组 (3.4.4) 可简化为

$$(c^{-1}H + GG^{\mathrm{T}})u = Gy. \tag{3.4.5}$$

显然, $c^{-1}H + GG^{\mathrm{T}}$ 是对称非负定阵. 为了避免该矩阵的奇异性, 将其正则化, 即用正定阵 $c^{-1}H + GG^{\mathrm{T}} + \delta I_{d+1}$ 代替 $c^{-1}H + GG^{\mathrm{T}}$, 其中 $\delta > 0$ 是正则化参数, 这样通过方程组 (3.4.5) 可求出决策向量

$$u^* = \begin{bmatrix} w^* \\ b^* \end{bmatrix} = (c^{-1}H + GG^{\mathrm{T}} + \delta I_{d+1})^{-1}Gy. \tag{3.4.6}$$

进而得到分类决策函数 $f(x) = \langle w^*, x \rangle + b^*$. 具体算法如下.

算法 3.4.1 (LSSVM)

步 1. 给定数据集 $T = \{(x_i, y_i)\}_{i=1}^m \in R^d \times \{\pm 1\}$.

步 2. 选择适当的模型参数 $c > 0$ 和正则化参数 $\delta > 0$.

步 3. 利用 (3.4.6) 式计算 $u^* = \begin{bmatrix} w^* \\ b^* \end{bmatrix}$.

步 4. 构造分类决策函数 $f(x) = \langle w^*, x \rangle + b^*$.

步 5. 对任一输入样本 $\tilde{x} \in R^d$, 其类标签为

$$y_{\tilde{x}} = \text{sign}(f(\tilde{x})) = \text{sign}(\langle w^*, \tilde{x} \rangle + b^*).$$

3.5 正则化最小二乘 SVM

3.5.1 正则化 LSSVM

正则化 SVM(Regularized SVM, RSVM) 又称为逼近 SVM (Proximal SVM, PSVM), 它是将模型 (3.3.1) 中的间隔 $\|w\|^2/2$ 改进为 $(\|w\|^2 + b^2)/2$, 也就是说, RSVM 是通过考虑如下的二次规划模型:

$$\min_{w,b,\xi_i} \quad \frac{1}{2}(\|w\|^2 + b^2) + C \sum_{i=1}^m \xi_i \tag{3.5.1}$$
$$\text{s.t.} \quad y_i(\langle w, x_i \rangle + b) \geqslant 1 - \xi_i, \quad \xi_i \geqslant 0, \quad i = 1, \cdots, m$$

来寻找分类决策函数 $f(x) = \langle w, x \rangle + b$ 的.

类似于 RSVM, 正则化最小二乘 SVM (Regularized LSSVM, RLSSVM) 是通过考虑下面的二次规划模型:

$$\min_{w,b,\xi_i} \quad \frac{1}{2}(\|w\|^2 + b^2) + \frac{c}{2} \sum_{i=1}^m \xi_i^2 \tag{3.5.2}$$
$$\text{s.t.} \quad \xi_i = y_i(\langle w, x_i \rangle + b) - 1, \quad i = 1, \cdots, m$$

来寻找分类决策函数 $f(x) = \langle w, x \rangle + b$ 的.

如果将 d 维样本 $x \in R^d$ 转化为 $d+1$ 维样本 $\begin{bmatrix} x \\ 1 \end{bmatrix} \in R^{d+1}$, 将分类决策函数 $f(x)$ 转化为

$$f(x) = \langle w, x \rangle + b = \left\langle \begin{bmatrix} w \\ b \end{bmatrix}, \begin{bmatrix} x \\ 1 \end{bmatrix} \right\rangle,$$

则 $\begin{bmatrix} w \\ b \end{bmatrix} \in R^{d+1}$ 恰是 $f(x)$ 在 $d+1$ 维空间 R^{d+1} 中的法向量. 这样, 模型 (3.5.1)
和模型 (3.5.2) 恰好分别是 C-SVM 和 LSSVM 在 R^{d+1} 中的原始问题. 换句话说,
RSVM 和 RLSSVM 分别是 R^{d+1} 中的 C-SVM 和 LSSVM.

尽管 RSVM 和 RLSSVM 与 C-SVM 和 LSSVM 在本质上没有区别, 但 RSVM
和 RLSSVM 却回避了矩阵的奇异性问题. 下面以 RLSSVM 为例来加以说明.

记 $\xi = (\xi_1, \cdots, \xi_m)^{\mathrm{T}} \in R^m$, 则模型 (3.5.2) 可表示为矩阵形式:

$$\begin{aligned} \min_{w,b,\xi} \quad & \frac{1}{2}(\|w\|^2 + b^2) + \frac{c}{2}\|\xi\|^2 \\ \text{s.t.} \quad & \xi = D(X^{\mathrm{T}}w + be_m) - e_m. \end{aligned} \tag{3.5.3}$$

记 $G = \begin{bmatrix} X \\ e_m^{\mathrm{T}} \end{bmatrix} \in R^{(d+1)\times m}, u = \begin{bmatrix} w \\ b \end{bmatrix} \in R^{d+1}$, 则模型 (3.5.3) 可转化为无约
束模型:

$$\min_u f(u) = \frac{1}{2}\|u\|^2 + \frac{c}{2}\|DG^{\mathrm{T}}u - e_m\|^2. \tag{3.5.4}$$

为了求解模型 (3.5.4), 令 $\nabla f(u) = 0$, 得

$$c^{-1}u + GD^{\mathrm{T}}DG^{\mathrm{T}}u = GD^{\mathrm{T}}e_m.$$

由于 $D^{\mathrm{T}}D = I_m$, 所以有

$$(c^{-1}I_{d+1} + GG^{\mathrm{T}})u = GD^{\mathrm{T}}e_m.$$

由于矩阵 $c^{-1}I_{d+1} + GG^{\mathrm{T}}$ 是正定阵 (这回避了 LSSVM 中矩阵 $c^{-1}H + GG^{\mathrm{T}}$ 的奇
异性), 所以有

$$u^* = (c^{-1}I_{d+1} + GG^{\mathrm{T}})^{-1}GD^{\mathrm{T}}e_m. \tag{3.5.5}$$

下面给出具体算法.

算法 3.5.1 (RLSSVM)

步 1. 给定数据集 $T = \{(x_i, y_i)\}_{i=1}^m \in R^d \times \{\pm 1\}$.

步 2. 选择适当的模型参数 $c > 0$.

步 3. 利用 (3.5.5) 式计算 $u^* = \begin{bmatrix} w^* \\ b^* \end{bmatrix}$.

步 4. 构造分类决策函数 $f(x) = \langle w^*, x \rangle + b^*$.

步 5. 对任一输入样本 $\tilde{x} \in R^d$, 其类标签为

$$y_{\tilde{x}} = \mathrm{sign}(f(\tilde{x})) = \mathrm{sign}\left(\langle w^*, \tilde{x} \rangle + b^*\right).$$

从算法 3.4.1 和算法 3.5.1 可以看出, 在计算 u^* 的过程中都需要计算一个 $(d+1) \times (d+1)$ 矩阵的逆矩阵. 当样本的维数 d 较大时, 求解这个逆矩阵要花费大量的时间, 甚至是不可实现的. 因此, 希望利用无约束最优化算法加快学习速度, 下面以 RLSSVM 为例加以讨论.

3.5.2 快速学习 RLSSVM 的方法

考虑模型 (3.5.4), 由于目标函数可表示为

$$f(u) = \frac{1}{2} \left\| \begin{bmatrix} u \\ \sqrt{c}(DG^{\mathrm{T}}u - e_m) \end{bmatrix} \right\|^2 = \frac{1}{2} \left\| \begin{bmatrix} I_{d+1} \\ \sqrt{c}DG^{\mathrm{T}} \end{bmatrix} u - \begin{bmatrix} 0 \\ \sqrt{c}e_m \end{bmatrix} \right\|^2$$
$$= \frac{1}{2} \|Hu - \tilde{e}\|^2,$$

其中

$$H = \begin{bmatrix} I_{d+1} \\ \sqrt{c}DG^{\mathrm{T}} \end{bmatrix} \in R^{(d+m+1)\times(d+1)}, \quad \tilde{e} = \begin{bmatrix} 0 \\ \sqrt{c}e_m \end{bmatrix} \in R^{(d+m+1)},$$

所以模型 (3.5.4) 可简化为

$$\min_u f(u) = \frac{1}{2} \|Hu - \tilde{e}\|^2, \tag{3.5.6}$$

且目标函数的梯度向量 $\nabla f(u) = H^{\mathrm{T}}(Hu - \tilde{e})$.

1. 基于最速下降法的 RLSSVM

下面利用最速下降法求解模型 (3.5.6). 具体思路如下.

步 1. 给定当前迭代点 $u^{(k)} \in R^{d+1}$, 计算搜索方向

$$p^{(k)} = -\nabla f(u^{(k)}) = H^{\mathrm{T}}\tilde{e} - H^{\mathrm{T}}Hu^{(k)} \in R^{d+1}. \tag{3.5.7}$$

步 2. 利用精确一维搜索法寻找搜索步长 t_k. 定义实值函数 $\varphi : R_+ \to R$:

$$\varphi(t) = f(u^{(k)} + tp^{(k)}) = \frac{1}{2} \left\| tHp^{(k)} + Hu^{(k)} - \tilde{e} \right\|^2,$$

并令 $\varphi'(t) = 0$, 得 $p^{(k)\mathrm{T}}H^{\mathrm{T}}(tHp^{(k)} + Hu^{(k)} - \tilde{e}) = 0$. 解之有

$$t_k = \frac{p^{(k)\mathrm{T}}H^{\mathrm{T}}\tilde{e} - p^{(k)\mathrm{T}}H^{\mathrm{T}}Hu^{(k)}}{p^{(k)\mathrm{T}}H^{\mathrm{T}}Hp^{(k)}}. \tag{3.5.8}$$

步 3. 利用线性迭代法计算下一个迭代点 $u^{(k+1)} = u^{(k)} + t_k p^{(k)}$.
具体算法如下.

算法 3.5.2 (基于最速下降法的 RLSSVM)

步 1. 初始化. 给定数据集 $T = \{(x_i, y_i)\}_{i=1}^m \in R^d \times \{\pm 1\}$ 和精度 $\varepsilon > 0$, 置 $k = 0$. 选择适当的模型参数 $c > 0$, 任取初始迭代点 $u^{(k)} \in R^{d+1}$.

步 2. 利用 (3.5.7) 式计算搜索方向 $p^{(k)}$.

步 3. 若 $\|p^{(k)}\| < \varepsilon$, 置 $u^* \leftarrow u^{(k)}$, 转步 6; 否则, 转步 4.

步 4. 利用 (3.5.8) 式计算搜索步长 t_k.

步 5. 计算下一个迭代点 $u^{(k+1)} = u^{(k)} + t_k p^{(k)}$, 置 $k \leftarrow k + 1$, 转步 2.

步 6. 构造分类决策函数 $f(x) = \langle w^*, x \rangle + b^*$.

步 7. 对任一输入样本 $\tilde{x} \in R^d$, 其类标签为 $y_{\tilde{x}} = \operatorname{sign}(f(\tilde{x})) = \operatorname{sign}(\langle w^*, \tilde{x} \rangle + b^*)$.

与算法 3.5.1 相比较, 算法 3.5.2 的最大特点是不需要计算逆矩阵.

2. 基于 FR 共轭梯度法的 RLSSVM

由于模型 (3.5.6) 是凸二次规划, 所以可用 FR 共轭梯度法来加速 RLSSVM 的学习. 具体思路类似于算法 3.5.2, 本节直接给出具体算法.

算法 3.5.3 (基于 FR 共轭梯度法的 RLSSVM)

步 1. 初始化. 给定数据集 $T = \{(x_i, y_i)\}_{i=1}^m \in R^d \times \{\pm 1\}$ 和精度 $\varepsilon > 0$, 置 $k = 0$. 选择适当的模型参数 $c > 0$, 任取初始迭代点 $u^{(k)} \in R^{d+1}$.

步 2. 利用 (3.5.7) 式计算搜索方向 $p^{(k)}$.

步 3. 若 $\|p^{(k)}\| < \varepsilon$, 置 $u^* \leftarrow u^{(k)}$, 转步 9; 否则, 转步 4.

步 4. 利用 (3.5.8) 式计算搜索步长 t_k.

步 5. 计算下一个迭代点 $u^{(k+1)} = u^{(k)} + t_k p^{(k)}$.

步 6. 计算梯度 $\nabla f(u^{(k+1)})$. 若 $\|\nabla f(u^{(k+1)})\| < \varepsilon$, 置 $u^* \leftarrow u^{(k+1)}$, 转步 9; 否则, 转步 7.

步 7. 计算 $\mu_{k+1,k} = \|\nabla f(u^{(k+1)})\|^2 / \|\nabla f(u^{(k)})\|^2$.

步 8. 计算搜索方向 $p^{(k+1)} = -\nabla f(u^{(k+1)}) + \mu_{k+1,k} p^{(k)}$ (注意: 这里的搜索方向不是负梯度方向, 这与最速下降法不同), 置 $k \leftarrow k + 1$, 转步 3.

步 9. 构造决策函数 $f(x) = \langle w^*, x \rangle + b^*$.

步 10. 对任一输入样本 $\tilde{x} \in R^d$, 其类标签为 $y_{\tilde{x}} = \operatorname{sign}(f(\tilde{x})) = \operatorname{sign}(\langle w^*, \tilde{x} \rangle + b^*)$.

3.6 正定核函数

对线性不可分的二分类问题, 通过引入核函数和核技巧 [19-21], 可将其转化为 (近似) 线性可分问题, 从而利用线性分类器进行分类. 我们先来看三个例子.

例 3.6.1 考虑二分类数据集:

正类: $\{x \in R^2 : x_1^2 + x_2^2 < 1\}$, 负类: $\{x \in R^2 : x_1^2 + x_2^2 > 1\}$,

如图 3.6.1 所示, 这是一个线性不可分问题.

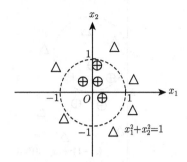

图 3.6.1 线性不可分数据集

如果定义映射 $\varphi : R^2 \to R^2$ 使得

$$z = \varphi(x) = \begin{bmatrix} x_1^2 \\ x_2^2 \end{bmatrix}, \quad \forall x = \begin{bmatrix} x_1 \\ x_2 \end{bmatrix} \in R^2,$$

则此数据集可转化为

正类: $\{z \in R^2 : z_1 + z_2 < 1\}$, 负类: $\{z \in R^2 : z_1 + z_2 > 1\}$,

如图 3.6.2 所示. 这表明通过选取适当的映射 φ, 可将线性不可分问题转化为线性可分问题.

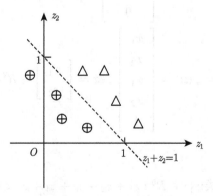

图 3.6.2 线性可分数据集

例 3.6.2 考虑二分类数据集:

正类: $\{x \in R^2 : (x_1 - 1)^2 + (x_2 - 3)^2 < 1\}$,

负类: $\{x \in R^2 : (x_1 - 1)^2 + (x_2 - 3)^2 > 1\}$,

如图 3.6.3 所示, 这也是一个线性不可分问题.

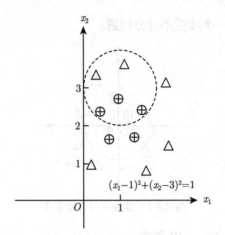

图 3.6.3　线性不可分数据集

圆的方程 $(x_1 - 1)^2 + (x_2 - 3)^2 = 1$ 可表示为 $x_1^2 + x_2^2 - 2x_1 - 6x_2 + 9 = 0$, 因此, 如果定义映射 $\varphi : R^2 \to R^5$ 使得

$$z = \varphi(x) = \begin{bmatrix} x_1^2 \\ x_2^2 \\ -2x_1 \\ -6x_2 \\ 9 \end{bmatrix}, \quad \forall x = \begin{bmatrix} x_1 \\ x_2 \end{bmatrix} \in R^2$$

$$\text{或 } z = \varphi(x) = \begin{bmatrix} x_1^2 \\ x_2^2 \\ x_1 \\ x_2 \\ 1 \end{bmatrix}, \forall x = \begin{bmatrix} x_1 \\ x_2 \end{bmatrix} \in R^2,$$

则此数据集可转化为

正类: $\{z \in R^5 : z_1 + z_2 + z_3 + z_4 + z_5 < 0\}$,

负类: $\{z \in R^5 : z_1 + z_2 + z_3 + z_4 + z_5 > 0\}$,

或

正类: $\{z \in R^5 : z_1 + z_2 - 2z_3 - 6z_4 + 9z_5 < 0\}$,

负类: $\{z \in R^5 : z_1 + z_2 - 2z_3 - 6z_4 + 9z_5 > 0\}$,

这显然也是一个线性可分问题. 也可以定义映射 $\varphi : R^2 \to R^4$ 使得

$$z = \varphi(x) = \begin{bmatrix} x_1^2 \\ x_2^2 \\ x_1 \\ x_2 \end{bmatrix}, \quad \forall x = \begin{bmatrix} x_1 \\ x_2 \end{bmatrix} \in R^2,$$

这时此数据集可转化为

正类: $\{z \in R^4 : z_1 + z_2 - 2z_3 - 6z_4 < -9\}$,

负类: $\{z \in R^4 : z_1 + z_2 - 2z_3 - 6z_4 > -9\}$,

仍然是一个线性可分问题.

例 3.6.3 考虑线性不可分的二分类数据集:

正类: $\{x \in R^2 : (x_1 - 1)^8 + (x_2 - 3)^8 < 1\}$,

负类: $\{x \in R^2 : (x_1 - 1)^8 + (x_2 - 3)^8 > 1\}$.

类似于例 3.6.1 和例 3.6.2, 通过选取一个适当的映射 $\varphi : R^2 \to R^{16}$, 可将其转化为线性可分问题.

从例 3.6.1 至例 3.6.3 可以看出, 通过选取适当的映射 φ, 可将低维 (2 维) 空间中的线性不可分数据集转化为高维 (4 维, 5 维或 16 维) 空间中的线性可分数据集. 那么对一般的低维空间中的线性不可分数据集, 是否也能通过这样的映射 φ, 转化为高维空间中的 (近似) 线性可分数据集呢? 如果能, 怎样寻找映射 φ 呢? 这就是本节要介绍的正定核函数.

定义 3.6.1 (正定核函数) 称二元函数 $k : R^d \times R^d \to R$ 是正定核函数 (简称核函数), 如果存在一个 Hilbert 空间 H 和一个映射 $\varphi : R^d \to H$ 使得

$$k(x, y) = \langle \varphi(x), \varphi(y) \rangle, \quad \forall x, y \in R^d,$$

其中 $\langle \cdot, \cdot \rangle$ 表示 H 中的内积. 称 H 是核函数 $k : R^d \times R^d \to R$ 的特征空间 (Feature Space), $\varphi : R^d \to H$ 是对应的特征映射 (Feature Mapping). 对二分类数据集 $T = \{(x_i, y_i)\}_{i=1}^m \in R^d \times \{\pm 1\}$, 称矩阵 $K = [k(x_i, x_j)]_{m \times m}$ 为核阵 (Kernel Matrix). 图 3.6.4 给出了核函数的一个直观解释.

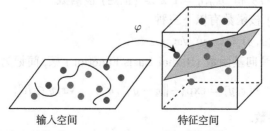

输入空间 特征空间

图 3.6.4 核函数的几何解释 (后附彩图)

定理 3.6.1 (核函数的必要条件)　　设 R^d 是输入空间, $k : R^d \times R^d \to R$ 是 (正定) 核函数. 则对任意有限个点 $x_1, \cdots, x_l \in R^d$, 对应的 Gram 阵 $\Lambda = [k(x_i, x_j)]_{l \times l}$ 是对称非负定阵.

证明　　由定义 3.6.1, 存在特征空间 H 和对应的特征映射 $\varphi : R^d \to H$ 使得

$$k(x_i, x_j) = \langle \varphi(x_i), \varphi(x_j) \rangle, \quad i, j = 1, \cdots, l.$$

由内积的对称性知, Gram 阵 Λ 是对称阵. 下证 Λ 是非负定阵.

任取 $\alpha \in R^l$, 并令 $z = \sum\limits_{i=1}^{l} \alpha_i \varphi(x_i) \in H$. 由于

$$\alpha^{\mathrm{T}} K \alpha = \sum_{i=1}^{l} \sum_{j=1}^{l} \alpha_i \alpha_j \langle \varphi(x_i), \varphi(x_j) \rangle$$

$$= \left\langle \sum_{i=1}^{l} \alpha_i \varphi(x_i), \sum_{j=1}^{l} \alpha_j \varphi(x_j) \right\rangle = \langle z, z \rangle = \|z\|^2 \geqslant 0,$$

所以 Λ 是非负定阵.

定理 3.6.1 表明对数据集 T, 核阵 $K = [k(x_i, x_j)]_{m \times m}$ 是对称非负定阵.

定理 3.6.2 (核函数的充分条件)　　设 R^d 是输入空间, $k : R^d \times R^d \to R$ 是二元对称函数. 若对任意有限个点 $x_1, \cdots, x_l \in R^d$, 对应的 Gram 阵 $\Lambda = [k(x_i, x_j)]_{l \times l}$ 都是对称非负定阵, 则 k 是 (正定) 核函数.

证明　　略.

定理 3.6.3 (核函数的运算)　　设 R^d 是输入空间, $k_i : R^d \times R^d \to R, i = 1, \cdots, p$ 是 p 个核函数, $\beta > 0$ 是实数. 则

(1) $k_1 + \cdots + k_p : R^d \times R^d \to R$ 仍是核函数, 即有限个核函数之和仍是核函数;

(2) $\beta k_i : R^d \times R^d \to R$ 是核函数, 即核函数的正数乘仍是核函数.

证明　　不失一般性, 取 $p = 2$.

任取有限个点 $x_1, \cdots, x_l \in R^d$, 由定理 3.6.1 知, Gram 阵 $\Lambda_q = [k_q(x_i, x_j)]_{l \times l}$ 是对称非负定阵, $q = 1, 2$. 进而矩阵 $\Lambda_1 + \Lambda_2, \beta \Lambda_1, \beta \Lambda_2$ 也都是对称非负定阵. 再由定理 3.6.2 知, $k_1 + k_2$ 和 $\beta k_q, q = 1, 2$ 是 (正定) 核函数.

常用的 (正定) 核函数有以下三种.

(1) 线性核: $k(x, y) = \langle x, y \rangle, \forall x, y \in R^d$.

(2) Gaussian 径向基函数 (Radial Basis Function) 核, 简记为 RBF 核:

$$k(x, y) = \exp\{-\|x - y\|^2 / \sigma^2\}, \quad \forall x, y \in R^d,$$

其中 $\sigma > 0$ 是核参数.

(3) 多项式核: $k(x, y) = (\langle x, y \rangle + 1)^n, \forall x, y \in R^d$, 其中核参数 n 取正整数.

3.7 再生核 Hilbert 空间

先来看一个例子.

例 3.7.1 考虑二元函数 $k : R \times R \to R$ 使得 $k(x,y) = xy, \forall x, y \in R$.

(1) 如果取 $H_1 = R$, 并定义映射 $\varphi_1 : R \to H_1, \varphi_1(x) = x, \forall x \in R$, 则

$$\langle \varphi_1(x), \varphi_1(y) \rangle = \langle x, y \rangle = xy = k(x,y), \quad \forall x, y \in R.$$

由定义 3.6.1 可知, $k : R \times R \to R$ 是核函数, H_1 是其特征空间, φ_1 是对应的特征映射.

(2) 如果取 $H_2 = R^2$, 并定义映射

$$\varphi_2 : R \to H_2, \varphi_2(x) = \begin{bmatrix} x/\sqrt{2} \\ x/\sqrt{2} \end{bmatrix}, \quad \forall x \in R,$$

则有

$$\langle \varphi_2(x), \varphi_2(y) \rangle = \left\langle \begin{bmatrix} x/\sqrt{2} \\ x/\sqrt{2} \end{bmatrix}, \begin{bmatrix} y/\sqrt{2} \\ y/\sqrt{2} \end{bmatrix} \right\rangle = \frac{xy}{2} + \frac{xy}{2} = xy = k(x,y), \quad \forall x, y \in R.$$

由定义 3.6.1 知, k 是核函数, H_2 是其特征空间, φ_2 是对应的特征映射.

(3) 如果取 $H_n = R^n (n \geqslant 3)$, 并定义映射

$$\varphi_n : R \to H_n, \varphi_n(x) = \begin{bmatrix} x/\sqrt{n} \\ \vdots \\ x/\sqrt{n} \end{bmatrix}, \quad \forall x \in R,$$

则有

$$\langle \varphi_n(x), \varphi_n(y) \rangle = \left\langle \begin{bmatrix} x/\sqrt{n} \\ \vdots \\ x/\sqrt{n} \end{bmatrix}, \begin{bmatrix} y/\sqrt{n} \\ \vdots \\ y/\sqrt{n} \end{bmatrix} \right\rangle = xy = k(x,y), \quad \forall x, y \in R.$$

再由定义 3.6.1 知, k 是核函数, H_n 是其特征空间, φ_n 是对应的特征映射.

由上可以得出, 对于核函数 $k : R \times R \to R$, 其特征空间和对应的特征映射并不唯一, 甚至有无穷多个. 那么, 选择哪一个特征空间更为合适? 还是任选一个特征空间都可以? 这就是本节要讨论的内容. 为此, 先介绍两个概念: 再生核 (Reproducing Kernel) 和再生核 Hilbert 空间 (Reproducing Kernel Hilbert Space, RKHS).

定义 3.7.1　设 R^d 是输入空间, $H = \{f : R^d \to R\}$ 是一个函数 Hilbert 空间.

(1) 称二元函数 $k : R^d \times R^d \to R$ 是 H 上的再生核, 如果其满足下面的再生性条件:

(a) $k(\cdot, x) \in H, \forall x \in R^d$;

(b) $f(x) = \langle f, k(\cdot, x) \rangle = \langle k(\cdot, x), f \rangle, \forall x \in R^d, \forall f \in H$.

(2) 称 H 是一个 RKHS, 如果对任意给定的 $x \in R^d$, 其对应的 Dirac 函数:

$$\delta_x : H \to R, \quad \delta_x(f) = f(x), \quad \forall f \in H$$

在 H 上连续.

从定义 3.7.1 可以看出, 每个再生核都对应着一个函数 Hilbert 空间.

下面讨论再生核的性质.

定理 3.7.1　设 R^d 是输入空间, $H = \{f : R^d \to R\}$ 是一个函数 Hilbert 空间, $k : R^d \times R^d \to R$ 是 H 上的再生核. 则

(1) H 是 RKHS.

(2) k 是正定核, H 是其特征空间, $\varphi(x) = k(\cdot, x), x \in R^d$ 是对应的特征映射, 即再生核一定是正定核.

证明　由定义 3.7.1 知, $k : R^d \times R^d \to R$ 满足再生性条件.

先证结论 (1).

任取 $x \in R^d$, 考虑其对应的 Dirac 函数 $\delta_x : H \to R$ 的连续性. 设 $f \in H$ 且存在函数列 $\{f_n\}_{n=1}^{\infty} \in H$ 满足 $f_n \to f$, 即 $\lim_{n \to \infty} \|f_n - f\| = 0$. 根据再生性条件可推出

$$|\delta_x(f_n) - \delta_x(f)| = |f_n(x) - f(x)| = |\langle f_n, k(\cdot, x) \rangle - \langle f, k(\cdot, x) \rangle|$$
$$= |\langle f_n - f, k(\cdot, x) \rangle| \leqslant \|f_n - f\| \cdot \|k(\cdot, x)\| \to 0 \quad (n \to \infty),$$

这表明函数 $\delta_x : H \to R$ 连续, 故由定义 3.7.1 知, H 是 RKHS.

再证结论 (2).

任取 $x, y \in R^d$. 令 $f_y = k(\cdot, y)$, 显然 $f_y : R^d \to R$ 是一个函数. 由再生性条件知, $f_y \in H$ 且

$$\langle \varphi(x), \varphi(y) \rangle = \langle k(\cdot, x), k(\cdot, y) \rangle = \langle k(\cdot, x), f_y \rangle = f_y(x) = k(x, y).$$

由定义 3.7.1 知, $k : R^d \times R^d \to R$ 是正定核, H 是其特征空间, $\varphi(x) = k(\cdot, x), \forall x \in R^d$ 是对应的特征映射.

定理 3.7.2　每个 RKHS 都有唯一一个再生核与之对应.

证明　略.

由定理 3.7.1 知, 再生核是正定核, 所以再生核的特征空间和特征映射可能不唯一, 甚至有无穷多个. 由定理 3.7.2 知, 再生核对应着唯一一个 RKHS, 且该 RKHS 是其特征空间, 因此常选 RKHS 作为再生核的特征空间, 对应的映射 $\varphi(x) = k(\cdot, x)$, $\forall x \in R^d$ 作为特征映射.

定理 3.7.3 每个正定核都对应着唯一一个 RKHS 作为其特征空间.

证明 略.

综合定理 3.7.1 至定理 3.7.3, 我们可以得出

$$\text{正定核} \xrightarrow{1-1} \text{RKHS} \xrightarrow{1-1} \text{再生核}.$$

因此, 对给定的核函数 $k : R^d \times R^d \to R$, 尽管它可能有多个特征空间和对应的特征映射, 但常选其对应的 RKHS 作为特征空间, 这时 $\varphi(x) = k(\cdot, x), \forall x \in R^d$ 是对应的特征映射.

定理 3.7.4 给定数据集 $T = \{(x_i, y_i)\}_{i=1}^{m} \in R^d \times \{\pm 1\}$, 设 $k : R^d \times R^d \to R$ 是正定核函数, H 是其 RKHS, $\varphi(x) = k(\cdot, x), \forall x \in R^d$ 是对应的特征映射, 则

$$H = \text{span}\{\varphi(x_1), \cdots, \varphi(x_m)\},$$

即 H 是映射样本 $\{\varphi(x_1), \cdots, \varphi(x_m)\}$ 的张空间.

证明 略.

3.8   非线性 SVM

非线性 SVM 是指利用 3.6 节和 3.7 节所介绍的核函数和核技巧, 将输入空间中的线性不可分数据转化为特征空间中的 (近似) 线性可分数据, 然后在特征空间中利用线性 C-SVM 得到分类决策函数的方法. 图 3.8.1 是一个直观解释.

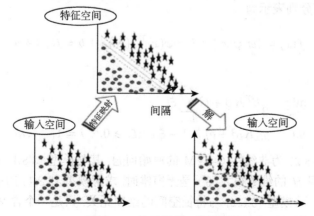

图 3.8.1   核函数的工作原理

对输入空间的线性不可分数据集 $T = \{(x_i, y_i)\}_{i=1}^m \in R^d \times \{\pm 1\}$, 首先选择适当的 (正定) 核函数 $k : R^d \times R^d \to R(H$ 是其 RKHS, $\varphi : R^d \to H$ 是对应的特征映射), 利用特征映射 $\varphi : R^d \to H$ 将其映射到特征空间 H 中, 得到近似线性可分数据集:

$$T_\varphi = \{(\varphi(x_i), y_i)\}_{i=1}^m \in H \times \{\pm 1\} \quad (\text{称为映射数据集}),$$

然后对映射数据集 T_φ 利用线性 C-SVM, 寻找分类决策函数 $f(x) = \langle w, \varphi(x) \rangle + b$, 其中 $w \in H$ 和 $b \in R$ 分别是决策函数的法向量和阈值, 也就是考虑下面的二次规划模型:

$$\min_{w, b, \xi_i} \quad \frac{1}{2} \|w\|^2 + C \sum_{i=1}^m \xi_i \tag{3.8.1}$$
$$\text{s.t.} \quad y_i(\langle w, \varphi(x_i) \rangle + b) \geqslant 1 - \xi_i, \quad \xi_i \geqslant 0, \quad i = 1, \cdots, m$$

来寻找分类决策函数 $f(x)$, 其中 $C > 0$ 是调节参数. 由定理 3.7.4 知, 存在系数向量 $\beta \in R^m$ 使得

$$w = \beta_1 \varphi(x_1) + \cdots + \beta_m \varphi(x_m) = [\varphi(x_1), \cdots, \varphi(x_m)]\beta.$$

记 $\varphi(X) = [\varphi(x_1), \cdots, \varphi(x_m)]$, 则 $w = \varphi(X)\beta, \varphi(X)^T \varphi(X) = K$ 且

$$\begin{cases} \varphi(x_i)^T \varphi(X) = \varphi(x_i)^T [\varphi(x_1), \cdots, \varphi(x_m)] = K_i, \\ \varphi(x)^T \varphi(X) = \varphi(x)^T [\varphi(x_1), \cdots, \varphi(x_m)] = [k(x, x_1), \cdots, k(x, x_m)] = K_x, \\ \|w\|^2 = \beta^T \varphi(X)^T \varphi(X)\beta = \beta^T K \beta, \\ \langle w, \varphi(x_i) \rangle = \varphi(x_i)^T \varphi(X)\beta = K_i \beta, \quad i = 1, \cdots, m, \end{cases}$$

其中 $K_i = [k(x_i, x_1), \cdots, k(x_i, x_m)]$ 表示核阵 K 的第 i 行. 于是, 决策函数 $f(x)$ 和模型 (3.8.1) 可分别表示为

$$f(x) = \langle w, \varphi(x) \rangle + b = \varphi(x)^T \varphi(X)\beta + b = K_x \beta + b$$

和

$$\min_{\beta, b, \xi_i} \quad \frac{1}{2} \beta^T K \beta + C \sum_{i=1}^m \xi_i \tag{3.8.2}$$
$$\text{s.t.} \quad y_i(K_i \beta + b) \geqslant 1 - \xi_i, \quad \xi_i \geqslant 0, \quad i = 1, \cdots, m.$$

称模型 (3.8.2) 为非线性 C-SVM 的原始问题, 其与模型 (3.8.1) 的主要区别在于: 当特征空间 H 的维数很大甚至是无穷维时, 求解模型 (3.8.1) 的成本会非常高, 甚至无法求解. 而模型 (3.8.2) 与特征空间的维度无关, 只是一个含 $2m + 1$ 个决策变量的二次规划模型, 总是可以求解的.

特别地, 如果不是利用特征映射 $\varphi : R^d \to H$ 将数据集 T 映射到 T_φ, 而是利用核函数 $k : R^d \times R^d \to R$ 将数据集 T 映射为

$$T_k = \{(K_i^{\mathrm{T}}, y_i)\}_{i=1}^m = \{([k(x_1, x_i), \cdots, k(x_m, x_i)]^{\mathrm{T}}, y_i)\}_{i=1}^m \in R^m \times \{\pm 1\},$$

这样分类决策函数 $f(x)$ 可表示为

$$f(x) = \langle \varphi(X)\beta, \varphi(x) \rangle + b = \langle \beta, \varphi(X)^{\mathrm{T}}\varphi(x) \rangle + b = \langle \beta, K_x^{\mathrm{T}} \rangle + b,$$

这说明 $\beta \in R^m$ 可看成是 $f(x)$ 在 R^m 中的法向量. 再利用线性 C-SVM, 可得如下二次规划模型:

$$\begin{aligned} \min_{\beta, b, \xi_i} \quad & \frac{1}{2}\beta^{\mathrm{T}}\beta + C\sum_{i=1}^m \xi_i \\ \text{s.t.} \quad & y_i(K_i\beta + b) \geqslant 1 - \xi_i, \quad \xi_i \geqslant 0, \quad i = 1, \cdots, m. \end{aligned} \tag{3.8.3}$$

模型 (3.8.3) 也可看成是非线性 C-SVM 的原始问题. 相比于模型 (3.8.2), 模型 (3.8.3) 的目标函数中用单位阵 I_m 替代了核阵 K, 这就回避了核阵 K 的奇异性, 这在下面的推导中可以看到.

记 $\xi = (\xi_1, \cdots, \xi_m)^{\mathrm{T}} \in R^m$, 则模型 (3.8.2) 可表示为矩阵形式:

$$\begin{aligned} \min_{\beta, b, \xi} \quad & \frac{1}{2}\beta^{\mathrm{T}}K\beta + Ce_m^{\mathrm{T}}\xi \\ \text{s.t.} \quad & D(K\beta + be_m) \geqslant e_m - \xi, \quad \xi \geqslant 0. \end{aligned} \tag{3.8.4}$$

考虑模型 (3.8.4) 的 Lagrange 函数

$$\begin{aligned} L(\beta, b, \xi, \alpha, \delta) &= \frac{1}{2}\beta^{\mathrm{T}}K\beta + Ce_m^{\mathrm{T}}\xi - \alpha^{\mathrm{T}}(D(K\beta + be_m) - e_m + \xi) - \delta^{\mathrm{T}}\xi \\ &= \frac{1}{2}\beta^{\mathrm{T}}K\beta + Ce_m^{\mathrm{T}}\xi - \alpha^{\mathrm{T}}DK\beta - b\alpha^{\mathrm{T}}De_m + e_m^{\mathrm{T}}\alpha - \alpha^{\mathrm{T}}\xi - \delta^{\mathrm{T}}\xi, \end{aligned}$$

并令 $\dfrac{\partial L}{\partial \beta} = \dfrac{\partial L}{\partial b} = \dfrac{\partial L}{\partial \xi} = 0$, 可得

$$\left\{ \begin{aligned} & K\beta - KD\alpha = 0, \\ & \alpha^{\mathrm{T}}De_m = 0 \Rightarrow y^{\mathrm{T}}\alpha = 0, \\ & Ce_m - \alpha - \delta = 0 \Rightarrow 0 \leqslant \alpha \leqslant Ce_m. \end{aligned} \right. \tag{3.8.5}$$

不失一般性, 设核阵 K 是非奇异的 (否则, 将其正则化), 则由 (3.8.5) 式得

$$\beta = D\alpha. \tag{3.8.6}$$

(在这里需要说明的是, 如果考虑模型 (3.8.3) 的 Lagrange 函数, 则 (3.8.5) 式中的第一个等式可表示为 $\beta - KD\alpha = 0$, 不需要考虑核阵的奇异性, 便有 $\beta = KD\alpha$.)

将 (3.8.5) 和 (3.8.6) 式代入 Lagrange 函数中, 有

$$L(\alpha) = \frac{1}{2}\beta^{\mathrm{T}}K\beta - \alpha^{\mathrm{T}}DK\beta + e_m^{\mathrm{T}}\alpha = -\frac{1}{2}\alpha^{\mathrm{T}}DKD\alpha + e_m^{\mathrm{T}}\alpha.$$

于是, 模型 (3.8.4) 的 Wolfe 对偶形式为

$$\min_{\alpha\in R^m}\quad \frac{1}{2}\alpha^{\mathrm{T}}DKD\alpha - e_m^{\mathrm{T}}\alpha$$
$$\text{s.t.}\quad y^{\mathrm{T}}\alpha = 0, \quad 0 \leqslant \alpha \leqslant Ce_m. \tag{3.8.7}$$

通过求解模型 (3.8.7), 便可得到分类决策函数 $f(x) = K_x\beta + b$, 具体算法如下.

算法 3.8.1 (非线性 C-SVM)

步 1. 给定数据集 $T = \{(x_i, y_i)\}_{i=1}^m \in R^d \times \{\pm 1\}$, 选择适当的模型参数 $C > 0$ 和正则化参数.

步 2. 选择适当的核函数 $k : R^d \times R^d \to R$ 和核参数.

步 3. 求解模型 (3.8.7), 得最优解 $\alpha^* \in R_+^m$.

步 4. 利用 (3.8.6) 式计算系数向量 β^*.

步 5. 找 α^* 的一个正分量 $0 < \alpha_j^* < C$, 计算 $b^* = y_j - K_j\beta^*$.

步 6. 构造非线性分类决策函数

$$f(x) = K_x\beta^* + b^* = [k(x,x_1), \cdots, k(x,x_m)]\beta^* + b^*.$$

步 7. 对任一输入样本 $\tilde{x} \in R^d$, 其类标签为 $y_{\tilde{x}} = \mathrm{sign}(f(\tilde{x}))$.

当所选的核函数是线性核函数 $k(x,y) = \langle x,y\rangle, \forall x,y \in R^d$ 时, 算法 3.8.1 退化为算法 3.3.1, 即线性 C-SVM.

3.9　孪生 SVM

孪生 SVM (Twin SVM, TSVM) 是一个新兴的数据分类方法, 它是利用广义特征值逼近 SVM(Generalized Eigenvalues Proximal SVM, GEPSVM) 的思想, 借助于一对较小尺寸的二次规划模型来寻找一对非平行超平面, 使得其中之一距离一类数据尽可能近, 而排斥另一类数据尽可能远. 相比于支持向量分类机, TSVM 加快了算法的学习速度. 自 Jayadeva 等 [22] 于 2007 年首次提出 TSVM 以来, TSVM 受到了学者们的广泛关注和研究, 得到了大量的推广和改进.

TSVM 最初是基于二分类问题提出的, 其基本思想是利用一个二类近似线性可分数据集, 来学习一对非平行超平面:

$$f_1(x) = \langle w_1, x \rangle + b_1 = 0 \text{ 和 } f_2(x) = \langle w_2, x \rangle + b_2 = 0, \tag{3.9.1}$$

使得每一个与其中一类数据尽可能近, 而排斥另一类数据尽可能远, 其直观解释见图 3.9.1.

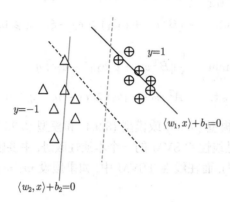

图 3.9.1 TSVM 的基本思想

给定数据集 $T = \{(x_i, y_i)\}_{i=1}^m \in R^d \times \{\pm 1\}$, 设正类样本 m_1 个, 负类样本 m_2 个且 $m_1 + m_2 = m$. 用 $I_1 = \{i \in \{1, \cdots, m\} : y_i = 1\}$ 和 $I_2 = \{i \in \{1, \cdots, m\} : y_i = -1\}$ 分别表示正类样本和负类样本的指标集, 用 $X = [x_1, \cdots, x_m] \in R^{d \times m}$, $A = [x_1^+, \cdots, x_{m_1}^+] \in R^{d \times m_1}$ 和 $B = [x_1^-, \cdots, x_{m_2}^-] \in R^{d \times m_2}$ 分别表示样本矩阵、正类样本矩阵和负类样本矩阵. 在本节中, 统一记

$$e_1 = (1, \cdots, 1)^T \in R^{m_1}, \quad e_2 = (1, \cdots, 1)^T \in R^{m_2},$$
$$\xi = (\xi_1, \cdots, \xi_{m_2})^T \in R^{m_2}, \quad \eta = (\eta_1, \cdots, \eta_{m_1})^T \in R^{m_1}.$$

对近似线性可分数据集 $T = \{(x_i, y_i)\}_{i=1}^m \in R^d \times \{\pm 1\}$, 为了寻找 (3.9.1) 式中的两个非平行超平面, 线性 TSVM 构建了如下两个二次规划模型:

$$\begin{aligned} \min_{w_1, b_1, \xi_j} \quad & \frac{1}{2} \sum_{i \in I_1} (w_1^T x_i + b_1)^2 + c_1 \sum_{j \in I_2} \xi_j \\ \text{s.t.} \quad & -(w_1^T x_j + b_1) \geqslant 1 - \xi_j, \quad \xi_j \geqslant 0, \quad j \in I_2, \end{aligned} \tag{3.9.2}$$

$$\begin{aligned} \min_{w_2, b_2, \eta_i} \quad & \frac{1}{2} \sum_{j \in I_2} (w_2^T x_j + b_2)^2 + c_2 \sum_{i \in I_1} \eta_i \\ \text{s.t.} \quad & (w_2^T x_i + b_2) \geqslant 1 - \eta_i, \quad \eta_i \geqslant 0, \quad i \in I_1. \end{aligned} \tag{3.9.3}$$

从模型 (3.9.2) 和模型 (3.9.3) 中可以看出, 超平面 $f_1(x) = \langle w_1, x \rangle + b_1 = 0$ 与正类样本尽可能近, 排斥负类样本至少一个距离远, 而超平面 $f_2(x) = \langle w_2, x \rangle + b_2 = 0$ 与负类样本尽可能近, 排斥正类样本至少一个距离远. 因此, 常称 $f_1(x) = 0$ 为正类超平面, $f_2(x) = 0$ 为负类超平面.

为了便于表述, 常将模型 (3.9.2) 和模型 (3.9.3) 表示为矩阵形式:

$$
\begin{aligned}
&\min_{w_1, b_1, \xi} && \frac{1}{2} \left\| A^{\mathrm{T}} w_1 + e_1 b_1 \right\|^2 + c_1 e_2^{\mathrm{T}} \xi \\
&\text{s.t.} && -(B^{\mathrm{T}} w_1 + e_2 b_1) \geqslant e_2 - \xi, \quad \xi \geqslant 0,
\end{aligned}
\tag{3.9.4}
$$

$$
\begin{aligned}
&\min_{w_2, b_2, \eta} && \frac{1}{2} \left\| B^{\mathrm{T}} w_2 + e_2 b_2 \right\|^2 + c_2 e_1^{\mathrm{T}} \eta \\
&\text{s.t.} && (A^{\mathrm{T}} w_2 + e_1 b_2) \geqslant e_1 - \eta, \quad \eta \geqslant 0.
\end{aligned}
\tag{3.9.5}
$$

称模型 (3.9.2) 和模型 (3.9.3) 或模型 (3.9.4) 和模型 (3.9.5) 为线性 TSVM 的原始问题. 线性 TSVM 是线性 C-SVM 的一个本质性改进, 主要区别在于线性 C-SVM 的计算复杂性是 $O(m^3)$, 而在线性 TSVM 中, 如果假设 $m_1 = m_2 \approx m/2$, 则其计算复杂性约为

$$
O\left(\left(\frac{m}{2} \right)^3 \right) + O\left(\left(\frac{m}{2} \right)^3 \right) = \frac{1}{8} O(m^3) + \frac{1}{8} O(m^3) = \frac{1}{4} O(m^3)
$$

也就是说, 线性 TSVM 的学习速度大约是线性 C-SVM 的 1/4 倍, 在实际应用中, 即使不是 1/4 倍, 也要比线性 C-SVM 快得多.

如果 T 是线性不可分数据集, 可通过引入适当的核函数 $k: R^d \times R^d \to R(H$ 是其 RKHS, $\varphi: R^d \to H$ 是对应的特征映射), 将其转化为特征空间中的 (近似) 线性可分数据集 $T_\varphi = \{ (\varphi(x_i), y_i) \}_{i=1}^m \in H \times \{\pm 1\}$, 然后在特征空间 H 中使用线性 TSVM, 也就是通过下面两个二次规划模型:

$$
\begin{aligned}
&\min_{w_1, b_1, \xi_j} && \frac{1}{2} \sum_{i \in I_1} (w_1^{\mathrm{T}} \varphi(x_i) + b_1)^2 + c_1 \sum_{j \in I_2} \xi_j \\
&\text{s.t.} && -(w_1^{\mathrm{T}} \varphi(x_j) + b_1) \geqslant 1 - \xi_j, \quad \xi_j \geqslant 0, \quad j \in I_2, \\
&\min_{w_2, b_2, \eta_i} && \frac{1}{2} \sum_{j \in I_2} (w_2^{\mathrm{T}} \varphi(x_j) + b_2)^2 + c_2 \sum_{i \in I_1} \eta_i \\
&\text{s.t.} && (w_2^{\mathrm{T}} \varphi(x_i) + b_2) \geqslant 1 - \eta_i, \quad \eta_i \geqslant 0, \quad i \in I_1
\end{aligned}
\tag{3.9.6}
$$

来寻找一对非平行超曲面:

$$
f_1(x) = \langle w_1, \varphi(x) \rangle + b_1 = 0, \quad f_2(x) = \langle w_2, \varphi(x) \rangle + b_2 = 0,
\tag{3.9.7}
$$

其中 $w_1, w_2 \in H$. 由定理 3.7.4 知, 存在 $\beta_1, \beta_2 \in R^m$ 使得

$$\begin{cases} w_1 = \varphi(X)\beta_1, \quad w_2 = \varphi(X)\beta_2, \\ w_j^{\mathrm{T}}\varphi(x_i) = \varphi(x_i)^{\mathrm{T}}\varphi(X)\beta_j = K_i\beta_j, \quad i=1,\cdots,m, \quad j=1,2, \end{cases}$$

其中 K_i 表示核阵 K 的第 i 行. 于是 (3.9.6) 式中的两个模型和 (3.9.7) 式中的两个非平行超平面可分别表示为

$$\begin{cases} f_1(x) = \langle \beta_1, K_x^{\mathrm{T}} \rangle + b_1 = K_x\beta_1 + b_1 = 0, \\ f_2(x) = \langle \beta_2, K_x^{\mathrm{T}} \rangle + b_2 = K_x\beta_2 + b_2 = 0 \end{cases} \tag{3.9.8}$$

和

$$\min_{\beta_1,b_1,\xi} \quad \frac{1}{2}\|K(A,X)\beta_1 + e_1b_1\|^2 + c_1e_2^{\mathrm{T}}\xi \tag{3.9.9}$$
$$\text{s.t.} \quad -(K(B,X)\beta_1 + e_2b_1) \geqslant e_2 - \xi, \quad \xi \geqslant 0,$$

$$\min_{\beta_2,b_2,\eta} \quad \frac{1}{2}\|K(B,X)\beta_2 + e_2b_2\|^2 + c_2e_1^{\mathrm{T}}\eta \tag{3.9.10}$$
$$\text{s.t.} \quad (K(A,X)\beta_2 + e_1b_2) \geqslant e_1 - \eta, \quad \eta \geqslant 0,$$

其中 $K_x = [k(x,x_1),\cdots,k(x,x_m)]$ 且

$$K(A,X) = \begin{bmatrix} k(x_1^+,x_1) & \cdots & k(x_1^+,x_m) \\ \vdots & & \vdots \\ k(x_{m_1}^+,x_1) & \cdots & k(x_{m_1}^+,x_m) \end{bmatrix} \in R^{m_1 \times m},$$

$$K(B,X) = \begin{bmatrix} k(x_1^-,x_1) & \cdots & k(x_1^-,x_m) \\ \vdots & & \vdots \\ k(x_{m_2}^-,x_1) & \cdots & k(x_{m_2}^-,x_m) \end{bmatrix} \in R^{m_2 \times m}.$$

称模型 (3.9.9) 和模型 (3.9.10) 是非线性 TSVM 的原始问题.

下面首先利用 Lagrange 技术求解模型 (3.9.4) 和模型 (3.9.5), 提出线性 TSVM 算法, 然后利用类似的方法求解模型 (3.9.9) 和模型 (3.9.10), 提出非线性 TSVM 算法.

分别考虑模型 (3.9.4) 和模型 (3.9.5) 的 Lagrange 函数:

$$\begin{cases} L_1(w_1,b_1,\xi,\alpha,\delta) = \frac{1}{2}\|A^{\mathrm{T}}w_1 + e_1b_1\|^2 + c_1e_2^{\mathrm{T}}\xi - \alpha^{\mathrm{T}}[-(B^{\mathrm{T}}w_1 + e_2b_1) + \xi - e_2] - \delta^{\mathrm{T}}\xi, \\ L_2(w_2,b_2,\eta,\beta,\gamma) = \frac{1}{2}\|B^{\mathrm{T}}w_2 + e_2b_2\|^2 + c_2e_1^{\mathrm{T}}\eta - \beta^{\mathrm{T}}[A^{\mathrm{T}}w_2 + e_1b_2 - e_1 + \eta] - \gamma^{\mathrm{T}}\eta, \end{cases}$$

并分别令 $\dfrac{\partial L_1}{\partial w_1} = \dfrac{\partial L_1}{\partial b_1} = \dfrac{\partial L_1}{\partial \xi} = 0$ 和 $\dfrac{\partial L_2}{\partial w_2} = \dfrac{\partial L_2}{\partial b_2} = \dfrac{\partial L_2}{\partial \eta} = 0$, 可得

$$
\begin{cases}
\begin{bmatrix} AA^{\mathrm{T}} & Ae_1 \\ e_1^{\mathrm{T}}A^{\mathrm{T}} & e_1^{\mathrm{T}}e_1 \end{bmatrix} \begin{bmatrix} w_1 \\ b_1 \end{bmatrix} = -\begin{bmatrix} B \\ e_2^{\mathrm{T}} \end{bmatrix}\alpha, \\
c_1e_2 - \alpha - \delta = 0 \Rightarrow 0 \leqslant \alpha \leqslant c_1e_2,
\end{cases}
$$

$$
\begin{cases}
\begin{bmatrix} BB^{\mathrm{T}} & Be_2 \\ e_2^{\mathrm{T}}B^{\mathrm{T}} & e_2^{\mathrm{T}}e_2 \end{bmatrix} \begin{bmatrix} w_2 \\ b_2 \end{bmatrix} = \begin{bmatrix} A \\ e_1^{\mathrm{T}} \end{bmatrix}\beta, \\
c_2e_1 - \beta - \gamma = 0 \Rightarrow 0 \leqslant \beta \leqslant c_2e_1.
\end{cases}
\tag{3.9.11}
$$

记

$$
G = \begin{bmatrix} A \\ e_1^{\mathrm{T}} \end{bmatrix} \in R^{(d+1)\times m_1}, \quad H = \begin{bmatrix} B \\ e_2^{\mathrm{T}} \end{bmatrix} \in R^{(d+1)\times m_2},
$$

$$
u_1 = \begin{bmatrix} w_1 \\ b_1 \end{bmatrix} \in R^{d+1}, \quad u_2 = \begin{bmatrix} w_2 \\ b_2 \end{bmatrix} \in R^{d+1},
$$

则由 (3.9.11) 式可得

$$
\begin{cases}
GG^{\mathrm{T}}u_1 = -H\alpha, \\
HH^{\mathrm{T}}u_2 = G\beta.
\end{cases}
\tag{3.9.12}
$$

不失一般性, 设矩阵 GG^{T} 和 HH^{T} 都是非奇异的 (否则, 将其正则化), 则由 (3.9.12) 式可得

$$
\begin{cases}
u_1 = -(GG^{\mathrm{T}})^{-1}H\alpha, \\
u_2 = (HH^{\mathrm{T}})^{-1}G\beta.
\end{cases}
\tag{3.9.13}
$$

将 (3.9.12) 和 (3.9.13) 式分别代入对应的 Lagrange 函数中, 有

$$
\begin{aligned}
L_1(\alpha) &= \frac{1}{2}\left\| G^{\mathrm{T}}u_1 \right\|^2 + \alpha^{\mathrm{T}}H^{\mathrm{T}}u_1 + e_2^{\mathrm{T}}\alpha = \frac{1}{2}u_1^{\mathrm{T}}GG^{\mathrm{T}}u_1 + \alpha^{\mathrm{T}}H^{\mathrm{T}}u_1 + e_2^{\mathrm{T}}\alpha \\
&= \frac{1}{2}\alpha^{\mathrm{T}}H^{\mathrm{T}}(GG^{\mathrm{T}})^{-1}H\alpha - \alpha^{\mathrm{T}}H^{\mathrm{T}}(GG^{\mathrm{T}})^{-1}H\alpha + e_2^{\mathrm{T}}\alpha \\
&= -\frac{1}{2}\alpha^{\mathrm{T}}H^{\mathrm{T}}(GG^{\mathrm{T}})^{-1}H\alpha + e_2^{\mathrm{T}}\alpha, \\
L_2(\beta) &= \frac{1}{2}\left\| H^{\mathrm{T}}u_2 \right\|^2 - \beta^{\mathrm{T}}G^{\mathrm{T}}u_2 + e_1^{\mathrm{T}}\beta = \frac{1}{2}u_2^{\mathrm{T}}HH^{\mathrm{T}}u_2 - \beta^{\mathrm{T}}G^{\mathrm{T}}u_2 + e_1^{\mathrm{T}}\beta \\
&= \frac{1}{2}\beta^{\mathrm{T}}G^{\mathrm{T}}(HH^{\mathrm{T}})^{-1}G\beta - \beta^{\mathrm{T}}G^{\mathrm{T}}(HH^{\mathrm{T}})^{-1}G\beta + e_1^{\mathrm{T}}\beta \\
&= -\frac{1}{2}\beta^{\mathrm{T}}G^{\mathrm{T}}(HH^{\mathrm{T}})^{-1}G\beta + e_1^{\mathrm{T}}\beta.
\end{aligned}
$$

于是, 模型 (3.9.4) 和模型 (3.9.5) 的 Wolfe 对偶形式分别为

$$\min_{\alpha} \quad \frac{1}{2}\alpha^{\mathrm{T}}H^{\mathrm{T}}(GG^{\mathrm{T}})^{-1}H\alpha - e_2^{\mathrm{T}}\alpha \tag{3.9.14}$$
$$\text{s.t.} \quad 0 \leqslant \alpha \leqslant c_1 e_2$$

和

$$\min_{\beta} \quad \frac{1}{2}\beta^{\mathrm{T}}G^{\mathrm{T}}(HH^{\mathrm{T}})^{-1}G\beta - e_1^{\mathrm{T}}\beta \tag{3.9.15}$$
$$\text{s.t.} \quad 0 \leqslant \beta \leqslant c_2 e_1.$$

通过求解模型 (3.9.14) 和模型 (3.9.15), 便可得到 (3.9.1) 式表示的两个非平行超平面, 具体算法如下.

算法 3.9.1 (线性 TSVM)

步 1. 给定数据集 $T = \{(x_i, y_i)\}_{i=1}^{m} \in R^d \times \{\pm 1\}$, 选择适当的模型参数 $c_1, c_2 > 0$ 和正则化参数.

步 2. 求解模型 (3.9.14) 和模型 (3.9.15), 分别得最优解 $\alpha^* \in R_+^{m_2}$ 和 $\beta^* \in R_+^{m_1}$.

步 3. 利用 (3.9.13) 式计算 (w_1^*, b_1^*) 和 (w_2^*, b_2^*), 其中 $\alpha = \alpha^*, \beta = \beta^*$.

步 4. 构造非平行超平面 $f_1(x) = \langle w_1^*, x \rangle + b_1^* = 0$ 和 $f_2(x) = \langle w_2^*, x \rangle + b_2^* = 0$.

步 5. 对任一输入样本 $\tilde{x} \in R^d$, 其类标签为

$$y_{\tilde{x}} = \arg\min\{|f_1(\tilde{x})|/\|w_1^*\|, |f_2(\tilde{x})|/\|w_2^*\|\}.$$

下面用类似的方法求解模型 (3.9.9) 和模型 (3.9.10), 并提出非线性 TSVM 算法. 为此, 考虑模型 (3.9.9) 和模型 (3.9.10) 的 Lagrange 函数:

$$\begin{cases} \bar{L}_1(\beta_1, b_1, \xi, \alpha, \beta) = \dfrac{1}{2}\|K(A, X)\beta_1 + e_1 b_1\|^2 + c_1 e_2^{\mathrm{T}}\xi \\ \qquad\qquad - \alpha^{\mathrm{T}}[-(K(B, X)\beta_1 + e_2 b_1) + \xi - e_2] - \beta^{\mathrm{T}}\xi, \\ \bar{L}_2(\beta_2, b_2, \eta, \delta, \gamma) = \dfrac{1}{2}\|K(B, X)\beta_2 + e_2 b_2\|^2 + c_2 e_1^{\mathrm{T}}\eta \\ \qquad\qquad - \delta^{\mathrm{T}}[K(A, X)\beta_2 + e_1 b_2 - e_1 + \eta] - \gamma^{\mathrm{T}}\eta, \end{cases}$$

并分别令 $\dfrac{\partial \bar{L}_1}{\partial \beta_1} = \dfrac{\partial \bar{L}_1}{\partial b_1} = \dfrac{\partial \bar{L}_1}{\partial \xi} = 0$ 和 $\dfrac{\partial \bar{L}_2}{\partial \beta_2} = \dfrac{\partial \bar{L}_2}{\partial b_2} = \dfrac{\partial \bar{L}_2}{\partial \eta} = 0$, 可得

$$\begin{cases} \begin{bmatrix} K(A, X)^{\mathrm{T}}K(A, X) & K(A, X)^{\mathrm{T}}e_1 \\ e_1^{\mathrm{T}}K(A, X) & e_1^{\mathrm{T}}e_1 \end{bmatrix} \begin{bmatrix} \beta_1 \\ b_1 \end{bmatrix} = -\begin{bmatrix} K(B, X)^{\mathrm{T}} \\ e_2^{\mathrm{T}} \end{bmatrix}\alpha, \\ c_1 e_2 - \alpha - \beta = 0 \Rightarrow 0 \leqslant \alpha \leqslant c_1 e_2, \\[2mm] \begin{bmatrix} K(B, X)^{\mathrm{T}}K(B, X) & K(B, X)^{\mathrm{T}}e_2 \\ e_2^{\mathrm{T}}K(B, X) & e_2^{\mathrm{T}}e_2 \end{bmatrix} \begin{bmatrix} \beta_2 \\ b_2 \end{bmatrix} = \begin{bmatrix} K(A, X)^{\mathrm{T}} \\ e_1^{\mathrm{T}} \end{bmatrix}\beta, \\ c_2 e_1 - \delta - \gamma = 0 \Rightarrow 0 \leqslant \beta \leqslant c_2 e_1. \end{cases} \tag{3.9.16}$$

记

$$\bar{G} = \left[\begin{array}{c} K(A,X)^{\mathrm{T}} \\ e_1^{\mathrm{T}} \end{array} \right] \in R^{(m+1)\times m_1}, \quad \bar{H} = \left[\begin{array}{c} K(B,X)^{\mathrm{T}} \\ e_2^{\mathrm{T}} \end{array} \right] \in R^{(m+1)\times m_2},$$

$$\bar{u}_1 = \left[\begin{array}{c} \beta_1 \\ b_1 \end{array} \right] \in R^{m+1}, \quad \bar{u}_2 = \left[\begin{array}{c} \beta_2 \\ b_2 \end{array} \right] \in R^{m+1},$$

则由 (3.9.16) 式可得

$$\left\{ \begin{array}{l} \bar{G}\bar{G}^{\mathrm{T}}\bar{u}_1 = -\bar{H}\alpha, \\ \bar{H}\bar{H}^{\mathrm{T}}\bar{u}_2 = \bar{G}\beta. \end{array} \right. \tag{3.9.17}$$

不失一般性, 设矩阵 $\bar{G}\bar{G}^{\mathrm{T}}$ 和 $\bar{H}\bar{H}^{\mathrm{T}}$ 都是非奇异的 (否则, 将其正则化), 则由 (3.9.17) 式可得

$$\left\{ \begin{array}{l} \bar{u}_1 = -(\bar{G}\bar{G}^{\mathrm{T}})^{-1}\bar{H}\alpha, \\ \bar{u}_2 = (\bar{H}\bar{H}^{\mathrm{T}})^{-1}\bar{G}\beta. \end{array} \right. \tag{3.9.18}$$

将 (3.9.17) 和 (3.9.18) 式代入对应的 Lagrange 函数中, 可分别得到模型 (3.9.9) 和模型 (3.9.10) 的 Wolfe 对偶形式:

$$\min_{\alpha} \quad \frac{1}{2}\alpha^{\mathrm{T}}\bar{H}^{\mathrm{T}}(\bar{G}\bar{G}^{\mathrm{T}})^{-1}\bar{H}\alpha - e_2^{\mathrm{T}}\alpha \tag{3.9.19}$$

$$\text{s.t.} \quad 0 \leqslant \alpha \leqslant c_1 e_2$$

和

$$\min_{\beta} \quad \frac{1}{2}\beta^{\mathrm{T}}\bar{G}^{\mathrm{T}}(\bar{H}\bar{H}^{\mathrm{T}})^{-1}\bar{G}\beta - e_1^{\mathrm{T}}\beta \tag{3.9.20}$$

$$\text{s.t.} \quad 0 \leqslant \beta \leqslant c_2 e_1.$$

通过求解模型 (3.9.19) 和模型 (3.9.20), 便可得到 (3.9.8) 式表示的两个非平行超平面, 具体算法如下.

算法 3.9.2 (非线性 TSVM)

步 1. 给定数据集 $T = \{(x_i, y_i)\}_{i=1}^{m} \in R^d \times \{\pm 1\}$, 选择适当的模型参数 $c_1, c_2 > 0$ 和正则化参数.

步 2. 选择适当的核函数 $k: R^d \times R^d \to R$ 和核参数.

步 3. 求解模型 (3.9.19) 和模型 (3.9.20), 分别得最优解 $\alpha^* \in R_+^{m_2}$ 和 $\beta^* \in R_+^{m_1}$.

步 4. 利用 (3.9.18) 式计算 (β_1^*, b_1^*) 和 (β_2^*, b_2^*), 其中 $\alpha = \alpha^*, \beta = \beta^*$.

步 5. 构造非平行超曲面 $f_1(x) = K_x\beta_1^* + b_1^* = 0$ 和 $f_2(x) = K_x\beta_2^* + b_2^* = 0$.

步 6. 对任一输入样本 $\tilde{x} \in R^d$, 其类标签为

$$y_{\tilde{x}} = \arg\min\{|f_1(\tilde{x})|/\|\beta_1^*\|, |f_2(\tilde{x})|/\|\beta_2^*\|\}.$$

尽管 TSVM 缩短了 C-SVM 的学习时间, 但其只考虑了经验风险极小化问题, 没有考虑结构风险极小化问题, 这可能会导致出现矩阵的奇异性问题, 增加计算逆矩阵的成本, 尤其是当数据个数 m 较大时, 这一成本会急剧增加, 使算法失去了稀疏性.

观察模型 (3.9.14) 和模型 (3.9.15) 以及模型 (3.9.19) 和模型 (3.9.20) 的表现形式, 会发现可用 2.6 节中介绍的 SOR 算法来加快算法 3.9.1 和算法 3.9.2 的学习速度, 但是, 前提条件是矩阵 $H^{\mathrm{T}}(GG^{\mathrm{T}})^{-1}H$ 和 $G^{\mathrm{T}}(HH^{\mathrm{T}})^{-1}G$ 或者矩阵 $\bar{H}^{\mathrm{T}}(\bar{G}\bar{G}^{\mathrm{T}})^{-1}\bar{H}$ 和 $\bar{G}^{\mathrm{T}}(\bar{H}\bar{H}^{\mathrm{T}})^{-1}\bar{G}$ 的主对角线上的元素均非零. 下面给出具体算法.

算法 3.9.3 (基于 SOR 的线性 TSVM)

步 1. 给定数据集 $T=\{(x_i,y_i)\}_{i=1}^m \in R^d\times\{\pm1\}$, 选择适当的模型参数 $c_1,c_2>0$.

步 2. 计算矩阵 $H^{\mathrm{T}}(GG^{\mathrm{T}})^{-1}H$ 和 $G^{\mathrm{T}}(HH^{\mathrm{T}})^{-1}G$, 并设其主对角线上的元素全部非零.

步 3. 记 $H^{\mathrm{T}}(GG^{\mathrm{T}})^{-1}H = frm[o]--L_1+D_1+L_1^{\mathrm{T}}, G^{\mathrm{T}}(HH^{\mathrm{T}})^{-1}G = L_2+D_2+L_2^{\mathrm{T}}$, 其中 D_1,D_2 分别是矩阵 $H^{\mathrm{T}}(GG^{\mathrm{T}})^{-1}H$ 和 $G^{\mathrm{T}}(HH^{\mathrm{T}})^{-1}G$ 的主对角线上元素构成的对角阵, L_1,L_2 分别是矩阵 $H^{\mathrm{T}}(GG^{\mathrm{T}})^{-1}H$ 和 $G^{\mathrm{T}}(HH^{\mathrm{T}})^{-1}G$ 的严格下三角阵.

步 4. 置 $i=1,j=1,\varepsilon>0$, 取 $t\in(0,2),\alpha^i=0\in R^{m_2},\beta^j=0\in R^{m_1}$.

步 5. 更新 α^i: $\alpha^{i+1}=\alpha^i-tD_1^{-1}[H^{\mathrm{T}}(GG^{\mathrm{T}})^{-1}H\alpha^i-e_2+L_1^{\mathrm{T}}(\alpha^{i+1}-\alpha^i)]$.

步 6. 若 $\|\alpha^{i+1}-\alpha^i\|\leqslant\varepsilon$, 转步 7; 否则, 置 $i\leftarrow i+1$, 转步 5.

步 7. 更新 β^j: $\beta^{j+1}=\beta^j-tD_2^{-1}[G^{\mathrm{T}}(HH^{\mathrm{T}})^{-1}G\beta^j-e_1+L_2^{\mathrm{T}}(\beta^{j+1}-\beta^j)]$.

步 8. 若 $\|\beta^{j+1}-\beta^j\|\leqslant\varepsilon$, 转步 9; 否则, 置 $j\leftarrow j+1$, 转步 7.

步 9. 令 $\alpha^*=\min\{(\alpha^{i+1})_+,c_1e_2\},\beta^*=\min\{(\beta^{i+1})_+,c_2e_1\}$, 其中 $(\cdot)_+$ 表示加函数.

步 10. 利用 (3.9.13) 式计算 (w_1^*,b_1^*) 和 (w_2^*,b_2^*), 其中 $\alpha=\alpha^*,\beta=\beta^*$.

步 11. 构造非平行超平面 $f_1(x)=\langle w_1^*,x\rangle+b_1^*=0$ 和 $f_2(x)=\langle w_2^*,x\rangle+b_2^*=0$.

步 12. 对任一输入样本 $\tilde{x}\in R^d$, 其类标签为

$$y_{\tilde{x}}=\arg\min\{|f_1(\tilde{x})|/\|w_1^*\|,|f_2(\tilde{x})|/\|w_2^*\|\}.$$

算法 3.9.4 (基于 SOR 的非线性 TSVM)

步 1. 给定数据集 $T=\{(x_i,y_i)\}_{i=1}^m \in R^d\times\{\pm1\}$, 选择适当的模型参数 $c_1,c_2>0$.

步 2. 选择适当的核函数 $k:R^d\times R^d\to R$ 和核参数.

步 3. 计算矩阵 $\bar{H}^{\mathrm{T}}(\bar{G}\bar{G}^{\mathrm{T}})^{-1}\bar{H}$ 和 $\bar{G}^{\mathrm{T}}(\bar{H}\bar{H}^{\mathrm{T}})^{-1}\bar{G}$, 并设其主对角线上元素全部非零.

步 4. 记 $\bar{H}^{\mathrm{T}}(\bar{G}\bar{G}^{\mathrm{T}})^{-1}\bar{H} = \bar{L}_1+\bar{D}_1+\bar{L}_1^{\mathrm{T}}, \bar{G}^{\mathrm{T}}(\bar{H}\bar{H}^{\mathrm{T}})^{-1}\bar{G} = \bar{L}_2+\bar{D}_2+\bar{L}_2^{\mathrm{T}}$, 其中 $\bar{D}_1,\bar{D}_2$ 分别是矩阵 $\bar{H}^{\mathrm{T}}(\bar{G}\bar{G}^{\mathrm{T}})^{-1}\bar{H}$ 和 $\bar{G}^{\mathrm{T}}(\bar{H}\bar{H}^{\mathrm{T}})^{-1}\bar{G}$ 主对角线上元素构成的对角阵, $\bar{L}_1,\bar{L}_2$ 分别是矩阵 $\bar{H}^{\mathrm{T}}(\bar{G}\bar{G}^{\mathrm{T}})^{-1}\bar{H}$ 和 $G^{\mathrm{T}}(HH^{\mathrm{T}})^{-1}G$ 的严格下三角阵.

步 5. 置 $i = 1, j = 1, \varepsilon > 0$, 取 $t \in (0, 2), \alpha^i = 0 \in R^{m_2}, \beta^j = 0 \in R^{m_1}$.

步 6. 更新 α^i: $\alpha^{i+1} = \alpha^i - t\bar{D}_1^{-1}[\bar{H}^{\mathrm{T}}(\bar{G}\bar{G}^{\mathrm{T}})^{-1}\bar{H}\alpha^i - e_2 + \bar{L}_1^{\mathrm{T}}(\alpha^{i+1} - \alpha^i)]$.

步 7. 若 $\|\alpha^{i+1} - \alpha^i\| \leqslant \varepsilon$, 转步 8; 否则, 置 $i \leftarrow i + 1$, 转步 6.

步 8. 更新 β^j: $\beta^{j+1} = \beta^j - t\bar{D}_2^{-1}[\bar{G}^{\mathrm{T}}(\bar{H}\bar{H}^{\mathrm{T}})^{-1}\bar{G}\beta^j - e_1 + \bar{L}_2^{\mathrm{T}}(\beta^{j+1} - \beta^j)]$.

步 9. 若 $\|\beta^{j+1} - \beta^j\| \leqslant \varepsilon$, 转步 10; 否则, 置 $j \leftarrow j + 1$, 转步 8.

步 10. 令 $\alpha^* = \min\{(\alpha^{i+1})_+, c_1 e_2\}, \beta^* = \min\{(\beta^{j+1})_+, c_2 e_1\}$.

步 11. 利用 (3.9.18) 式计算 (β_1^*, b_1^*) 和 (β_2^*, b_2^*), 其中 $\alpha = \alpha^*, \beta = \beta^*$.

步 12. 构造非线性超平面 $f_1(x) = K_x \beta_1^* + b_1^* = 0$ 和 $f_2(x) = K_x \beta_2^* + b_2^* = 0$.

步 13. 对任一输入样本 $\tilde{x} \in R^d$, 其类标签为

$$y_{\tilde{x}} = \arg\min\left\{|f_1(\tilde{x})|/\|\beta_1^*\|, |f_2(\tilde{x})|/\|\beta_2^*\|\right\}.$$

观察 2.6 节中介绍的 DCD 算法所对应的二次规划模型, 会发现还可以利用 DCD 算法来加快算法 3.9.1 和算法 3.9.2 的学习速度, 但是, 前提条件仍是矩阵 $H^{\mathrm{T}}(GG^{\mathrm{T}})^{-1}H$ 和 $G^{\mathrm{T}}(HH^{\mathrm{T}})^{-1}G$ 或者矩阵 $\bar{H}^{\mathrm{T}}(\bar{G}\bar{G}^{\mathrm{T}})^{-1}\bar{H}$ 和 $\bar{G}^{\mathrm{T}}(\bar{H}\bar{H}^{\mathrm{T}})^{-1}\bar{G}$ 的主对角线上元素均需非零.

为了给出具体算法, 记

$$\bar{M}_1 = [\bar{m}_{ij}^1] = \bar{H}^{\mathrm{T}}(\bar{G}\bar{G}^{\mathrm{T}})^{-1}\bar{H} \in R^{m_2 \times m_2},$$
$$\bar{M}_2 = [\bar{m}_{ij}^2] = \bar{G}^{\mathrm{T}}(\bar{H}\bar{H}^{\mathrm{T}})^{-1}\bar{G} \in R^{m_1 \times m_1},$$

$$f(\alpha) = \frac{1}{2}\alpha^{\mathrm{T}}H^{\mathrm{T}}(GG^{\mathrm{T}})^{-1}H\alpha - e_2^{\mathrm{T}}\alpha = \frac{1}{2}\alpha^{\mathrm{T}}M_1\alpha - e_2^{\mathrm{T}}\alpha,$$

$$g(\beta) = \frac{1}{2}\beta^{\mathrm{T}}G^{\mathrm{T}}(HH^{\mathrm{T}})^{-1}G\beta - e_1^{\mathrm{T}}\beta = \frac{1}{2}\beta^{\mathrm{T}}M_2\beta - e_1^{\mathrm{T}}\beta,$$

$$\bar{f}(\alpha) = \frac{1}{2}\alpha^{\mathrm{T}}\bar{H}^{\mathrm{T}}(\bar{G}\bar{G}^{\mathrm{T}})^{-1}\bar{H}\alpha - e_2^{\mathrm{T}}\alpha = \frac{1}{2}\alpha^{\mathrm{T}}\bar{M}_1\alpha - e_2^{\mathrm{T}}\alpha,$$

$$\bar{g}(\beta) = \frac{1}{2}\beta^{\mathrm{T}}\bar{G}^{\mathrm{T}}(\bar{H}\bar{H}^{\mathrm{T}})^{-1}\bar{G}\beta - e_1^{\mathrm{T}}\beta = \frac{1}{2}\beta^{\mathrm{T}}\bar{M}_2\beta - e_1^{\mathrm{T}}\beta,$$

则

$$\nabla f(\alpha) = M_1\alpha - e_2, \quad \nabla^2 f(\alpha) = M_1 = [m_{ij}^1]_{m_2 \times m_2},$$
$$\nabla g(\beta) = M_2\beta - e_1, \quad \nabla^2 g(\beta) = M_2 = [m_{ij}^2]_{m_1 \times m_1},$$
$$\nabla \bar{f}(\alpha) = \bar{M}_1\alpha - e_2, \quad \nabla^2 \bar{f}(\alpha) = \bar{M}_1 = [\bar{m}_{ij}^1]_{m_2 \times m_2},$$
$$\nabla \bar{g}(\beta) = \bar{M}_2\beta - e_1, \quad \nabla^2 \bar{g}(\beta) = \bar{M}_2 = [\bar{m}_{ij}^2]_{m_1 \times m_1}.$$

算法 3.9.5 (基于 DCD 的线性 TSVM)

步 1. 给定数据集 $T = \{(x_i, y_i)\}_{i=1}^m \in R^d \times \{\pm 1\}$, 选择适当的模型参数 $c_1, c_2 > 0$.

步 2. 计算矩阵 M_1 和 M_2, 并设其主对角线上元素全部非零.

步 3. 置 $k = 0, l = 0, i = 1, j = 1, \varepsilon > 0$, 取 $\alpha^k = 0 \in R^{m_2}, \beta^l = 0 \in R^{m_1}$.

步 4. 置 $[\nabla f(\alpha^k)]_i \leftarrow [M_1\alpha^k - e_2]_i$, 其中 $[\nabla f(\alpha^k)]_i$ 表示 $\nabla f(\alpha^k)$ 的第 i 个分量.

步 5. 令 $\alpha_i^{k+1} = \min\{\max\{\alpha_i^k - [\nabla f(\alpha^k)]_i/m_{ii}^1, 0\}, c_1\}$. 若 $|\alpha_i^{k+1} - \alpha_i^k| \geqslant \varepsilon$, 置 $k \leftarrow k+1$, 转步 4; 否则, 转步 6.

步 6. 若 $i \leqslant m_2 - 1$, 置 $\alpha_i^* \leftarrow \alpha_i^{k+1}, i \leftarrow i+1$, 转步 4; 若 $i = m_2$, 置 $\alpha_i^* \leftarrow \alpha_i^{k+1}$, 转步 7.

步 7. 置 $[\nabla g(\beta^l)]_j \leftarrow [M_2\beta^l - e_1]_j$.

步 8. 令 $\beta_j^{l+1} = \min\{\max\{\beta_j^l - [\nabla g(\beta^l)]_j/m_{jj}^2, 0\}, c_2\}$. 若 $|\beta_j^{l+1} - \beta_j^l| \geqslant \varepsilon$, 置 $l \leftarrow l+1$, 转步 7; 否则, 转步 9.

步 9. 若 $j \leqslant m_1 - 1$, 置 $\beta_j^* \leftarrow \beta_j^{l+1}, j \leftarrow j+1$, 转步 7; 若 $j = m_1$, 置 $\beta_j^* \leftarrow \beta_j^{l+1}$, 转步 10.

步 10. 利用 (3.9.13) 式计算 (w_1^*, b_1^*) 和 (w_2^*, b_2^*), 其中 $\alpha = \alpha^*, \beta = \beta^*$.

步 11. 构造非平行超平面 $f_1(x) = \langle w_1^*, x \rangle + b_1^* = 0$ 和 $f_2(x) = \langle w_2^*, x \rangle + b_2^* = 0$.

步 12. 对任一输入样本 $\tilde{x} \in R^d$, 其类标签为

$$y_{\tilde{x}} = \arg\min\{|f_1(\tilde{x})|/\|w_1^*\|, |f_2(\tilde{x})|/\|w_2^*\|\}.$$

算法 3.9.6 (基于 DCD 的非线性 TSVM)

步 1. 给定数据集 $T = \{(x_i, y_i)\}_{i=1}^m \in R^d \times \{\pm 1\}$, 选择适当的模型参数 $c_1, c_2 > 0$.

步 2. 选择适当的核函数 $k: R^d \times R^d \to R$ 和核参数.

步 3. 计算矩阵 $\bar{M}_1$ 和 $\bar{M}_2$, 并设其主对角线上的元素全部非零.

步 4. 置 $k = 0, l = 0, i = 1, j = 1, \varepsilon > 0$, 取 $\alpha^k = 0 \in R^{m_2}, \beta^l = 0 \in R^{m_1}$.

步 5. 置 $[\nabla \bar{f}(\alpha^k)]_i \leftarrow [\bar{M}_1\alpha^k - e_2]_i$.

步 6. 令 $\alpha_i^{k+1} = \min\{\max\{\alpha_i^k - [\nabla \bar{f}(\alpha^k)]_i/\bar{m}_{ii}^1, 0\}, c_1\}$. 若 $|\alpha_i^{k+1} - \alpha_i^k| \geqslant \varepsilon$, 置 $k \leftarrow k+1$, 转步 5; 否则, 转步 7.

步 7. 若 $i \leqslant m_2 - 1$, 置 $\alpha_i^* \leftarrow \alpha_i^{k+1}, i \leftarrow i+1$, 转步 5; 若 $i = m_2$, 置 $\alpha_i^* \leftarrow \alpha_i^{k+1}$, 转步 8.

步 8. 置 $[\nabla g(\beta^l)]_j \leftarrow [M_2\beta^l - e_1]_j$.

步 9. 令 $\beta_j^{l+1} = \min\{\max\{\beta_j^l - [\nabla \bar{g}(\beta^l)]_j/\bar{m}_{jj}^2, 0\}, c_2\}$. 若 $|\beta_j^{l+1} - \beta_j^l| \geqslant \varepsilon$, 置 $l \leftarrow l+1$, 转步 8; 否则, 转步 10.

步 10. 若 $j \leqslant m_1 - 1$, 置 $\beta_j^* \leftarrow \beta_j^{l+1}, j \leftarrow j+1$, 转步 8; 若 $j = m_1$, 置 $\beta_j^* \leftarrow \beta_j^{l+1}$, 转步 11.

步 11. 利用 (3.9.18) 式计算 (β_1^*, b_1^*) 和 (β_2^*, b_2^*), 其中 $\alpha = \alpha^*, \beta = \beta^*$.

步 12. 构造两个非线性超平面 $f_1(x) = K_x\beta_1^* + b_1^* = 0$ 和 $f_2(x) = K_x\beta_2^* + b_2^* = 0$.

步 13. 对任一输入样本 $\tilde{x} \in R^d$, 其类标签为

$$y_{\tilde{x}} = \arg\min\{|f_1(\tilde{x})|/\|\beta_1^*\|, |f_2(\tilde{x})|/\|\beta_2^*\|\}.$$

3.10   孪生有界 SVM

为了修正 TSVM 中没有考虑结构风险极小化的不足, Shao 等 [23] 于 2011 年提出了孪生有界 SVM(Twin Bounded SVM, TBSVM). TBSVM 是通过在 TSVM 的原始模型的目标函数中分别加入正则项 $c_3(\|w_1\|^2 + b_1^2)/2$ 和 $c_4(\|w_2\|^2 + b_2^2)/2$ 来弥补这一不足. 下面先讨论线性情况, 然后推广到非线性情况.

3.10.1   线性 TBSVM

线性 TBSVM 是通过构建下面两个二次规划模型:

$$
\min_{w_1,b_1,\xi_j} \quad \frac{1}{2} \sum_{i \in I_1} (w_1^{\mathrm{T}} x_i + b_1)^2 + \frac{c_3}{2}(\|w_1\|^2 + b_1^2) + c_1 \sum_{j \in I_2} \xi_j
$$

$$
\text{s.t.} \quad -(w_1^{\mathrm{T}} x_j + b_1) + \xi_j \geqslant 1, \quad \xi_j \geqslant 0, \quad j \in I_2,
$$
(3.10.1)

$$
\min_{w_2,b_2,\eta_i} \quad \frac{1}{2} \sum_{j \in I_2} (w_2^{\mathrm{T}} x_j + b_2)^2 + \frac{c_4}{2}(\|w_2\|^2 + b_2^2) + c_2 \sum_{i \in I_1} \eta_i
$$

$$
\text{s.t.} \quad (w_2^{\mathrm{T}} x_i + b_2) + \eta_i \geqslant 1, \quad \eta_i \geqslant 0, \quad i \in I_1
$$
(3.10.2)

来寻找 (3.9.1) 式表示的两个非平行超平面, 其中 $c_1, \cdots, c_4 > 0$ 是调节参数.

在模型 (3.10.1) 和模型 (3.10.2) 中, 正则项 $c_3(\|w_1\|^2 + b_1^2)/2$ 和 $c_4(\|w_2\|^2 + b_2^2)/2$ 的加入, 不仅考虑了结构风险极小化, 而且还回避了矩阵的奇异性, 这一点在后面的推导中可以看到.

图 3.10.1 给出了 TBSVM 的一个直观解释, 其中蓝实线和红实线都表示正类超平面 $\langle w_1, x \rangle + b_1 = 0$, 若利用线性 TSVM, 两者都有可能被选中; 但若利用线性 TBSVM, 只能选择蓝实线, 这是因为蓝实线与超平面 $\langle w_1, x \rangle + b_1 = -1$ 的间隔比红实线与超平面的间隔要大.

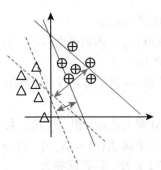

图 3.10.1   TBSVM 的直观解释 (后附彩图)

其实, 线性 TBSVM 还有另外一对原始模型:

$$\min_{w_1,b_1,\xi_j} \quad \frac{1}{2}\sum_{i\in I_1}(w_1^{\mathrm{T}}x_i+b_1)^2+\frac{c_3}{2}\|w_1\|^2+c_1\sum_{j\in I_2}\xi_j$$
$$\text{s.t.} \quad -(w_1^{\mathrm{T}}x_j+b_1)+\xi_j\geqslant 1, \quad \xi_j\geqslant 0, \quad j\in I_2, \tag{3.10.3}$$

$$\min_{w_2,b_2,\eta_i} \quad \frac{1}{2}\sum_{j\in I_2}(w_2^{\mathrm{T}}x_j+b_2)^2+\frac{c_4}{2}\|w_2\|^2+c_2\sum_{i\in I_1}\eta_i$$
$$\text{s.t.} \quad (w_2^{\mathrm{T}}x_i+b_2)+\eta_i\geqslant 1, \quad \eta_i\geqslant 0, \quad i\in I_1. \tag{3.10.4}$$

模型 (3.10.3) 和模型 (3.10.4) 的目标函数中分别加入的正则项是 $c_3\|w_1\|^2/2$ 和 $c_4\|w_2\|^2/2$, 虽然也能体现结构风险极小化, 但却无法回避矩阵的奇异性, 读者可以自行检验. 因此, 常选用模型 (3.10.1) 和模型 (3.10.2) 作为线性 TBSVM 的原始模型.

记 $\tilde{w}_1=\begin{bmatrix} w_1 \\ b_1 \end{bmatrix}, \tilde{w}_2=\begin{bmatrix} w_2 \\ b_2 \end{bmatrix}, \tilde{x}=\begin{bmatrix} x \\ 1 \end{bmatrix}\in R^{d+1}$, 则 (3.9.1) 式中的两个非平行超平面、模型 (3.10.1) 和模型 (3.10.2) 可分别表示为

$$\begin{cases} f_1(x)=\langle w_1,x\rangle+b_1=\left\langle \begin{bmatrix} w_1 \\ b_1 \end{bmatrix},\begin{bmatrix} x \\ 1 \end{bmatrix}\right\rangle=\langle\tilde{w}_1,\tilde{x}\rangle=\tilde{w}_1^{\mathrm{T}}\tilde{x}=0, \\[4mm] f_2(x)=\langle w_2,x\rangle+b_2=\left\langle \begin{bmatrix} w_2 \\ b_2 \end{bmatrix},\begin{bmatrix} x \\ 1 \end{bmatrix}\right\rangle=\langle\tilde{w}_2,\tilde{x}\rangle=\tilde{w}_2^{\mathrm{T}}\tilde{x}=0 \end{cases}$$

和

$$\min_{\tilde{w}_1,\xi_j} \quad \frac{1}{2}\sum_{i\in I_1}(\tilde{w}_1^{\mathrm{T}}\tilde{x}_i)^2+\frac{c_3}{2}\|\tilde{w}_1\|^2+c_1\sum_{j\in I_2}\xi_j$$
$$\text{s.t.} \quad -\tilde{w}_1^{\mathrm{T}}\tilde{x}_j+\xi_j\geqslant 1, \quad \xi_j\geqslant 0, \quad j\in I_2,$$
$$\min_{\tilde{w}_2,\eta_i} \quad \frac{1}{2}\sum_{j\in I_2}(\tilde{w}_2^{\mathrm{T}}\tilde{x}_j)^2+\frac{c_4}{2}\|\tilde{w}_2\|^2+c_2\sum_{i\in I_1}\eta_i \tag{3.10.5}$$
$$\text{s.t.} \quad \tilde{w}_2^{\mathrm{T}}\tilde{x}_i+\eta_i\geqslant 1, \quad \eta_i\geqslant 0, \quad i\in I_1.$$

从 (3.10.5) 式中的两个模型的表现形式可以看出, 模型 (3.10.1) 和模型 (3.10.2) 本质上是空间 R^{d+1} 中的模型 (3.10.3) 和模型 (3.10.4). 也就是说, 增加样本的一个维度 (即样本 $x\in R^d$ 映射到 $\tilde{x}=(x^{\mathrm{T}},1)^{\mathrm{T}}\in R^{d+1}$), 就有可能避免矩阵的奇异性.

为了便于求解, 先将模型 (3.10.1) 和模型 (3.10.2) 表示为矩阵形式:

$$\min_{w_1,b_1,\xi} \quad \frac{1}{2}\|A^{\mathrm{T}}w_1+e_1b_1\|^2+\frac{c_3}{2}\left(\|w_1\|^2+b_1^2\right)+c_1e_2^{\mathrm{T}}\xi$$
$$\text{s.t.} \quad -(B^{\mathrm{T}}w_1+e_2b_1)\geqslant e_2-\xi, \quad \xi\geqslant 0, \tag{3.10.6}$$

$$\min_{w_2,b_2,\eta} \quad \frac{1}{2}\left\|B^{\mathrm{T}}w_2 + e_2b_2\right\|^2 + \frac{c_4}{2}\left(\|w_2\|^2 + b_2^2\right) + c_2e_1^{\mathrm{T}}\eta \tag{3.10.7}$$
$$\text{s.t.} \quad (A^{\mathrm{T}}w_2 + e_1b_2) \geqslant e_1 - \eta, \quad \eta \geqslant 0,$$

其中 e_1, e_2, ξ, η 同 3.9 节, 并令

$$G = \begin{bmatrix} A \\ e_1^{\mathrm{T}} \end{bmatrix} \in R^{(d+1)\times m_1}, \quad H = \begin{bmatrix} B \\ e_2^{\mathrm{T}} \end{bmatrix} \in R^{(d+1)\times m_2},$$

$$u_1 = \begin{bmatrix} w_1 \\ b_1 \end{bmatrix} \in R^{d+1}, \quad u_2 = \begin{bmatrix} w_2 \\ b_2 \end{bmatrix} \in R^{d+1},$$

则模型 (3.10.6) 和模型 (3.10.7) 可进一步表示为

$$\min_{u_1,\xi} \quad \frac{1}{2}\left\|G^{\mathrm{T}}u_1\right\|^2 + \frac{c_3}{2}\|u_1\|^2 + c_1e_2^{\mathrm{T}}\xi \tag{3.10.8}$$
$$\text{s.t.} \quad -H^{\mathrm{T}}u_1 \geqslant e_2 - \xi, \quad \xi \geqslant 0,$$

$$\min_{u_2,\eta} \quad \frac{1}{2}\left\|H^{\mathrm{T}}u_2\right\|^2 + \frac{c_4}{2}\|u_2\|^2 + c_2e_1^{\mathrm{T}}\eta \tag{3.10.9}$$
$$\text{s.t.} \quad G^{\mathrm{T}}u_2 \geqslant e_1 - \eta, \quad \eta \geqslant 0.$$

分别考虑模型 (3.10.8) 和模型 (3.10.9) 的 Lagrange 函数:

$$\begin{cases} L_1(u_1,\xi,\alpha,\delta) = \dfrac{1}{2}\left\|G^{\mathrm{T}}u_1\right\|^2 + \dfrac{c_3}{2}\|u_1\|^2 + c_1e_2^{\mathrm{T}}\xi - \alpha^{\mathrm{T}}[-H^{\mathrm{T}}u_1 + \xi - e_2] - \delta^{\mathrm{T}}\xi, \\ L_2(u_2,\eta,\beta,\gamma) = \dfrac{1}{2}\left\|H^{\mathrm{T}}u_2\right\|^2 + \dfrac{1}{2}c_4\|u_2\|^2 + c_2e_1^{\mathrm{T}}\eta - \beta^{\mathrm{T}}[G^{\mathrm{T}}u_2 - e_1 + \eta] - \gamma^{\mathrm{T}}\eta, \end{cases}$$

并令 $\dfrac{\partial L_1}{\partial u_1} = \dfrac{\partial L_1}{\partial \xi} = 0$ 和 $\dfrac{\partial L_2}{\partial u_2} = \dfrac{\partial L_2}{\partial \eta} = 0$, 可得

$$\begin{cases} (GG^{\mathrm{T}} + c_3I_{d+1})u_1 + H\alpha = 0 & \Rightarrow u_1 = -(GG^{\mathrm{T}} + c_3I_{d+1})^{-1}H\alpha, \\ c_1e_2 - \alpha - \delta = 0 & \Rightarrow 0 \leqslant \alpha \leqslant c_1e_2. \\ (HH^{\mathrm{T}} + c_4I_{d+1})u_2 - G\beta = 0 & \Rightarrow u_2 = (HH^{\mathrm{T}} + c_4I_{d+1})^{-1}G\beta, \\ c_2e_1 - \beta - \gamma = 0 & \Rightarrow 0 \leqslant \beta \leqslant c_2e_1. \end{cases} \tag{3.10.10}$$

从 (3.10.10) 式中可以看出, 矩阵 $GG^{\mathrm{T}} + c_3I_{m+1}$ 和 $HH^{\mathrm{T}} + c_4I_{m+1}$ 都是正定阵, 这一点回避了矩阵的奇异性. 将 (3.10.10) 式分别代入对应的 Lagrange 函数中, 有

$$L_1(\alpha) = \frac{1}{2}u_1^{\mathrm{T}}(GG^{\mathrm{T}}u_1 + c_3u_1 + H\alpha) + \frac{1}{2}u_1^{\mathrm{T}}H\alpha + e_2^{\mathrm{T}}\alpha = \frac{1}{2}u_1^{\mathrm{T}}H\alpha + e_2^{\mathrm{T}}\alpha$$
$$= -\frac{1}{2}\alpha^{\mathrm{T}}H^{\mathrm{T}}(GG^{\mathrm{T}} + c_3I_{m+1})^{-1}H\alpha + e_2^{\mathrm{T}}\alpha,$$

$$L_2(\beta) = \frac{1}{2}u_2^{\mathrm{T}}(HH^{\mathrm{T}}u_2 + c_4u_2 - G\beta) - \frac{1}{2}u_2^{\mathrm{T}}G\beta + e_1^{\mathrm{T}}\beta = -\frac{1}{2}u_2^{\mathrm{T}}G\beta + e_1^{\mathrm{T}}\beta$$

$$= -\frac{1}{2}\beta^{T}G^{T}(HH^{T} + c_4I_{m+1})^{-1}G\beta + e_1^{T}\beta.$$

于是, 模型 (3.10.8) 和模型 (3.10.9) 的 Wolfe 对偶形式分别为

$$\min_{\alpha} \quad \frac{1}{2}\alpha^{T}H^{T}(GG^{T} + c_3I_{d+1})^{-1}H\alpha - e_2^{T}\alpha \tag{3.10.11}$$
$$\text{s.t.} \quad 0 \leqslant \alpha \leqslant c_1e_2.$$

$$\min_{\beta} \quad \frac{1}{2}\beta^{T}G^{T}(HH^{T} + c_4I_{d+1})^{-1}G\beta - e_1^{T}\beta \tag{3.10.12}$$
$$\text{s.t.} \quad 0 \leqslant \beta \leqslant c_2e_1.$$

通过求解模型 (3.10.11) 和模型 (3.10.12), 便可得到两个非平行超平面了, 具体算法如下.

算法 3.10.1 (线性 TBSVM)

步 1. 给定数据集 $T = \{(x_i,y_i)\}_{i=1}^{m} \in R^d \times \{\pm 1\}$, 选择适当的模型参数 $c_1, \cdots, c_4 > 0$.

步 2. 求解模型 (3.10.11) 和模型 (3.10.12), 分别得最优解 $\alpha^* \in R_+^{m_2}$ 和 $\beta^* \in R_+^{m_1}$.

步 3. 利用 (3.10.10) 式计算 (w_1^*, b_1^*) 和 (w_2^*, b_2^*), 其中 $\alpha = \alpha^*, \beta = \beta^*$.

步 4. 构造非平行超平面 $f_1(x) = \langle w_1^*, x \rangle + b_1^* = 0$ 和 $f_2(x) = \langle w_2^*, x \rangle + b_2^* = 0$.

步 5. 对任一输入样本 $\tilde{x} \in R^d$, 其类标签为

$$y_{\tilde{x}} = \arg\min\{|f_1(\tilde{x})|/\|w_1^*\|, |f_2(\tilde{x})|/\|w_2^*\|\}.$$

3.10.2 非线性 TBSVM

下面讨论 TBSVM 的非线性形式. 首先利用核函数 $k : R^d \times R^d \to R(H$ 是其 RKHS, $\varphi : R^d \to H$ 是对应的特征映射) 将线性不可分数据集 T 映射为 (近似) 线性可分数据集 $T_{\varphi} = \{(\varphi(x_i), y_i)\}_{i=1}^{m} \in H \times \{\pm 1\}$, 然后在特征空间 H 中利用线性 TBSVM, 从而得到下面两个二次规划模型:

$$\min_{w_1, b_1, \xi_j} \quad \frac{1}{2}\sum_{i \in I_1}(w_1^{T}\varphi(x_i) + b_1)^2 + \frac{c_3}{2}(\|w_1\|^2 + b_1^2) + c_1\sum_{j \in I_2}\xi_j \tag{3.10.13}$$
$$\text{s.t.} \quad -(w_1^{T}\varphi(x_j) + b_1) + \xi_j \geqslant 1, \quad \xi_j \geqslant 0, \quad j \in I_2,$$

$$\min_{w_2, b_2, \eta_i} \quad \frac{1}{2}\sum_{j \in I_2}(w_2^{T}\varphi(x_j) + b_2)^2 + \frac{c_4}{2}(\|w_2\|^2 + b_2^2) + c_2\sum_{i \in I_1}\eta_i \tag{3.10.14}$$
$$\text{s.t.} \quad (w_2^{T}\varphi(x_i) + b_2) + \eta_i \geqslant 1, \quad \eta_i \geqslant 0, \quad i \in I_1,$$

其中 $w_1, w_2 \in H$ 分别是超平面的法向量. 称模型 (3.10.13) 和模型 (3.10.14) 为非线性 TBSVM 的一对原始模型.

设 $w_1 = \varphi(X)\beta_1, w_2 = \varphi(X)\beta_2, \beta_1, \beta_2 \in R^m$, 则 $\|w_j\|^2 = \beta_j^{\mathrm{T}} K \beta_j, j = 1, 2$ 且两个超平面、模型 (3.10.13) 和模型 (3.10.14) 可分别表示为

$$\begin{cases} f_1(x) = K_x \beta_1 + b_1 = \langle \beta_1, K_x^{\mathrm{T}} \rangle + b_1 = 0, \\ f_2(x) = K_x \beta_2 + b_2 = \langle \beta_2, K_x^{\mathrm{T}} \rangle + b_2 = 0 \end{cases} \tag{3.10.15}$$

和

$$\min_{\beta_1, b_1, \xi} \quad \frac{1}{2} \|K(A, X)\beta_1 + e_1 b_1\|^2 + \frac{c_3}{2}(\beta_1^{\mathrm{T}} K \beta_1 + b_1^2) + c_1 e_2^{\mathrm{T}} \xi \tag{3.10.16}$$
$$\text{s.t.} \quad -(K(B, X)\beta_1 + e_2 b_1) \geqslant e_2 - \xi, \quad \xi \geqslant 0,$$

$$\min_{\beta_2, b_2, \eta} \quad \frac{1}{2} \|K(B, X)\beta_2 + e_2 b_2\|^2 + \frac{c_4}{2}(\beta_2^{\mathrm{T}} K \beta_2 + b_2^2) + c_2 e_1^{\mathrm{T}} \eta \tag{3.10.17}$$
$$\text{s.t.} \quad (K(A, X)\beta_2 + e_1 b_2) \geqslant e_1 - \eta, \quad \eta \geqslant 0.$$

从下面的推导中可以看出, 模型 (3.10.16) 和模型 (3.10.17) 无法回避矩阵的奇异性. 但从 (3.10.15) 式可以看出, 系数向量 β_1, β_2 可以看成是超平面在空间 R^m 中的法向量, 从这一点出发, 先将数据集 T 映射为 $T_k = \{(K_i^{\mathrm{T}}, y_i)\}_{i=1}^{m} \in R^m \times \{\pm 1\}$, 其中 K_i 表示核阵 K 的第 i 行, 然后在空间 R^m 中利用线性 TBSVM, 则有

$$\min_{\beta_1, b_1, \xi_j} \quad \frac{1}{2} \sum_{i \in I_1} (\beta_1^{\mathrm{T}} K_i^{\mathrm{T}} + b_1)^2 + \frac{c_3}{2}(\|\beta_1\|^2 + b_1^2) + c_1 \sum_{j \in I_2} \xi_j$$
$$\text{s.t.} \quad -(\beta_1^{\mathrm{T}} K_j^{\mathrm{T}} + b_1) + \xi_j \geqslant 1, \quad \xi_j \geqslant 0, \quad j \in I_2,$$

$$\min_{\beta_2, b_2, \eta_i} \quad \frac{1}{2} \sum_{j \in I_2} (\beta_2^{\mathrm{T}} K_j^{\mathrm{T}} + b_2)^2 + \frac{c_4}{2}(\|\beta_2\|^2 + b_2^2) + c_2 \sum_{i \in I_1} \eta_i$$
$$\text{s.t.} \quad (\beta_2^{\mathrm{T}} K_i^{\mathrm{T}} + b_2) + \eta_i \geqslant 1, \quad \eta_i \geqslant 0, \quad i \in I_1.$$

即有

$$\min_{\beta_1, b_1, \xi} \quad \frac{1}{2} \|K(A, X)\beta_1 + e_1 b_1\|^2 + \frac{c_3}{2}(\beta_1^{\mathrm{T}} \beta_1 + b_1^2) + c_1 e_2^{\mathrm{T}} \xi \tag{3.10.18}$$
$$\text{s.t.} \quad -(K(B, X)\beta_1 + e_2 b_1) \geqslant e_2 - \xi, \quad \xi \geqslant 0,$$

$$\min_{\beta_2, b_2, \eta} \quad \frac{1}{2} \|K(B, X)\beta_2 + e_2 b_2\|^2 + \frac{c_4}{2}(\beta_2^{\mathrm{T}} \beta_2 + b_2^2) + c_2 e_1^{\mathrm{T}} \eta \tag{3.10.19}$$
$$\text{s.t.} \quad (K(A, X)\beta_2 + e_1 b_2) \geqslant e_1 - \eta, \quad \eta \geqslant 0.$$

称模型 (3.10.18) 和模型 (3.10.19) 是非线性 TBSVM 的另一对原始模型. 与模型 (3.10.16) 和模型 (3.10.17) 相比较, 由于 $\beta_1^{\mathrm{T}} \beta_1$ 和 $\beta_2^{\mathrm{T}} \beta_2$ 的存在, 模型 (3.10.18) 和

模型 (3.10.19) 回避了矩阵的奇异性. 因此, 在很多文献中常用模型 (3.10.18) 和模型 (3.10.19) 作为非线性 TBSVM 的原始模型.

记 $u_1 = \begin{bmatrix} \beta_1 \\ b_1 \end{bmatrix}, u_2 = \begin{bmatrix} \beta_2 \\ b_2 \end{bmatrix} \in R^{m+1}$, 则模型 (3.10.18) 和模型 (3.10.19) 可进一步简化为

$$\min_{u_1,\xi} \quad \frac{1}{2}\|[K(A,X),e_1]u_1\|^2 + \frac{c_3}{2}u_1^T u_1 + c_1 e_2^T \xi \tag{3.10.20}$$
$$\text{s.t.} \quad -[K(B,X),e_2]u_1 \geqslant e_2 - \xi, \quad \xi \geqslant 0,$$

$$\min_{u_2,\eta} \quad \frac{1}{2}\|[K(B,X),e_2]u_2\|^2 + \frac{c_4}{2}u_2^T u_2 + c_2 e_1^T \eta \tag{3.10.21}$$
$$\text{s.t.} \quad [K(A,X),e_1]u_2 \geqslant e_1 - \eta, \quad \eta \geqslant 0.$$

本节主要求解模型 (3.10.16) 和模型 (3.10.17), 用类似的方法可求解模型 (3.10.20) 和模型 (3.10.21). 分别考虑模型 (3.10.16) 和模型 (3.10.17) 的 Lagrange 函数:

$$
\begin{aligned}
L_1(\beta_1,b_1,\xi,\alpha,\beta) =& \frac{1}{2}\|K(A,X)\beta_1 + e_1 b_1\|^2 + \frac{1}{2}c_3(\beta_1^T K\beta_1 + b_1^2) + c_1 e_2^T \xi \\
& - \alpha^T[-(K(B,X)\beta_1 + e_2 b_1) + \xi - e_2] - \beta^T \xi, \\
L_2(\beta_2,b_2,\eta,\delta,\gamma) =& \frac{1}{2}\|K(B,X)\beta_2 + e_2 b_2\|^2 + \frac{1}{2}c_4(\beta_2^T K\beta_2 + b_2^2) + c_2 e_1^T \eta \\
& - \delta^T[(K(A,X)\beta_2 + e_1 b_2) - e_1 + \eta] - \gamma^T \eta,
\end{aligned}
$$

并令 $\frac{\partial L_1}{\partial \beta_1} = \frac{\partial L_1}{\partial b_1} = \frac{\partial L_1}{\partial \xi} = 0$ 和 $\frac{\partial L_2}{\partial \beta_2} = \frac{\partial L_2}{\partial b_2} = \frac{\partial L_2}{\partial \eta} = 0$, 可得

$$
\begin{cases}
(K(A,X)^T K(A,X) + c_3 K)\beta_1 + K(A,X)^T e_1 b_1 = -K(B,X)^T \alpha, \\
e_1^T K(A,X)\beta_1 + (e_1^T e_1 + c_3)b_1 = -e_2^T \alpha, \\
c_1 e_2 - \alpha - \beta = 0 \Rightarrow 0 \leqslant \alpha \leqslant c_1 e_2,
\end{cases}
$$
$$
\begin{cases}
(K(B,X)^T K(B,X) + c_4 K)\beta_2 + K(B,X)^T e_2 b_2 = K(A,X)^T \delta, \\
e_2^T K(B,X)\beta_2 + (e_2^T e_2 + c_4)b_2 = e_1^T \delta, \\
c_2 e_1 - \delta - \gamma = 0 \Rightarrow 0 \leqslant \delta \leqslant c_2 e_1.
\end{cases}
\tag{3.10.22}
$$

记

$$G_k = [K(A,X),e_1] \in R^{m_1 \times (m+1)}, \quad H_k = [K(B,X),e_2] \in R^{m_2 \times (m+1)},$$

$$u_1 = \begin{bmatrix} \beta_1 \\ b_1 \end{bmatrix} \in R^{m+1}, \quad u_2 = \begin{bmatrix} \beta_2 \\ b_2 \end{bmatrix} \in R^{m+1}, \quad \tilde{K} = \begin{bmatrix} K & 0 \\ 0 & 1 \end{bmatrix} \in R^{(m+1)\times(m+1)},$$

则由 (3.10.22) 式可推出

$$
\begin{cases}
(G_k^{\mathrm{T}} G_k + c_3 \tilde{K}) u_1 = -H_k^{\mathrm{T}} \alpha, \\
(H_k^{\mathrm{T}} H_k + c_4 \tilde{K}) u_2 = G_k^{\mathrm{T}} \delta.
\end{cases}
\tag{3.10.23}
$$

显然, 矩阵 $G_k^{\mathrm{T}} G_k + c_3 \tilde{K}$ 和 $H_k^{\mathrm{T}} H_k + c_4 \tilde{K}$ 是对称非负定阵. 不失一般性, 假设它们是非奇异的 (否则, 将其正则化. 特别说明, 如果是求解模型 (3.10.20) 和模型 (3.10.21), 这里就不需要考虑矩阵的奇异性了), 则由 (3.10.23) 式可得

$$
\begin{cases}
u_1 = -(G_k^{\mathrm{T}} G_k + c_3 \tilde{K})^{-1} H_k^{\mathrm{T}} \alpha, \\
u_2 = (H_k^{\mathrm{T}} H_k + c_4 \tilde{K})^{-1} G_k^{\mathrm{T}} \delta.
\end{cases}
\tag{3.10.24}
$$

将 (3.10.22)—(3.10.24) 式分别代入对应的 Lagrange 函数中, 有

$$
\begin{aligned}
L_1(\alpha) =& \frac{1}{2} \beta_1^{\mathrm{T}} K(A,X)^{\mathrm{T}} K(A,X) \beta_1 + \beta_1^{\mathrm{T}} K(A,X)^{\mathrm{T}} e_1 b_1 + \frac{1}{2} e_1^{\mathrm{T}} e_1 b_1^2 \\
&+ \frac{1}{2} c_3 (\beta_1^{\mathrm{T}} K \beta_1 + b_1^2) + \alpha^{\mathrm{T}} K(B,X) \beta_1 + e_2^{\mathrm{T}} \alpha b_1 + e_2^{\mathrm{T}} \alpha \\
=& -\frac{1}{2} \beta_1^{\mathrm{T}} (K(A,X)^{\mathrm{T}} K(A,X) + c_3 K) \beta_1 + \frac{1}{2}(e_1^{\mathrm{T}} e_1 + c_3) b_1^2 \\
&+ \beta_1^{\mathrm{T}} [K(A,X)^{\mathrm{T}} K(A,X) \beta_1 + c_3 K \beta_1 + K(A,X)^{\mathrm{T}} e_1 b_1 + K(B,X)^{\mathrm{T}} \alpha] \\
&+ e_2^{\mathrm{T}} \alpha b_1 + e_2^{\mathrm{T}} \alpha \\
=& -\frac{1}{2} \beta_1^{\mathrm{T}} (K(A,X)^{\mathrm{T}} K(A,X) + c_3 K) \beta_1 - \frac{1}{2}(e_1^{\mathrm{T}} e_1 + c_3) b_1^2 \\
&+ (e_1^{\mathrm{T}} e_1 b_1 + c_3 b_1 + e_2^{\mathrm{T}} \alpha) b_1 + e_2^{\mathrm{T}} \alpha \\
=& -\frac{1}{2} u_1^{\mathrm{T}} (G_k^{\mathrm{T}} G_k + c_3 \tilde{K}) u_1 + e_2^{\mathrm{T}} \alpha \\
=& -\frac{1}{2} \alpha^{\mathrm{T}} H_k (G_k^{\mathrm{T}} G_k + c_3 \tilde{K})^{-1} H_k^{\mathrm{T}} \alpha + e_2^{\mathrm{T}} \alpha, \\
L_2(\delta) =& \frac{1}{2} \beta_2^{\mathrm{T}} K(B,X)^{\mathrm{T}} K(B,X) \beta_2 + \beta_2^{\mathrm{T}} K(B,X)^{\mathrm{T}} e_2 b_2 + \frac{1}{2} e_2^{\mathrm{T}} e_2 b_2^2 \\
&+ \frac{1}{2} c_4 (\beta_2^{\mathrm{T}} K \beta_2 + b_2^2) - \delta^{\mathrm{T}} K(A,X) \beta_2 - e_1^{\mathrm{T}} \delta b_2 + e_1^{\mathrm{T}} \delta \\
=& -\frac{1}{2} \beta_2^{\mathrm{T}} (K(B,X)^{\mathrm{T}} K(B,X) + c_4 K) \beta_2 - \frac{1}{2}(e_2^{\mathrm{T}} e_2 + c_4) b_2^2 \\
&+ \beta_2^{\mathrm{T}} [K(B,X)^{\mathrm{T}} K(B,X) \beta_2 + K(B,X)^{\mathrm{T}} e_2 b_2 + c_4 K \beta_2 - K(A,X)^{\mathrm{T}} \delta] \\
&+ (e_2^{\mathrm{T}} e_2 b_2 + c_4 b_2 - e_1^{\mathrm{T}} \delta) b_2 + e_1^{\mathrm{T}} \delta \\
=& -\frac{1}{2} \beta_2^{\mathrm{T}} K(B,X)^{\mathrm{T}} K(B,X) \beta_2 - b_2 e_2^{\mathrm{T}} K(B,X) \beta_2 - \frac{1}{2} e_2^{\mathrm{T}} e_2 b_2^2 - \frac{1}{2} c_4 \beta_2^{\mathrm{T}} K \beta_2
\end{aligned}
$$

$$-\frac{1}{2}c_4 b_2^2 + e_1^{\mathrm{T}}\delta$$

$$= -\frac{1}{2}u_2^{\mathrm{T}}(H_k^{\mathrm{T}}H_k + c_4\tilde{K})u_2 + e_1^{\mathrm{T}}\delta$$

$$= -\frac{1}{2}\delta^{\mathrm{T}}G_k(H_k^{\mathrm{T}}H_k + c_4\tilde{K})^{-1}G_k^{\mathrm{T}}\delta + e_1^{\mathrm{T}}\delta.$$

于是, 模型 (3.10.16) 和模型 (3.10.17) 的 Wolfe 对偶形式分别为

$$\min_{\alpha} \quad \frac{1}{2}\alpha^{\mathrm{T}}H_k(G_k^{\mathrm{T}}G_k + c_3\tilde{K})^{-1}H_k^{\mathrm{T}}\alpha - e_2^{\mathrm{T}}\alpha \tag{3.10.25}$$
$$\text{s.t.} \quad 0 \leqslant \alpha \leqslant c_1 e_2.$$

$$\min_{\delta} \quad \frac{1}{2}\delta^{\mathrm{T}}G_k(H_k^{\mathrm{T}}H_k + c_4\tilde{K})^{-1}G_k^{\mathrm{T}}\delta - e_1^{\mathrm{T}}\delta \tag{3.10.26}$$
$$\text{s.t.} \quad 0 \leqslant \delta \leqslant c_2 e_1.$$

通过求解模型 (3.10.25) 和模型 (3.10.26), 就可得到两个非平行超平面, 具体算法如下.

算法 3.10.2 (非线性 TBSVM)

步 1. 给定数据集 $T = \{(x_i, y_i)\}_{i=1}^{m} \in R^d \times \{\pm 1\}$, 选择适当的模型参数 $c_1, \cdots, c_4 > 0$ 和正则化参数.

步 2. 选择适当的核函数和核参数.

步 3. 求解模型 (3.10.25) 和模型 (3.10.26), 分别得最优解 $\alpha^* \in R_+^{m_2}$ 和 $\delta^* \in R_+^{m_1}$.

步 4. 利用 (3.10.24) 式计算 (β_1^*, b_1^*) 和 (β_2^*, b_2^*), 其中 $\alpha = \alpha^*, \beta = \beta^*$.

步 5. 构造非平行超曲面 $f_1(x) = K_x\beta_1^* + b_1^* = 0$ 和 $f_2(x) = K_x\beta_2^* + b_2^* = 0$.

步 6. 对任一输入样本 $\tilde{x} \in R^d$, 其类标签为 $y_{\tilde{x}} = \arg\min\{|f_1(\tilde{x})|/\|\beta_1^*\|, |f_2(\tilde{x})|/\|\beta_2^*\|\}$.

观察模型 (3.10.11) 和模型 (3.10.12) 以及模型 (3.10.25) 和模型 (3.10.26) 的表现形式, 会发现可用 2.6 节中介绍的 DCD 算法和 SOR 算法来加快算法 3.10.1 和算法 3.10.2 的学习速度, 减少其学习时间, 但前提条件是矩阵 $H^{\mathrm{T}}(GG^{\mathrm{T}} + c_3 I_{m+1})^{-1}H$ 和 $G^{\mathrm{T}}(HH^{\mathrm{T}} + c_4 I_{m+1})^{-1}G$ 或者矩阵 $H_k(G_k^{\mathrm{T}}G_k + c_3\tilde{K})^{-1}H_k^{\mathrm{T}}$ 和 $G_k(H_k^{\mathrm{T}}H_k + c_4\tilde{K})^{-1}G_k^{\mathrm{T}}$ 的主对角线上元素均需非零. 鉴于篇幅所限, 本节不再详细介绍.

习题与思考题

(1) UCI 数据库是哥伦比亚大学提供的公开数据库, 包含乳腺癌诊断、输血服务中心、银行营销、果酒分类、人脸识别、汽车评价等 353 个实际问题的分类数据集. 请利用 UCI 数据库的分类数据集实现本章所介绍的 SVM 算法.

(2) 掌握本章介绍的 SVM 算法的推导过程, 并参考已发表的相关文章, 做进一步思考.

参 考 文 献

[1] CORTES C, VAPNIK V. Support vector networks. Mach. Learn, 1995, 20(3): 273-297.

[2] VAPNIK V N. The nature of statistical learning theory. New York: Springer, 1996.

[3] VAPNIK V N. Statistical learning theory. New York: 1998.

[4] CRISTIANINI N, TAYLOR J S. An introduction to support vector machines and other kernel-based learning methods. Cambridge: Cambridge University Press, 2000.

[5] FUNG G M, MANGASARIAN O L. Multicategory proximal support vector machine classifiers. Mach. Learn, 2005, 59(1/2): 77-97.

[6] DENG N Y, TIAN Y J. Support vector machines: theory, algorithms, and extensions. Beijing: Science Press, 2009.

[7] DENG N Y, TIAN Y J, ZHANG C H. Support vector machines: optimization based theory, algorithmsand extensions. Boca Raton: CRC Press, Chapman and Hall, 2012.

[8] JOACHIMS T. Text categorization with support vector machines: learning with many relevant features//Proceedings of 10th European Conference on Machine Learning, 1998, 1225-1235.

[9] LODHI H, CRISTIANINI N, Taylor J S, et al. Text classification using string kernels. Adv. Neural Inf. Process Syst., 2000, 13: 563-569.

[10] JONSSON K, KITTLER J, Matas Y P. Support vector machines for face authentication. J. Image Vis. Comput., 2002, 20(5): 369-375.

[11] TEFAS A, KOTROPOULOS C, PITAS I. Using support vector machines to enhance the performance of elastic graph matching for frontal face authentication. IEEE Trans. Pattern Anal. Mach. Intell., 2001, 23(7): 735-746.

[12] GANAPATHIRAJU A, Hamaker J, Picone J. Applications of support vector machines to speech recognition. IEEE Trans. Signal Process, 2004, 52(8): 2348-2355.

[13] GUTTA S, HUANG J R J, JONATHON P, et al. Mixture of experts for classification of gender, ethnic origin, and pose human. IEEE Trans. Neural Netw., 2000, 11(4): 948-960.

[14] SHIN K S, LEE T S, KIM H J. An application of support vector machines in bankruptcy prediction model. Expert Syst. with Appl., 2005, 28(1): 127-135.

[15] MELGANI F, BRUZZONE L. Classification of hyperspectral remote sensing images with support vector machines. IEEE Trans. Geosci. Remote Sens., 2004, 42(8): 1778-1790.

[16] KIM K J. Financial time series forecasting using support vector machines. Neurocomputing, 2003, 55(1): 307-319.

[17] LIU Y, ZHANG D, LU G G, et al. A survey of content-based image retrieval with high-level semantics. Pattern Recogn., 2007, 40(1): 262-282.

[18] ADANKON M M, CHERIET M. Model selection for the LS-SVM application to handwriting recognition. Pattern Recogn., 2009, 42(12): 3264-3270.

[19] BORGWARDT K M. Kernel methods in bioinformatics//Lu H H-S, et al. Handbook of statistical bioinformatics. Berlin: Springer, 2011, 3: 317-334.

[20] KHAN N M, KSANTINI R, Ahmad I S, et al. A novel SVM plus NDA model for classification with an application to face recognition. Pattern Recogn., 2012, 45(1): 66-79.

[21] 邓乃扬, 田英杰. 数据挖掘中的新方法: 支持向量机. 北京: 科学出版社, 2004.

[22] JAYADEVA R K, KHEMCHANDANI R, Chandra S. Twin support vector machines for pattern classification. IEEE Trans. Pattern Anal. Mach. Intell., 2007, 29(5): 905-910.

[23] SHAO Y H, ZHANG C H, WANG X B, et al. Improvements on twin support vector machines. IEEE Trans. Neural Netw., 2011, 22(6): 962-968.

第 4 章 支持向量回归机

我们知道, 基于支持向量回归机 (SVR) 的学习算法的计算复杂性和稀疏性, 对分析和处理大数据来说是非常重要的两个因素, 尤其是对高维数据. 为此, 学者们做了大量的研究工作并提出了许多改进的 SVR 型算法. 它们当中, 有些算法的出发点基本相同, 只是求解方法上略有不同; 有些算法有明显不同的出发点, 其所构建的优化模型也不相同, 但求解方法上大同小异. 鉴于篇幅所限, 本章只介绍几种具有代表性的 SVR 模型.

在本章中, 对给定的回归数据集 $T = \{(x_i, y_i)\}_{i=1}^m \in R^d \times R$, 称 $y_i \in R$ 是输入样本 $x_i \in R^d$ 的输出值, 称 $X = [x_1, \cdots, x_m] \in R^{d \times m}$ 和 $y = (y_1, \cdots, y_m)^{\mathrm{T}} \in R^m$ 分别是样本矩阵和输出向量, 并记 $e = (1, \cdots, 1)^{\mathrm{T}} \in R^m$.

4.1 回归问题的提出

本节先介绍一些基本概念, 然后介绍如何将回归问题转化为二分类问题. 如果由回归数据集转化的二分类数据集是线性不可分的, 则可通过选择适当的核函数 $k : R^d \times R^d \to R (H$ 是其 RKHS, $\varphi : R^d \to H$ 是对应的特征映射), 利用特征映射将其转化为特征空间的 (近似) 线性可分数据集.

定义 4.1.1 (回归问题) 根据数据集 $T = \{(x_i, y_i)\}_{i=1}^m \in R^d \times R$, 寻找一个实值函数 $f : R^d \to R$ 使得对任一输入样本 $x \in R^d$, 其输出值 y_x 可用函数 $f : R^d \to R$ 来推断, 即 $y_x = f(x)$, 这样的问题称为回归问题. 回归问题也可称为拟合问题、逼近问题. 称函数 $f : R^d \to R$ 为回归决策函数.

如果 $f : R^d \to R$ 是线性函数, 即 $f(x) = \langle w, x \rangle + b = w^{\mathrm{T}} x + b$, 则称为线性回归问题; 否则, 称为非线性回归问题. 对回归问题来说, 如何寻找回归决策函数是一个关键.

定义 4.1.2 (超平面的 ε-带) 设 $\varepsilon > 0$. 一个超平面 $y = \langle w, x \rangle + b$ 的 ε-带是指该超平面沿 y 轴上、下平移 ε 所扫过的区域 $y - \varepsilon \leqslant \langle w, x \rangle + b \leqslant y + \varepsilon$, 如图 4.1.1 所示. 由于超平面 $y = \langle w, x \rangle + b$ 可表示成 $y - (\langle w, x \rangle + b) = 0$, 所以该超平面的 ε-带可以表示成

$$-\varepsilon \leqslant y - (\langle w, x \rangle + b) \leqslant +\varepsilon.$$

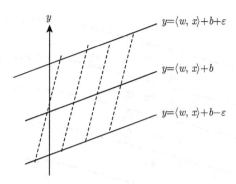

图 4.1.1   超平面 $y = \langle w, x \rangle + b$ 的 ε-带

定义 4.1.3 (硬 ε-带超平面)   设 $T = \{(x_i, y_i)\}_{i=1}^m \in R^d \times R$ 是回归数据集且 $\varepsilon > 0$. 称超平面 $y = \langle w, x \rangle + b$ 是关于数据集 T 的硬 ε-带超平面, 如果该超平面的 ε-带中包含 T 的所有点, 即

$$-\varepsilon \leqslant y_i - (\langle w, x_i \rangle + b) \leqslant +\varepsilon, \quad i = 1, \cdots, m. \tag{4.1.1}$$

下面将回归数据集转化为二分类数据集.

设 $T = \{(x_i, y_i)\}_{i=1}^m \in R^d \times R$ 是回归数据集且 $\varepsilon > 0$. 如果超平面 $y = \langle w, x \rangle + b$ 是关于 T 的硬 ε-带超平面, 则 (4.1.1) 式成立. 令

$$T_+ = \{(x_i, y_i + \varepsilon)\}_{i=1}^m, \quad T_- = \{(x_i, y_i - \varepsilon)\}_{i=1}^m \in R^d \times R,$$

则

$$\begin{cases} 0 \leqslant y_i + \varepsilon - (\langle w, x_i \rangle + b) \leqslant 2\varepsilon, \\ -2\varepsilon \leqslant y_i - \varepsilon - (\langle w, x_i \rangle + b) \leqslant 0, \quad i = 1, \cdots, m, \end{cases}$$

这表明 T_+ 中的点在超平面 $y - (\langle w, x \rangle + b) = 0$ 的上方, T_- 中的点在超平面的下方, 如图 4.1.2 所示. 因此, 超平面 $y - (\langle w, x \rangle + b) = 0$ 可完全分开 T_+ 和 T_-.

如果令

$$\bar{x}_i = \begin{cases} \begin{bmatrix} x_i \\ y_i + \varepsilon \end{bmatrix} \in R^{d+1}, & i = 1, \cdots, m, \\ \begin{bmatrix} x_i \\ y_i - \varepsilon \end{bmatrix} \in R^{d+1}, & i = m+1, \cdots, 2m, \end{cases} \qquad z_i = \begin{cases} 1, & i = 1, \cdots, m, \\ -1, & i = m+1, \cdots, 2m, \end{cases}$$

$$D_+ = \{(\bar{x}_i, z_i)\}_{i=1}^m \in R^{d+1} \times \{1\},$$
$$D_- = \{(\bar{x}_i, z_i)\}_{i=m+1}^{2m} \in R^{d+1} \times \{-1\},$$
$$D = D_+ \cup D_- = \{(\bar{x}_i, z_i)\}_{i=1}^{2m} \in R^{d+1} \times \{\pm 1\},$$

则 D 是二类线性可分数据集, D_+ 是正类数据集, D_- 是负类数据集. 至此, 已将回归数据集转化为线性可分的二分类数据集了.

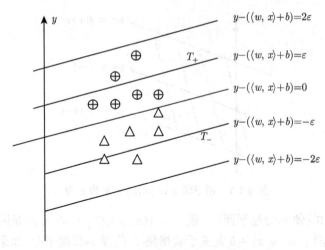

图 4.1.2　回归数据集转化为二分类数据集

如果超平面 $y = \langle w, x \rangle + b$ 不是关于数据集 T 的硬 ε-带超平面, 且 T 中只有少数点位于超平面的 ε-带的外部, 则沿用上述方法, 可将回归数据集转化为近似线性可分的二分类数据集.

如果超平面 $y = \langle w, x \rangle + b$ 不是关于数据集 T 的硬 ε-带超平面, 且 T 中有多个点位于超平面的 ε-带的外部, 则沿用上述方法, 可将回归数据集转化为线性不可分的二分类数据集.

4.2　线性 SVR

对线性可分的二分类数据集 $D = D_+ \cup D_- = \{(\bar{x}_i, z_i)\}_{i=1}^{2m} \in R^{d+1} \times \{\pm 1\}$, 为了寻找分类超平面 $\langle \bar{w}, \bar{x} \rangle + b = 0$, 其中 $\bar{x} \in R^{d+1}$ 是输入样本, $\bar{w} \in R^{d+1}$ 和 $b \in R$ 分别是超平面的法向量和阈值, 考虑硬间隔 SVM:

$$\begin{aligned} \min_{\bar{w}, b} \quad & \frac{1}{2} \|\bar{w}\|^2 \\ \text{s.t.} \quad & z_i(\langle \bar{w}, \bar{x}_i \rangle + b) \geqslant 1, \quad i = 1, \cdots, 2m. \end{aligned} \quad (4.2.1)$$

记 $\bar{w} = \begin{bmatrix} w \\ \eta \end{bmatrix}, \bar{x} = \begin{bmatrix} x \\ y \end{bmatrix}$, 其中 $w, x \in R^d, \eta, y \in R$ 且 $\eta \neq 0$, 则分类超平面可表示为

$$\langle w, x \rangle + \eta y + b = 0,$$

进而有

$$y = \left\langle -\frac{w}{\eta}, x \right\rangle - \frac{b}{\eta}.$$

如果将 $y \in R$ 看成是 $x \in R^d$ 的输出值, 则有回归决策函数:

$$f(x) = \left\langle -\frac{w}{\eta}, x \right\rangle - \frac{b}{\eta}. \tag{4.2.2}$$

此外还可推出:

$$\begin{cases} \langle \bar{w}, \bar{x}_i \rangle = \left\langle \begin{bmatrix} w \\ \eta \end{bmatrix}, \begin{bmatrix} x_i \\ y_i + \varepsilon \end{bmatrix} \right\rangle = \langle w, x_i \rangle + \eta(y_i + \varepsilon), \quad i = 1, \cdots, m, \\ \langle \bar{w}, \bar{x}_i \rangle = \left\langle \begin{bmatrix} w \\ \eta \end{bmatrix}, \begin{bmatrix} x_i \\ y_i - \varepsilon \end{bmatrix} \right\rangle = \langle w, x_i \rangle + \eta(y_i - \varepsilon), \quad i = m+1, \cdots, 2m. \end{cases}$$

上式可统一表示为

$$\langle \bar{w}, \bar{x}_i \rangle = \langle w, x_i \rangle + \eta(y_i + z_i\varepsilon), \quad i = 1, \cdots, 2m.$$

于是模型 (4.2.1) 可表示为

$$\begin{aligned} \min_{w,\eta,b} \quad & \frac{1}{2}(\|w\|^2 + \eta^2) \\ \text{s.t.} \quad & z_i(\langle w, x_i \rangle + \eta(y_i + z_i\varepsilon) + b) \geqslant 1, \quad i = 1, \cdots, 2m, \end{aligned}$$

或

$$\begin{aligned} \min_{w,\eta,b} \quad & \frac{1}{2}(\|w\|^2 + \eta^2) \\ \text{s.t.} \quad & \langle w, x_i \rangle + \eta(y_i + \varepsilon) + b \geqslant 1, \quad i = 1, \cdots, m, \\ & \langle w, x_i \rangle + \eta(y_i - \varepsilon) + b \leqslant -1, \quad i = m+1, \cdots, 2m. \end{aligned} \tag{4.2.3}$$

通过求解模型 (4.2.3) 的 Wolfe 对偶形式, 可得最优解 (w^*, η^*, b^*), 进而得

$$f(x) = \left\langle -\frac{w^*}{\eta^*}, x \right\rangle - \frac{b^*}{\eta^*}, \quad \forall x \in R^d.$$

这样得到回归决策函数的方法称为硬间隔 SVR. 模型 (4.2.3) 包含 $d+2$ 个决策变量和 $2m$ 个不等式约束. 当样本个数 m 较大时, 计算量会非常大.

为了降低计算量, 简化模型 (4.2.3), 文献 [1] 中介绍了线性硬 ε-带 SVR.

4.2.1 线性硬 ε-带 SVR

设 $f(x) = \langle w, x \rangle + b$ 是回归决策函数. 给定参数 $\varepsilon' > 0$, 考虑如下最优化模型:

$$\begin{aligned} \min_{w,b} \quad & \frac{1}{2}\|w\|^2 \\ \text{s.t.} \quad & |y_i - (\langle w, x_i \rangle + b)| \leqslant \varepsilon', \quad i = 1, \cdots, m. \end{aligned} \tag{4.2.4}$$

显然, 模型 (4.2.4) 等价于

$$\min_{w,b} \quad \frac{1}{2}\|w\|^2$$
$$\text{s.t.} \quad y_i - (\langle w, x_i \rangle + b) \leqslant \varepsilon', \quad i = 1, \cdots, m,$$
$$(\langle w, x_i \rangle + b) - y_i \leqslant \varepsilon', \quad i = 1, \cdots, m. \tag{4.2.5}$$

下面的定理给出了模型 (4.2.3) 和模型 (4.2.5) 的最优解之间的关系.

定理 4.2.1　设 (w^*, η^*, b^*) 是模型 (4.2.3) 的最优解, $(\tilde{w}, \tilde{b})$ 是模型 (4.2.5) 的最优解. 若 $\varepsilon' = 1 - 1/\eta^*$, 则 $\tilde{w} = -w^*/\eta^*$, $\tilde{b} = -b^*/\eta^*$.

证明　略.

由定理 4.2.1 知, 求解模型 (4.2.3) 等价于求解模型 (4.2.5). 模型 (4.2.5) 包含 $d+1$ 个决策变量和 $2m$ 个不等式约束, 不仅比模型 (4.2.3) 少一个决策变量, 而且约束也比模型 (4.2.3) 的约束简单, 因此计算量会下降. 以后只考虑模型 (4.2.5) 且用 ε 代替 ε', 即有模型:

$$\min_{w,b} \quad \frac{1}{2}\|w\|^2$$
$$\text{s.t.} \quad y_i - (\langle w, x_i \rangle + b) \leqslant \varepsilon, \quad i = 1, \cdots, m,$$
$$(\langle w, x_i \rangle + b) - y_i \leqslant \varepsilon, \quad i = 1, \cdots, m. \tag{4.2.6}$$

模型 (4.2.6) 的不等式约束有很直观的几何解释, 就是数据点 $\{(x_i, y_i)\}_{i=1}^m$ 全部落入超平面 $y - (\langle w, x \rangle + b) = 0$ 的 ε-带中. 模型 (4.2.6) 的矩阵形式为

$$\min_{w,b} \quad \frac{1}{2}\|w\|^2$$
$$\text{s.t.} \quad y - (X^{\mathrm{T}}w + be) \leqslant \varepsilon e, \quad (X^{\mathrm{T}}w + be) - y \leqslant \varepsilon e. \tag{4.2.7}$$

为了求解模型 (4.2.7), 考虑其 Lagrange 函数:

$$
\begin{aligned}
L(w,b,\alpha,\beta) &= \frac{1}{2}\|w\|^2 + \alpha^{\mathrm{T}}[y - (X^{\mathrm{T}}w + be) - \varepsilon e] + \beta^{\mathrm{T}}[(X^{\mathrm{T}}w + be) - y - \varepsilon e] \\
&= \frac{1}{2}\|w\|^2 + \alpha^{\mathrm{T}}y - \alpha^{\mathrm{T}}(X^{\mathrm{T}}w + be) - \varepsilon\alpha^{\mathrm{T}}e + \beta^{\mathrm{T}}(X^{\mathrm{T}}w + be) \\
&\quad - \beta^{\mathrm{T}}y - \varepsilon\beta^{\mathrm{T}}e \\
&= \frac{1}{2}\|w\|^2 - \alpha^{\mathrm{T}}X^{\mathrm{T}}w + \beta^{\mathrm{T}}X^{\mathrm{T}}w - be^{\mathrm{T}}\alpha + be^{\mathrm{T}}\beta + y^{\mathrm{T}}\alpha \\
&\quad - y^{\mathrm{T}}\beta - \varepsilon e^{\mathrm{T}}\alpha - \varepsilon e^{\mathrm{T}}\beta \\
&= \frac{1}{2}\|w\|^2 - (\alpha - \beta)^{\mathrm{T}}X^{\mathrm{T}}w - be^{\mathrm{T}}(\alpha - \beta) + y^{\mathrm{T}}(\alpha - \beta) - \varepsilon e^{\mathrm{T}}(\alpha + \beta),
\end{aligned}
$$

并令 $\dfrac{\partial L(w,b,\alpha,\beta)}{\partial w} = \dfrac{\partial L(w,b,\alpha,\beta)}{\partial b} = 0$, 可得

$$
\begin{cases}
w - X(\alpha - \beta) = 0 \Rightarrow w = X(\alpha - \beta), \\
e^{\mathrm{T}}(\alpha - \beta) = 0.
\end{cases} \tag{4.2.8}
$$

将 (4.2.8) 式代入 Lagrange 函数中, 有

$$
\begin{aligned}
L(\alpha, \beta) &= \frac{1}{2} w^{\mathrm{T}} w - (\alpha - \beta)^{\mathrm{T}} X^{\mathrm{T}} w + y^{\mathrm{T}}(\alpha - \beta) - \varepsilon e^{\mathrm{T}}(\alpha + \beta) \\
&= -\frac{1}{2} w^{\mathrm{T}} w + w^{\mathrm{T}}[w - X(\alpha - \beta)] + y^{\mathrm{T}}(\alpha - \beta) - \varepsilon e^{\mathrm{T}}(\alpha + \beta) \\
&= -\frac{1}{2} w^{\mathrm{T}} w + y^{\mathrm{T}}(\alpha - \beta) - \varepsilon e^{\mathrm{T}}(\alpha + \beta) \\
&= -\frac{1}{2}(\alpha - \beta)^{\mathrm{T}} X^{\mathrm{T}} X(\alpha - \beta) + y^{\mathrm{T}}(\alpha - \beta) - \varepsilon e^{\mathrm{T}}(\alpha + \beta).
\end{aligned}
$$

于是, 模型 (4.2.7) 的 Wolfe 对偶形式为

$$
\begin{aligned}
\min_{\alpha, \beta} \quad & \frac{1}{2}(\alpha - \beta)^{\mathrm{T}} X^{\mathrm{T}} X(\alpha - \beta) - y^{\mathrm{T}}(\alpha - \beta) + \varepsilon e^{\mathrm{T}}(\alpha + \beta) \\
\text{s.t.} \quad & e^{\mathrm{T}}(\alpha - \beta) = 0, \quad \alpha, \beta \geqslant 0.
\end{aligned} \tag{4.2.9}
$$

通过求解模型 (4.2.9) 得到回归决策函数的方法称为线性硬 ε-带 SVR, 具体算法如下.

算法 4.2.1 (线性硬 ε-带 SVR)

步 1. 给定数据集 $T = \{(x_i, y_i)\}_{i=1}^{m} \in R^d \times R$, 选择适当的参数 $\varepsilon > 0$.

步 2. 求解模型 (4.2.9), 得最优解 $(\alpha^*, \beta^*) \in R_+^m \times R_+^m$.

步 3. 计算 $w^* = X(\alpha^* - \beta^*)$.

步 4. 找 α^* 的一个正分量 $\alpha_j^* > 0$, 计算 $b^* = y_j - \langle w^*, x_j \rangle - \varepsilon$, 或者找 β^* 的一个正分量 $\beta_j^* > 0$, 计算 $b^* = y_j - \langle w^*, x_j \rangle + \varepsilon$.

步 5. 构造回归决策函数 $f(x) = \langle w^*, x \rangle + b^*$.

步 6. 对任一输入样本 $\widetilde{x} \in R^d$, 其输出值 $y_{\widetilde{x}} = f(\widetilde{x})$.

4.2.2 线性 ε-SVR

如果由回归数据集转化的二分类数据集是近似线性可分的, 则可通过引入松弛变量 $\xi, \eta \in R_+^m$, 放松模型 (4.2.6) 中的不等式约束, 得到下面的最优化模型:

$$
\begin{aligned}
\min_{w, b} \quad & \frac{1}{2} \|w\|^2 + C \sum_{i=1}^{m} (\xi_i + \eta_i) \\
\text{s.t.} \quad & y_i - (\langle w, x_i \rangle + b) \leqslant \varepsilon + \xi_i, \quad \xi_i \geqslant 0, \quad i = 1, \cdots, m, \\
& (\langle w, x_i \rangle + b) - y_i \leqslant \varepsilon + \eta_i, \quad \eta_i \geqslant 0, \quad i = 1, \cdots, m.
\end{aligned} \tag{4.2.10}
$$

记 $\xi = (\xi_1, \cdots, \xi_m)^{\mathrm{T}}, \eta = (\eta_1, \cdots, \eta_m)^{\mathrm{T}}$, 则模型 (4.2.10) 可表示为矩阵形式:

$$
\begin{aligned}
\min_{w, b, \xi, \eta} \quad & \frac{1}{2} \|w\|^2 + C e^{\mathrm{T}}(\xi + \eta) \\
\text{s.t.} \quad & y - (X^{\mathrm{T}} w + be) \leqslant \varepsilon e + \xi, \quad \xi \geqslant 0, \\
& (X^{\mathrm{T}} w + be) - y \leqslant \varepsilon e + \eta, \quad \eta \geqslant 0.
\end{aligned} \tag{4.2.11}
$$

模型 (4.2.11) 的 Wolfe 对偶形式为

$$\min_{\alpha,\beta} \quad \frac{1}{2}(\alpha-\beta)^{\mathrm T}X^{\mathrm T}X(\alpha-\beta) - y^{\mathrm T}(\alpha-\beta) + \varepsilon e^{\mathrm T}(\alpha+\beta)$$
$$\text{s.t.} \quad e^{\mathrm T}(\alpha-\beta)=0, \quad 0\leqslant \alpha,\beta\leqslant Ce. \tag{4.2.12}$$

通过求解模型 (4.2.12) 得到回归决策函数的方法称为线性 ε-SVR, 具体算法如下.

算法 4.2.2 (线性 ε-SVR)

步 1. 给定数据集 $T=\{(x_i,y_i)\}_{i=1}^m \in R^d\times R$, 选择适当的参数 $\varepsilon>0$ 和 $C>0$.

步 2. 求解模型 (4.2.12), 得最优解 $(\alpha^*,\beta^*)\in R_+^m\times R_+^m$.

步 3. 计算 $w^*=X(\alpha^*-\beta^*)$.

步 4. 找 α^* 的一个正分量 $0<\alpha_j^*<C$, 计算 $b^*=y_j-\langle w^*,x_j\rangle-\varepsilon$, 或者找 β^* 的一个正分量 $0<\beta_j^*<C$, 计算 $b^*=y_j-\langle w^*,x_j\rangle+\varepsilon$.

步 5. 构造回归决策函数 $f(x)=\langle w^*,x\rangle+b^*$.

步 6. 对任一输入样本 $\tilde x\in R^d$, 其输出值 $y_{\tilde x}=f(\tilde x)$.

从模型 (4.2.12) 可以看出, 线性 ε-SVR 的计算复杂性是 $O((2m)^3)=8O(m^3)$.

4.3　非线性 SVR

如果由回归数据集转化的二分类数据集是线性不可分的, 则通过选择适当的核函数 $k:R^d\times R^d\to R$ (H 是其 RKHS, $\varphi:R^d\to H$ 是对应的特征映射), 利用特征映射将其映射为特征空间中的近似线性可分数据集, 并在特征空间中考虑线性 ε-SVR, 从而得如下原始模型:

$$\min_{w,b} \quad \frac{1}{2}\|w\|^2 + C\sum_{i=1}^m(\xi_i+\eta_i)$$
$$\text{s.t.} \quad y_i-(\langle w,\varphi(x_i)\rangle+b)\leqslant \varepsilon+\xi_i, \quad \xi_i\geqslant 0, \quad i=1,\cdots,m, $$
$$(\langle w,\varphi(x_i)\rangle+b)-y_i\leqslant \varepsilon+\eta_i, \quad \eta_i\geqslant 0, \quad i=1,\cdots,m. \tag{4.3.1}$$

由定理 3.7.4, 存在 $\beta\in R^m$ 使得 $w=[\varphi(x_1),\cdots,\varphi(x_m)]\beta$. 记 $\xi=(\xi_1,\cdots,\xi_m)^{\mathrm T}$, $\eta=(\eta_1,\cdots,\eta_m)^{\mathrm T}$, 则

$$\|w\|^2=\beta^{\mathrm T}K\beta, \quad \langle w,\varphi(x_i)\rangle=K_i\beta, \quad i=1,\cdots,m, \quad f(x)=K_x\beta+b,$$

且模型 (4.3.1) 可表示为矩阵形式:

$$\min_{\beta,b,\xi,\eta} \quad \frac{1}{2}\beta^{\mathrm T}K\beta + Ce^{\mathrm T}(\xi+\eta)$$
$$\text{s.t.} \quad y-(K\beta+be)\leqslant \varepsilon e+\xi, \quad \xi\geqslant 0,$$
$$(K\beta+be)-y\leqslant \varepsilon e+\eta, \quad \eta\geqslant 0. \tag{4.3.2}$$

令

$$u = \begin{bmatrix} \beta \\ b \end{bmatrix} \in R^{m+1}, \quad G = \begin{bmatrix} K \\ e^{\mathrm{T}} \end{bmatrix} \in R^{(m+1)\times m}, \quad \tilde{K} = \begin{bmatrix} K & 0 \\ 0 & 0 \end{bmatrix} \in R^{(m+1)\times(m+1)},$$

则模型 (4.3.2) 可简化为

$$\begin{aligned} \min_{u,\xi,\eta} \quad & \frac{1}{2} u^{\mathrm{T}} \tilde{K} u + C e^{\mathrm{T}}(\xi + \eta) \\ \text{s.t.} \quad & y - G^{\mathrm{T}} u \leqslant \varepsilon e + \xi, \quad \xi \geqslant 0, \\ & G^{\mathrm{T}} u - y \leqslant \varepsilon e + \eta, \quad \eta \geqslant 0. \end{aligned} \tag{4.3.3}$$

考虑模型 (4.3.3) 的 Lagrange 函数:

$$\begin{aligned} L(u,\xi,\eta,\alpha,\lambda,\gamma,\delta) &= \frac{1}{2} u^{\mathrm{T}} \tilde{K} u + C e^{\mathrm{T}}(\xi + \eta) + \alpha^{\mathrm{T}}(y - G^{\mathrm{T}} u - \varepsilon e - \xi) \\ &\quad + \lambda^{\mathrm{T}}(G^{\mathrm{T}} u - y - \varepsilon e - \eta) - \gamma^{\mathrm{T}}\xi - \delta^{\mathrm{T}}\eta \\ &= \frac{1}{2} u^{\mathrm{T}} \tilde{K} u - (\alpha - \lambda)^{\mathrm{T}} G^{\mathrm{T}} u + (Ce - \alpha - \gamma)^{\mathrm{T}}\xi + (Ce - \lambda - \delta)^{\mathrm{T}}\eta \\ &\quad + y^{\mathrm{T}}(\alpha - \lambda) - \varepsilon e^{\mathrm{T}}(\alpha + \lambda), \end{aligned}$$

并令 $\dfrac{\partial L}{\partial u} = \dfrac{\partial L}{\partial \xi} = \dfrac{\partial L}{\partial \eta} = 0$, 可得

$$\begin{cases} \tilde{K} u = G(\alpha - \lambda), \\ Ce - \alpha - \gamma = 0 \Rightarrow 0 \leqslant \alpha \leqslant Ce, \\ Ce - \lambda - \delta = 0 \Rightarrow 0 \leqslant \lambda \leqslant Ce. \end{cases} \tag{4.3.4}$$

由于 $\tilde{K}$ 是奇异的对称非负定阵, 故将其正则化, 即用矩阵 $\tilde{K} + t I_{m+1}$ 代替 $\tilde{K}$, 其中 $t > 0$ 是正则化参数. 这时由 (4.3.4) 式可推出

$$u = \tilde{K}^{-1} G(\alpha - \lambda),$$

将其与 (4.3.4) 式代入 Lagrange 函数中, 有

$$L(\alpha,\lambda) = -\frac{1}{2}(\alpha - \lambda)^{\mathrm{T}} G^{\mathrm{T}} \tilde{K}^{-1} G(\alpha - \lambda) + (\alpha - \lambda)^{\mathrm{T}} y - \varepsilon e^{\mathrm{T}}(\alpha + \lambda).$$

于是, 模型 (4.3.3) 的 Wolfe 对偶形式为

$$\begin{aligned} \min_{\alpha,\lambda} \quad & \frac{1}{2}(\alpha - \lambda)^{\mathrm{T}} G^{\mathrm{T}} \tilde{K}^{-1} G(\alpha - \lambda) + \varepsilon e^{\mathrm{T}}(\alpha + \lambda) - y^{\mathrm{T}}(\alpha - \lambda) \\ \text{s.t.} \quad & e^{\mathrm{T}}(\alpha - \lambda) = 0, \quad 0 \leqslant \alpha, \lambda \leqslant Ce. \end{aligned} \tag{4.3.5}$$

通过求解模型 (4.3.5) 得到回归决策函数的方法称为非线性 ε-SVR, 具体算法如下.

算法 4.3.1 (非线性 ε-SVR)

步 1. 给定数据集 $T = \{(x_i, y_i)\}_{i=1}^m \in R^d \times R$, 选择适当的参数 $\varepsilon > 0, C > 0$ 和正则化参数 $t > 0$.

步 2. 选择适当的核函数 $k : R^d \times R^d \to R$ 和核参数.

步 3. 求解模型 (4.3.5), 得到最优解 $(\alpha^*, \lambda^*) \in R_+^m \times R_+^m$.

步 4. 计算 $\begin{bmatrix} \beta^* \\ b^* \end{bmatrix} = u^* = \tilde{K}^{-1} G(\alpha^* - \lambda^*)$.

步 5. 构造回归决策函数 $f(x) = K_x \beta^* + b^*$.

步 6. 对任一输入样本 $\widetilde{x} \in R^d$, 其输出值 $y_{\widetilde{x}} = f(\widetilde{x})$.

从模型 (4.3.5) 可以看出, 非线性 ε-SVR 的计算复杂性是 $O((2m)^3) = 8O(m^3)$, 与线性 ε-SVR 的计算复杂性相同.

4.4 孪生 SVR

为了进一步降低 SVR 的计算复杂性, Peng[2] 于 2010 年提出了孪生 SVR. 不同于 SVR 直接学习回归决策函数, TSVR 是通过求解两个小规模的二次规划模型来学习上界回归函数和下界回归函数, 进而得到回归函数.

4.4.1 线性 TSVR

线性 TSVR 是通过引入两个 Vapnik ε-不敏感损失函数: ε_1-和 ε_2-不敏感损失函数, 来分别构建两个小规模的二次规划模型:

$$\min_{w_1, b_1, \xi} \quad \frac{1}{2} \left\| y - e\varepsilon_1 - (X^T w_1 + eb_1) \right\|^2 + c_1 e^T \xi \tag{4.4.1}$$
$$\text{s.t.} \quad y - (X^T w_1 + eb_1) \geqslant e\varepsilon_1 - \xi, \quad \xi \geqslant 0,$$

$$\min_{w_2, b_2, \eta} \quad \frac{1}{2} \left\| y + e\varepsilon_2 - (X^T w_2 + eb_2) \right\|^2 + c_2 e^T \eta \tag{4.4.2}$$
$$\text{s.t.} \quad (X^T w_2 + eb_2) - y \geqslant e\varepsilon_2 - \eta, \quad \eta \geqslant 0,$$

并通过它们来学习下界回归函数 $f_1(x) = w_1^T x + b_1$ 和上界回归函数 $f_2(x) = w_2^T x + b_2$, 进而得到回归决策函数 $f(x) = [f_1(x) + f_2(x)]/2$, 其中 $\|\cdot\|$ 表示欧氏范数, c_1, $c_2 > 0$ 是模型参数, $\varepsilon_1, \varepsilon_2 > 0$ 是带宽, $\xi, \eta \in R^m$ 是松弛向量.

从模型 (4.4.1) 和模型 (4.4.2) 可以看出, 通过线性 TSVR 找寻的下界超平面的上 ε_1-带和上界超平面的下 ε_2-带中都尽可能多地包含了样本的输出值, 这导致了 TSVR 失去了稀疏性, 且带宽 $\varepsilon_1, \varepsilon_2 > 0$ 的选择也会影响回归精度.

类似于线性 SVR, 通过求解模型 (4.4.1) 和模型 (4.4.2) 的 Wolfe 对偶形式:

$$\min_{\alpha} \quad \frac{1}{2}\alpha^T G(G^T G + \delta I_{d+1})^{-1}G^T\alpha - f^T G(G^T G + \delta I_{d+1})^{-1}G^T\alpha - f^T\alpha$$
$$\text{s.t.} \quad 0 \leqslant \alpha \leqslant c_1 e, \tag{4.4.3}$$

$$\min_{\gamma} \quad \frac{1}{2}\gamma^T G(G^T G + \delta I_{d+1})^{-1}G^T\gamma + h^T G(G^T G + \delta I_{d+1})^{-1}G^T\gamma - h^T\gamma$$
$$\text{s.t.} \quad 0 \leqslant \gamma \leqslant c_2 e, \tag{4.4.4}$$

可得 $f_1(x) = (w_1^*)^T x + b_1^*$ 和 $f_2(x) = (w_2^*)^T x + b_2^*$, 其中 $G = [X^T, e] \in R^{m \times (d+1)}, \delta > 0$ 是正则化参数, $f = y - e\varepsilon_1, h = y + e\varepsilon_2 \in R^m, \alpha^*, \gamma^* \in R^m$ 分别是模型 (4.4.3) 和模型 (4.4.4) 的最优解且

$$\begin{bmatrix} w_1^* \\ b_1^* \end{bmatrix} = (G^T G + \delta I_{d+1})^{-1}G^T(f - \alpha^*),$$
$$\begin{bmatrix} w_2^* \\ b_2^* \end{bmatrix} = (G^T G + \delta I_{d+1})^{-1}G^T(h + \gamma^*), \tag{4.4.5}$$

需要注意的是, 在模型 (4.4.3) 和模型 (4.4.4) 中, 为了回避矩阵 $G^T G$ 的奇异性, 采用了正则化方法, 即用矩阵 $G^T G + \delta I_{d+1}$ 替代了矩阵 $G^T G$. 下面给出具体算法.

算法 4.4.1 (线性 TSVR)

步 1. 给定回归数据集 $T = \{(x_i, y_i)\}_{i=1}^m \in R^d \times R$, 选择适当的正则化参数 $\delta > 0$, 模型参数 $c_1, c_2 > 0$ 和带宽参数 $\varepsilon_1, \varepsilon_2 > 0$.

步 2. 求解模型 (4.4.3) 和模型 (4.4.4), 分别得最优解 $\alpha^*, \gamma^* \in R^m$.

步 3. 利用 (4.4.5) 式计算 (w_1^*, b_1^*) 和 (w_2^*, b_2^*).

步 4. 构造下、上界回归超平面 $f_1(x) = (w_1^*)^T x + b_1^* = 0$ 和 $f_2(x) = (w_2^*)^T x + b_2^* = 0$.

步 5. 构造回归决策函数 $f(x) = (f_1(x) + f_2(x))/2$.

步 6. 对任一输入 $\tilde{x} \in R^d$, 其输出值为 $\tilde{y} = f(\tilde{x})$.

从模型 (4.4.3) 和模型 (4.4.4) 中可以看出, 线性 TSVR 的计算复杂性是 $2O(m^3)$, 这明显比线性 SVR 快得多.

4.4.2 非线性 TSVR

给定数据集 $T = \{(x_i, y_i)\}_{i=1}^m \in R^d \times R$, 选择适当的核函数 $k : R^d \times R^d \to R$ (H 是其 RKHS, $\varphi : R^d \to H$ 是对应的特征映射), 在特征空间中利用映射数据集 $T_\varphi = \{(\varphi(x_i), y_i)\}_{i=1}^m \in H \times R$ 学习下界回归超平面 $f_1(x) = w_1^T \varphi(x) + b_1 = 0$ 和上界回归超平面 $f_2(x) = w_2^T \varphi(x) + b_2 = 0$.

由定理 3.7.4 知, 存在系数向量 $\beta_1, \beta_2 \in R^m$ 使得 $w_i = [\varphi(x_1), \cdots, \varphi(x_m)]\beta_i, i = 1, 2$. 记 $\varphi(X) = [\varphi(x_1), \cdots, \varphi(x_m)]$, 则

$$\begin{cases} w_i = \varphi(X)\beta_i, \quad i = 1, 2, \\ \varphi(X)^{\mathrm{T}}\varphi(X) = K, \\ \varphi(x_i)^{\mathrm{T}}\varphi(X) = \varphi(x_i)^{\mathrm{T}}[\varphi(x_1), \cdots, \varphi(x_m)] = K_i, \\ \varphi(x)^{\mathrm{T}}\varphi(X) = \varphi(x)^{\mathrm{T}}[\varphi(x_1), \cdots, \varphi(x_m)] = [k(x, x_1), \cdots, k(x, x_m)] = K_x, \end{cases}$$

且下、上界回归超平面可表示为

$$\begin{cases} f_1(x) = w_1^{\mathrm{T}}\varphi(x) + b_1 = \varphi(x)^{\mathrm{T}}\varphi(X)\beta_1 + b_1 = K_x\beta_1 + b_1, \\ f_2(x) = w_2^{\mathrm{T}}\varphi(x) + b_2 = \varphi(x)^{\mathrm{T}}\varphi(X)\beta_2 + b_2 = K_x\beta_2 + b_2, \end{cases}$$

其中 K_i 表示核阵 K 的第 i 行. 于是, 非线性 TSVR 是通过构建下面两个二次规划模型:

$$\begin{aligned} \min_{\beta_1, b_1, \xi} \quad & \frac{1}{2}\|y - e\varepsilon_1 - (K\beta_1 + eb_1)\|^2 + c_1 e^{\mathrm{T}}\xi \\ \text{s.t.} \quad & y - (K\beta_1 + eb_1) \geqslant e\varepsilon_1 - \xi, \quad \xi \geqslant 0, \end{aligned} \tag{4.4.6}$$

$$\begin{aligned} \min_{\beta_2, b_2, \eta} \quad & \frac{1}{2}\|y + e\varepsilon_2 - (K\beta_2 + eb_2)\|^2 + c_2 e^{\mathrm{T}}\eta \\ \text{s.t.} \quad & (K\beta_2 + eb_2) - y \geqslant e\varepsilon_2 - \eta, \quad \eta \geqslant 0 \end{aligned} \tag{4.4.7}$$

来学习下、上界回归超平面 $f_1(x) = K_x\beta_1 + b_1 = 0$ 和 $f_2(x) = K_x\beta_2 + b_2 = 0$ 的.

通过求解模型 (4.4.6) 和模型 (4.4.7) 的 Wolfe 对偶形式:

$$\begin{aligned} \min_{\alpha} \quad & \frac{1}{2}\alpha^{\mathrm{T}}G(G^{\mathrm{T}}G + \delta I_{m+1})^{-1}G^{\mathrm{T}}\alpha - f^{\mathrm{T}}G(G^{\mathrm{T}}G + \delta I_{m+1})^{-1}G^{\mathrm{T}}\alpha - f^{\mathrm{T}}\alpha \\ \text{s.t.} \quad & 0 \leqslant \alpha \leqslant c_1 e, \end{aligned} \tag{4.4.8}$$

$$\begin{aligned} \min_{\gamma} \quad & \frac{1}{2}\gamma^{\mathrm{T}}G(G^{\mathrm{T}}G + \delta I_{m+1})^{-1}G^{\mathrm{T}}\gamma + h^{\mathrm{T}}G(G^{\mathrm{T}}G + \delta I_{m+1})^{-1}G^{\mathrm{T}}\gamma - h^{\mathrm{T}}\gamma \\ \text{s.t.} \quad & 0 \leqslant \gamma \leqslant c_2 e, \end{aligned} \tag{4.4.9}$$

可得 $f_1(x) = K_x\beta_1^* + b_1^* = 0$ 和 $f_2(x) = K_x\beta_2^* + b_2^* = 0$, 其中

$$\begin{aligned} \begin{bmatrix} \beta_1^* \\ b_1^* \end{bmatrix} &= (G^{\mathrm{T}}G + \delta I_{m+1})^{-1}G^{\mathrm{T}}(f - \alpha^*), \\ \begin{bmatrix} \beta_2^* \\ b_2^* \end{bmatrix} &= (G^{\mathrm{T}}G + \delta I_{m+1})^{-1}G^{\mathrm{T}}(h + \gamma^*), \end{aligned} \tag{4.4.10}$$

$G = [K, e] \in R^{m \times (m+1)}, \alpha^*, \gamma^* \in R^m$ 分别是模型 (4.4.8) 和模型 (4.4.9) 的最优解. 具体算法如下.

算法 4.4.2 (非线性 TSVR)

步 1. 给定回归数据集 $T = \{(x_i, y_i)\}_{i=1}^m \in R^d \times R$, 选择适当的正则化参数 $\delta > 0$, 模型参数 $c_1, c_2 > 0$ 和带宽参数 $\varepsilon_1, \varepsilon_2 > 0$.

步 2. 选择适当的核函数和核参数.

步 3. 求解模型 (4.4.8) 和模型 (4.4.9), 分别得最优解 $\alpha^*, \gamma^* \in R^m$.

步 4. 利用 (4.4.10) 式计算 (β_1^*, b_1^*) 和 (β_2^*, b_2^*).

步 5. 构造下、上界超曲面 $f_1(x) = K_x \beta_1^* + b_1^* = 0$ 和 $f_2(x) = K_x \beta_2^* + b_2^* = 0$.

步 6. 构造回归决策函数 $f(x) = (f_1(x) + f_2(x))/2$.

步 7. 对任一输入 $\tilde{x} \in R^d$, 其输出值为 $\tilde{y} = f(\tilde{x})$.

从模型 (4.4.8) 和模型 (4.4.9) 中可以看出, 非线性 TSVR 的计算复杂性也是 $2O(m^3)$, 这比非线性 SVR 要快得多.

4.5 ε-孪生 SVR

为了回避 4.4 节中矩阵 $G^T G$ 的奇异性, 2013 年, Shao [3] 提出了 ε-孪生 SVR (ε-TSVR). ε-TSVR 的主要特点是在 TSVR 的原始模型中加入了正则项.

4.5.1 线性 ε-TSVR

线性 ε-TSVR 是在线性 TSVR 的一对原始模型中分别加入了正则项 $c_3(\|w_1\|^2 + b_1^2)/2$ 和 $c_4(\|w_2\|^2 + b_2^2)/2$, 从而得到下面两个二次规划模型:

$$\min_{w_1, b_1, \xi} \quad \frac{1}{2}\|y - e\varepsilon_1 - (X^T w_1 + eb_1)\|^2 + \frac{c_3}{2}(\|w_1\|^2 + b_1^2) + c_1 e^T \xi$$
$$\text{s.t.} \quad y - (X^T w_1 + eb_1) \geqslant e\varepsilon_1 - \xi, \quad \xi \geqslant 0, \tag{4.5.1}$$

$$\min_{w_2, b_2, \eta} \quad \frac{1}{2}\|y + e\varepsilon_2 - (X^T w_2 + eb_2)\|^2 + \frac{c_4}{2}(\|w_2\|^2 + b_2^2) + c_2 e^T \eta$$
$$\text{s.t.} \quad (X^T w_2 + eb_2) - y \geqslant e\varepsilon_2 - \eta, \quad \eta \geqslant 0. \tag{4.5.2}$$

正则项 $c_3(\|w_1\|^2 + b_1^2)/2$ 和 $c_4(\|w_2\|^2 + b_2^2)/2$ 的存在, 使得模型 (4.5.1) 和模型 (4.5.2) 不仅考虑了经验风险极小化问题, 也考虑了结构风险极小化问题, 同时还回避了矩阵的奇异性问题.

类似于线性 TSVR, 通过求解模型 (4.5.1) 和模型 (4.5.2) 的 Wolfe 对偶形式:

$$\min_{\alpha} \quad \frac{1}{2}\alpha^T G(G^T G + c_3 I_{d+1})^{-1} G^T \alpha - f^T G(G^T G + c_3 I_{d+1})^{-1} G^T \alpha + (e^T \varepsilon_1 + y^T)\alpha$$
$$\text{s.t.} \quad 0 \leqslant \alpha \leqslant c_1 e, \tag{4.5.3}$$

$$\min_{\gamma} \quad \frac{1}{2}\gamma^T G(G^T G + c_4 I_{d+1})^{-1} G^T \gamma + h^T G(G^T G + c_4 I_{d+1})^{-1} G^T \gamma - (y^T - e^T \varepsilon_2)\gamma$$

$$\text{s.t} \quad 0 \leqslant \gamma \leqslant c_2 e, \tag{4.5.4}$$

可得 $f_1(x) = (w_1^*)^{\mathrm{T}} x + b_1^*$ 和 $f_2(x) = (w_2^*)^{\mathrm{T}} x + b_2^*$, 其中

$$
\begin{aligned}
\begin{bmatrix} w_1^* \\ b_1^* \end{bmatrix} &= (G^{\mathrm{T}}G + c_3 I_{d+1})^{-1} G^{\mathrm{T}}(f - \alpha^*), \\
\begin{bmatrix} w_2^* \\ b_2^* \end{bmatrix} &= (G^{\mathrm{T}}G + c_4 I_{d+1})^{-1} G^{\mathrm{T}}(h + \gamma^*),
\end{aligned}
\tag{4.5.5}
$$

$G = [X^{\mathrm{T}}, e] \in R^{m \times (d+1)}, f = y - e\varepsilon_1, h = y + e\varepsilon_2 \in R^m, \alpha^*, \gamma^* \in R^m$ 分别是模型 (4.5.3) 和模型 (4.5.4) 的最优解. 具体算法如下.

算法 4.5.1 (线性 ε-TSVR)

步 1. 给定数据集 $T = \{(x_i, y_i)\}_{i=1}^m \in R^d \times R$, 选择适当的带宽参数 $\varepsilon_1, \varepsilon_2 > 0$ 和模型参数 $c_1, \cdots, c_4 > 0$.

步 2. 求解模型 (4.5.3) 和模型 (4.5.4), 分别得最优解 $\alpha^*, \gamma^* \in R^m$.

步 3. 利用 (4.5.5) 式计算 (w_1^*, b_1^*) 和 (w_2^*, b_2^*).

步 4. 构造下、上界回归超平面 $f_1(x) = (w_1^*)^{\mathrm{T}} x + b_1^* = 0$ 和 $f_2(x) = (w_2^*)^{\mathrm{T}} x + b_2^* = 0$.

步 5. 构造回归决策函数 $f(x) = (f_1(x) + f_2(x))/2$.

步 6. 对任一输入 $\tilde{x} \in R^d$, 其输出值为 $\tilde{y} = f(\tilde{x})$.

从模型 (4.5.3) 和模型 (4.5.4) 中可以看出, 线性 ε-TSVR 与线性 TSVR 有相同的计算复杂性.

4.5.2　非线性 ε-TSVR

对给定的核函数 $k : R^d \times R^d \to R$ (H 是其 RKHS, $\varphi : R^d \to H$ 是对应的特征映射), 非线性 ε-TSVR 是在非线性 TSVR 的原始模型中分别加入了正则项 $c_3(\beta_1^{\mathrm{T}} K \beta_1 + b_1^2)/2$ 和 $c_4(\beta_2^{\mathrm{T}} K \beta_2 + b_2^2)/2$, 从而得到下面两个二次规划模型:

$$
\begin{aligned}
\min_{\beta_1, b_1, \xi} \quad & \frac{1}{2}\|y - e\varepsilon_1 - (K\beta_1 + eb_1)\|^2 + \frac{c_3}{2}(\beta_1^{\mathrm{T}} K \beta_1 + b_1^2) + c_1 e^{\mathrm{T}} \xi \\
\text{s.t.} \quad & y - (K\beta_1 + eb_1) \geqslant e\varepsilon_1 - \xi, \quad \xi \geqslant 0,
\end{aligned}
\tag{4.5.6}
$$

$$
\begin{aligned}
\min_{\beta_2, b_2, \eta} \quad & \frac{1}{2}\|y + e\varepsilon_2 - (K\beta_2 + eb_2)\|^2 + \frac{c_4}{2}(\beta_2^{\mathrm{T}} K \beta_2 + b_2^2) + c_2 e^{\mathrm{T}} \eta \\
\text{s.t.} \quad & (K\beta_2 + eb_2) - y \geqslant e\varepsilon_2 - \eta, \quad \eta \geqslant 0.
\end{aligned}
\tag{4.5.7}
$$

如果先利用核函数将样本 $x \in R^d$ 映射为 $[k(x, x_1), \cdots, k(x, x_m)]^{\mathrm{T}} = K_x^{\mathrm{T}} \in R^m$,

然后在 R^m 中考虑线性 ε-TSVR, 则可得如下两个二次规划模型:

$$
\min_{\beta_1,b_1,\xi} \quad \frac{1}{2}\|y - e\varepsilon_1 - (K\beta_1 + eb_1)\|^2 + \frac{c_3}{2}(\beta_1^{\mathrm{T}}\beta_1 + b_1^2) + c_1 e^{\mathrm{T}}\xi
$$
$$
\text{s.t.} \quad y - (K\beta_1 + eb_1) \geqslant e\varepsilon_1 - \xi, \quad \xi \geqslant 0,
\tag{4.5.8}
$$

$$
\min_{\beta_2,b_2,\eta} \quad \frac{1}{2}\|y + e\varepsilon_2 - (K\beta_2 + eb_2)\|^2 + \frac{c_4}{2}(\beta_2^{\mathrm{T}}\beta_2 + b_2^2) + c_2 e^{\mathrm{T}}\eta
$$
$$
\text{s.t.} \quad (K\beta_2 + eb_2) - y \geqslant e\varepsilon_2 - \eta, \quad \eta \geqslant 0.
\tag{4.5.9}
$$

模型 (4.5.8) 和模型 (4.5.9) 是非线性 ε-TSVR 的另一对原始模型. 两对原始模型的主要区别在于: 在模型 (4.5.8) 和模型 (4.5.9) 中, 由于正则项 $\beta_1^{\mathrm{T}}\beta_1 + b_1^2$ 和 $\beta_2^{\mathrm{T}}\beta_2 + b_2^2$ 的存在, 回避了矩阵的奇异性, 而模型 (4.5.6) 和模型 (4.5.7) 做不到这一点.

本节主要考虑讨论模型 (4.5.8) 和模型 (4.5.9), 它们的 Wolfe 对偶形式分别为

$$
\min_{\alpha} \quad \frac{1}{2}\alpha^{\mathrm{T}}G(G^{\mathrm{T}}G + c_3 I_{m+1})^{-1}G^{\mathrm{T}}\alpha - y^{\mathrm{T}}G(G^{\mathrm{T}}G + c_3 I_{m+1})^{-1}G^{\mathrm{T}}\alpha + (e^{\mathrm{T}}\varepsilon_1 + y^{\mathrm{T}})\alpha
$$
$$
\text{s.t.} \quad 0 \leqslant \alpha \leqslant c_1 e,
\tag{4.5.10}
$$
$$
\min_{\gamma} \quad \frac{1}{2}\gamma^{\mathrm{T}}G(G^{\mathrm{T}}G + c_4 I_{m+1})^{-1}G^{\mathrm{T}}\gamma + y^{\mathrm{T}}G(G^{\mathrm{T}}G + c_4 I_{m+1})^{-1}G^{\mathrm{T}}\gamma - (y^{\mathrm{T}} - e^{\mathrm{T}}\varepsilon_2)\gamma
$$
$$
\text{s.t.} \quad 0 \leqslant \gamma \leqslant c_2 e,
\tag{4.5.11}
$$

其中 $G = [K, e] \in R^{m \times (m+1)}$. 求解模型 (4.5.10) 和模型 (4.5.11), 可分别得到最优解 $\alpha^*, \gamma^* \in R^m$, 进而计算

$$
\begin{bmatrix} \beta_1^* \\ b_1^* \end{bmatrix} = (G^{\mathrm{T}}G + c_3 I_{m+1})^{-1}G^{\mathrm{T}}(y - \alpha^*),
$$
$$
\begin{bmatrix} \beta_2^* \\ b_2^* \end{bmatrix} = (G^{\mathrm{T}}G + c_4 I_{m+1})^{-1}G^{\mathrm{T}}(y + \gamma^*).
\tag{4.5.12}
$$

具体算法如下.

算法 4.5.2 (非线性 ε-TSVR)

步 1. 给定回归数据集 $T = \{(x_i, y_i)\}_{i=1}^m \in R^d \times R$, 选择适当的带宽参数 $\varepsilon_1, \varepsilon_2 > 0$ 和模型参数 $c_1, \cdots, c_4 > 0$.

步 2. 选择适当的核函数和核参数.

步 3. 求解模型 (4.5.10) 和模型 (4.5.11), 分别得最优解 $\alpha^*, \gamma^* \in R^m$.

步 4. 利用 (4.5.12) 式计算 (β_1^*, b_1^*) 和 (β_2^*, b_2^*).

步 5. 构造下、上界回归超曲面 $f_1(x) = K_x\beta_1^* + b_1^* = 0$ 和 $f_2(x) = K_x\beta_2^* + b_2^* = 0$.

步 6. 构造回归决策函数 $f(x) = (f_1(x) + f_2(x))/2$.

步 7. 对任一输入 $\tilde{x} \in R^d$, 其输出值为 $\tilde{y} = f(\tilde{x})$.

从模型 (4.5.10) 和模型 (4.5.11) 中可以看出, 非线性 ε-TSVR 与非线性 TSVR 有相同的计算复杂性.

4.6   TSVR 的两种最小二乘形式

为了加快 TSVR 的学习速度, Huang 等 [4] 于 2013 年提出了最小二乘 TSVR (Least Squares TSVR, LSTSVR). 同年, Zhao 等 [5] 提出了孪生最小二乘 SVR(Twin Least Squares SVR, TLSSVR). 这两种算法都不需要求解二次规划模型, 而是直接求解两个线性方程组来得到回归决策函数. 这一改进减少了 TSVR 的学习时间, 但同时也可能造成算法的回归精度下降.

4.6.1   最小二乘 TSVR

线性 LSTSVR 是将模型 (4.4.1) 和模型 (4.4.2) 中松弛变量的一次惩罚 $e^{\mathrm{T}}\xi$ 和 $e^{\mathrm{T}}\eta$ 分别改进为二次惩罚 $\xi^{\mathrm{T}}\xi$ 和 $\eta^{\mathrm{T}}\eta$, 将系数 c_1, c_2 分别改进为 $c_1/2$ 和 $c_2/2$, 将不等式约束改进为等式约束, 从而得到下面两个二次规划模型:

$$\min_{w_1,b_1,\xi} \quad \frac{1}{2}\|y - e\varepsilon_1 - (X^{\mathrm{T}}w_1 + eb_1)\|^2 + \frac{c_1}{2}\xi^{\mathrm{T}}\xi \tag{4.6.1}$$
$$\text{s.t.} \quad y - (X^{\mathrm{T}}w_1 + eb_1) = e\varepsilon_1 - \xi,$$

$$\min_{w_2,b_2,\eta} \quad \frac{1}{2}\|y + e\varepsilon_2 - (X^{\mathrm{T}}w_2 + eb_2)\|^2 + \frac{c_2}{2}\eta^{\mathrm{T}}\eta \tag{4.6.2}$$
$$\text{s.t.} \quad (X^{\mathrm{T}}w_2 + eb_2) - y = e\varepsilon_2 - \eta.$$

在模型 (4.6.1) 和模型 (4.6.2) 中, 由于二次惩罚项的存在, 保证了目标函数的非负性, 这使得非负约束 $\xi, \eta \geqslant 0$ 成为多余约束, 因此去掉了.

模型 (4.6.1) 和模型 (4.6.2) 分别等价于下面的两个无约束最优化模型:

$$\min_{w_1,b_1} \frac{1}{2}\|y - e\varepsilon_1 - (X^{\mathrm{T}}w_1 + eb_1)\|^2 + \frac{c_1}{2}\|(X^{\mathrm{T}}w_1 + eb_1) + e\varepsilon_1 - y\|^2 \tag{4.6.3}$$

$$\min_{w_2,b_2} \frac{1}{2}\|y + e\varepsilon_2 - (X^{\mathrm{T}}w_2 + eb_2)\|^2 + \frac{c_2}{2}\|y + e\varepsilon_2 - (X^{\mathrm{T}}w_2 + eb_2)\|^2 \tag{4.6.4}$$

令

$$G = \begin{bmatrix} X \\ e^{\mathrm{T}} \end{bmatrix} \in R^{(d+1)\times m}, \quad f = y - e\varepsilon_1 \in R^m, \quad h = y + e\varepsilon_2 \in R^m,$$

$$u_i = \begin{bmatrix} w_i \\ b_i \end{bmatrix} \in R^{d+1}, \quad i = 1, 2,$$

则模型 (4.6.3) 和模型 (4.6.4) 可分别简化为

$$\min_{u_1} p_1(u_1) = \frac{1}{2}\|f - G^{\mathrm{T}}u_1\|^2 + \frac{c_1}{2}\|G^{\mathrm{T}}u_1 - f\|^2 = \frac{1+c_1}{2}\|G^{\mathrm{T}}u_1 - f\|^2,$$

$$\min_{u_2} p_2(u_2) = \frac{1}{2}\|h - G^{\mathrm{T}}u_2\|^2 + \frac{c_2}{2}\|h - G^{\mathrm{T}}u_2\|^2 = \frac{1+c_2}{2}\|G^{\mathrm{T}}u_2 - h\|^2.$$

令 $dp_1(u_1)/du_1 = dp_2(u_2)/du_2 = 0$, 可得两个线性方程组:

$$GG^{\mathrm{T}}u_1 = Gf, \quad GG^{\mathrm{T}}u_2 = Gh.$$

不失一般性, 设对称非负定阵 GG^{T} 是非奇异的 (否则, 将其正则化), 则这两个线性方程组的解分别为

$$u_1^* = \begin{bmatrix} w_1^* \\ b_1^* \end{bmatrix} = (GG^{\mathrm{T}})^{-1}Gf, \quad u_2^* = \begin{bmatrix} w_2^* \\ b_2^* \end{bmatrix} = (GG^{\mathrm{T}})^{-1}Gh. \tag{4.6.5}$$

利用 (4.6.5) 式便可得到下、上界超平面了. 具体算法如下.

算法 4.6.1 (线性 LSTSVR)

步 1. 给定数据集 $T = \{(x_i, y_i)\}_{i=1}^m \in R^d \times R$, 选择适当的带宽参数 $\varepsilon_1, \varepsilon_2 > 0$.

步 2. 利用 (4.6.5) 式计算 (w_1^*, b_1^*) 和 (w_2^*, b_2^*).

步 3. 构造下、上界回归超平面 $f_1(x) = (w_1^*)^{\mathrm{T}}x + b_1^* = 0$ 和 $f_2(x) = (w_2^*)^{\mathrm{T}}x + b_2^* = 0$.

步 4. 构造回归决策函数 $f(x) = (f_1(x) + f_2(x))/2$.

步 5. 对任一输入 $\tilde{x} \in R^d$, 其输出值为 $\tilde{y} = f(\tilde{x})$.

类似于非线性 TSVR, 非线性 LSTSVR 对应的一对原始模型为

$$\begin{aligned} \min_{\beta_1, b_1, \xi} \quad & \frac{1}{2}\|y - e\varepsilon_1 - (K\beta_1 + eb_1)\|^2 + \frac{c_1}{2}\xi^{\mathrm{T}}\xi \\ \text{s.t.} \quad & y - (K\beta_1 + eb_1) = e\varepsilon_1 - \xi, \end{aligned} \tag{4.6.6}$$

$$\begin{aligned} \min_{\beta_2, b_2, \eta} \quad & \frac{1}{2}\|y + e\varepsilon_2 - (K\beta_2 + eb_2)\|^2 + \frac{c_2}{2}\eta^{\mathrm{T}}\eta \\ \text{s.t.} \quad & (K\beta_2 + eb_2) - y = e\varepsilon_2 - \eta. \end{aligned} \tag{4.6.7}$$

模型 (4.6.6) 和模型 (4.6.7) 可分别转化为无约束最优化模型:

$$\min_{\beta_1, b_1} \frac{1}{2}\|y - e\varepsilon_1 - (K\beta_1 + eb_1)\|^2 + \frac{c_1}{2}\|e\varepsilon_1 - y + (K\beta_1 + eb_1)\|^2, \tag{4.6.8}$$

$$\min_{\beta_2, b_2} \frac{1}{2}\|y + e\varepsilon_2 - (K\beta_2 + eb_2)\|^2 + \frac{c_2}{2}\|y + e\varepsilon_2 - (K\beta_2 + eb_2)\|^2. \tag{4.6.9}$$

令

$$\widetilde{K} = \left[\begin{array}{c} K \\ e^{\mathrm{T}} \end{array} \right] \in R^{(m+1)\times m}, \quad u_i = \left[\begin{array}{c} \beta_i \\ b_i \end{array} \right] \in R^{m+1}, \quad i = 1, 2,$$

则模型 (4.6.8) 和模型 (4.6.9) 可分别简化为

$$\min_{u_1} p_1(u_1) = \frac{1+c_1}{2} \left\| f - \widetilde{K}^{\mathrm{T}} u_1 \right\|^2,$$

$$\min_{u_2} p_2(u_2) = \frac{1+c_2}{2} \left\| h - \widetilde{K}^{\mathrm{T}} u_2 \right\|^2.$$

令 $dp_1(u_1)/du_1 = dp_2(u_2)/du_2 = 0$, 可得两个线性方程组:

$$\widetilde{K}\widetilde{K}^{\mathrm{T}} u_1 = \widetilde{K} f, \quad \widetilde{K}\widetilde{K}^{\mathrm{T}} u_2 = \widetilde{K} h.$$

不失一般性, 设对称非负定阵 $\widetilde{K}\widetilde{K}^{\mathrm{T}}$ 是非奇异的 (否则, 将其正则化), 则这两个线性方程组的解分别为

$$u_1^* = \left[\begin{array}{c} \beta_1^* \\ b_1^* \end{array} \right] = (\widetilde{K}\widetilde{K}^{\mathrm{T}})^{-1}\widetilde{K} f, \quad u_2^* = \left[\begin{array}{c} \beta_2^* \\ b_2^* \end{array} \right] = (\widetilde{K}\widetilde{K}^{\mathrm{T}})^{-1}\widetilde{K} h. \tag{4.6.10}$$

利用 (4.6.10) 式便可得到下、上界回归超平面了. 具体算法如下.

算法 4.6.2 (非线性 LSTSVR)

步 1. 给定数据集 $T = \{(x_i, y_i)\}_{i=1}^m \in R^d \times R$, 选择适当的带宽参数 $\varepsilon_1, \varepsilon_2 > 0$.

步 2. 选择适当的核函数和核参数.

步 3. 利用 (4.6.10) 式计算 (β_1^*, b_1^*) 和 (β_2^*, b_2^*).

步 4. 构造下、上界回归超曲面 $f_1(x) = K_x\beta_1^* + b_1^* = 0$ 和 $f_2(x) = K_x\beta_2^* + b_2^* = 0$.

步 5. 构造回归决策函数 $f(x) = (f_1(x) + f_2(x))/2$.

步 6. 对任一输入 $\tilde{x} \in R^d$, 其输出值为 $\tilde{y} = f(\tilde{x})$.

4.6.2 孪生最小二乘 SVR

线性 TLSSVR 是将线性 SVR 原始模型中松弛变量的一次惩罚 $e^{\mathrm{T}}\xi$ 和 $e^{\mathrm{T}}\eta$ 分别改进为二次惩罚 $\xi^{\mathrm{T}}\xi$ 和 $\eta^{\mathrm{T}}\eta$, 将模型参数 c_1, c_2 分别改进为 $c_1/2$ 和 $c_2/2$, 将不等式约束改进为等式约束, 而得到的两个二次规划模型:

$$\min_{w_1, b_1, \xi} \quad \frac{1}{2}\|w_1\|^2 + \frac{c_1}{2}\xi^{\mathrm{T}}\xi$$
$$\text{s.t.} \quad y - (X^{\mathrm{T}} w_1 + e b_1) = e\varepsilon_1 - \xi, \tag{4.6.11}$$

$$\min_{w_2, b_2, \eta} \quad \frac{1}{2}\|w_2\|^2 + \frac{c_2}{2}\eta^{\mathrm{T}}\eta$$
$$\text{s.t.} \quad (X^{\mathrm{T}} w_2 + e b_2) - y = e\varepsilon_2 - \eta. \tag{4.6.12}$$

类似于线性 LSTSVR, 将模型 (4.6.11) 和模型 (4.6.12) 分别转化为无约束最优化模型:

$$\min_{w_1,b_1} g_1(w_1,b_1) = \frac{1}{2}\|w_1\|^2 + \frac{c_1}{2}\left\|e\varepsilon_1 - y + (X^{\mathrm{T}}w_1 + eb_1)\right\|^2, \qquad (4.6.13)$$

$$\min_{w_2,b_2} g_2(w_2,b_2) = \frac{1}{2}\|w_2\|^2 + \frac{c_2}{2}\left\|e\varepsilon_2 + y - (X^{\mathrm{T}}w_2 + eb_2)\right\|^2. \qquad (4.6.14)$$

记

$$G = \left[\begin{array}{c} X \\ e^{\mathrm{T}} \end{array}\right] \in R^{(d+1)\times m}, \quad J = \left[\begin{array}{cc} I_d & 0 \\ 0 & 0 \end{array}\right] \in R^{(d+1)\times(d+1)},$$

$$f = y - e\varepsilon_1 \in R^m, \quad h = y + e\varepsilon_2 \in R^m, \quad u_i = \left[\begin{array}{c} w_i \\ b_i \end{array}\right] \in R^{d+1}, \quad i = 1,2,$$

则模型 (4.6.13) 和模型 (4.6.14) 可分别简化为

$$\min_{u_1} g_1(u_1) = \frac{1}{2}u_1^{\mathrm{T}}Ju_1 + \frac{c_1}{2}\left\|-f + G^{\mathrm{T}}u_1\right\|^2,$$

$$\min_{u_2} g_2(u_2) = \frac{1}{2}u_2^{\mathrm{T}}Ju_2 + \frac{c_2}{2}\left\|h - G^{\mathrm{T}}u_2\right\|^2.$$

令 $dg_1(u_1)/du_1 = dg_2(u_2)/du_2 = 0$, 可得两个线性方程组:

$$(c_1^{-1}J + GG^{\mathrm{T}})u_1 = Gf, \quad (c_2^{-1}J + GG^{\mathrm{T}})u_2 = Gh.$$

不失一般性, 设对称非负定阵 $c_1^{-1}J + GG^{\mathrm{T}}$ 和 $c_2^{-1}J + GG^{\mathrm{T}}$ 都是非奇异的 (否则, 将它们正则化), 则这两个线性方程组的解分别为

$$u_1^* = \left[\begin{array}{c} w_1^* \\ b_1^* \end{array}\right] = (c_1^{-1}J + GG^{\mathrm{T}})^{-1}Gf, \quad u_2^* = \left[\begin{array}{c} w_2^* \\ b_2^* \end{array}\right] = (c_2^{-1}J + GG^{\mathrm{T}})^{-1}Gh. \quad (4.6.15)$$

利用 (4.6.15) 式便可得到下、上界回归超平面了. 具体算法如下.

算法 4.6.3 (线性 TLSSVR)

步 1. 给定数据集 $T = \{(x_i,y_i)\}_{i=1}^m \in R^d \times R$, 选择适当的带宽参数 $\varepsilon_1,\varepsilon_2 > 0$ 和模型参数 $c_1,c_2 > 0$.

步 2. 利用 (4.6.15) 式计算 (w_1^*, b_1^*) 和 (w_2^*, b_2^*).

步 3. 构造下、上界回归超平面 $f_1(x) = (w_1^*)^{\mathrm{T}}x + b_1^* = 0$ 和 $f_2(x) = (w_2^*)^{\mathrm{T}}x + b_2^* = 0$.

步 4. 构造回归决策函数 $f(x) = (f_1(x) + f_2(x))/2$.

步 5. 对任一输入 $\tilde{x} \in R^d$, 其输出值为 $\tilde{y} = f(\tilde{x})$.

类似于非线性 LSTSVR, 非线性 TLSSVR 是通过构建下面两个二次规划模型:

$$\min_{w_1,b_1,\xi} \quad \frac{1}{2}\beta_1^{\mathrm{T}}K\beta_1 + \frac{c_1}{2}\xi^{\mathrm{T}}\xi$$
$$\text{s.t.} \quad y - (K\beta_1 + eb_1) = e\varepsilon_1 - \xi, \tag{4.6.16}$$

$$\min_{\beta_2,b_2,\eta} \quad \frac{1}{2}\beta_2^{\mathrm{T}}K\beta_2 + \frac{c_2}{2}\eta^{\mathrm{T}}\eta$$
$$\text{s.t.} \quad (K\beta_2 + eb_2) - y = e\varepsilon_2 - \eta \tag{4.6.17}$$

来学习下、上界回归超平面的.

如果利用核函数先将样本 $x \in R^d$ 映射为 $[k(x,x_1),\cdots,k(x,x_m)]^{\mathrm{T}} = K_x^{\mathrm{T}} \in R^m$, 然后在 R^m 中考虑线性 TLSSVR, 则可得到下面的两个二次规划模型:

$$\min_{\beta_1,b_1,\xi} \quad \frac{1}{2}\|\beta_1\|^2 + \frac{c_1}{2}\xi^{\mathrm{T}}\xi$$
$$\text{s.t.} \quad y - (K\beta_1 + eb_1) = e\varepsilon_1 - \xi, \tag{4.6.18}$$

$$\min_{\beta_2,b_2,\eta} \quad \frac{1}{2}\|\beta_2\|^2 + \frac{c_2}{2}\eta^{\mathrm{T}}\eta$$
$$\text{s.t.} \quad (K\beta_2 + eb_2) - y = e\varepsilon_2 - \eta. \tag{4.6.19}$$

模型 (4.6.18) 和模型 (4.6.19) 可看成是非线性 TLSSVR 的另一对原始模型. 相比于模型 (4.6.16) 和模型 (4.6.17), 模型 (4.6.18) 和模型 (4.6.19) 回避了矩阵的奇异性. 本节主要考虑模型 (4.6.16) 和模型 (4.6.17). 显然, 它们可分别转化为无约束最优化模型:

$$\min_{\beta_1,b_1} \frac{1}{2}\beta_1^{\mathrm{T}}K\beta_1 + \frac{c_1}{2}\|e\varepsilon_1 - y + (K\beta_1 + eb_1)\|^2, \tag{4.6.20}$$

$$\min_{\beta_2,b_2} \frac{1}{2}\beta_2^{\mathrm{T}}K\beta_2 + \frac{c_2}{2}\|y + e\varepsilon_2 - (K\beta_2 + eb_2)\|^2. \tag{4.6.21}$$

令

$$\widetilde{K} = \left[\begin{array}{cc} K & 0 \\ 0 & 0 \end{array} \right] \in R^{(m+1)\times(m+1)}, \quad M = \left[\begin{array}{c} K \\ e^{\mathrm{T}} \end{array} \right] \in R^{(m+1)\times m},$$

$$u_i = \left[\begin{array}{c} \beta_i \\ b_i \end{array} \right] \in R^{(m+1)}, \quad i = 1,2,$$

则模型 (4.6.20) 和模型 (4.6.21) 可分别简化为

$$\min_{u_1} g_1(u_1) = \frac{1}{2}u_1^{\mathrm{T}}\widetilde{K}u_1 + \frac{c_1}{2}\|M^{\mathrm{T}}u_1 - f\|^2,$$

$$\min_{u_2} g_2(u_2) = \frac{1}{2}u_2^{\mathrm{T}}\widetilde{K}u_2 + \frac{c_2}{2}\|h - M^{\mathrm{T}}u_2\|^2.$$

令 $dg_1(u_1)/du_1 = dg_2(u_2)/du_2 = 0$, 可得两个线性方程组:

$$(c_1^{-1}\widetilde{K} + MM^{\mathrm{T}})u_1 = Mf, \quad (c_2^{-1}\widetilde{K} + MM^{\mathrm{T}})u_2 = Mh.$$

不失一般性, 设对称非负定阵 $c_1^{-1}\widetilde{K} + MM^{\mathrm{T}}$ 和 $c_2^{-1}\widetilde{K} + MM^{\mathrm{T}}$ 是非奇异的 (否则, 将它们正则化), 则这两个线性方程组的解分别为

$$u_1^* = \begin{bmatrix} \beta_1^* \\ b_1^* \end{bmatrix} = (c_1^{-1}\widetilde{K} + MM^{\mathrm{T}})^{-1}Mf, \quad u_2^* = \begin{bmatrix} \beta_2^* \\ b_2^* \end{bmatrix} = (c_2^{-1}\widetilde{K} + MM^{\mathrm{T}})^{-1}Mh.$$

$$(4.6.22)$$

利用 (4.6.22) 式便可得到下、上界回归超平面了. 具体算法如下.

算法 4.6.4 (非线性 TLSSVR)

步 1. 给定数据集 $T = \{(x_i, y_i)\}_{i=1}^m \in R^d \times R$, 选择适当的带宽参数 $\varepsilon_1, \varepsilon_2 > 0$ 和模型参数 $c_1, c_2 > 0$.

步 2. 选择适当的核函数和核参数.

步 3. 利用 (4.6.22) 式计算 (β_1^*, b_1^*) 和 (β_2^*, b_2^*).

步 4. 构造下、上界回归超曲面 $f_1(x) = K_x\beta_1^* + b_1^* = 0$ 和 $f_2(x) = K_x\beta_2^* + b_2^* = 0$.

步 5. 构造回归决策函数 $f(x) = (f_1(x) + f_2(x))/2$.

步 6. 对任一输入 $\tilde{x} \in R^d$, 其输出值为 $\tilde{y} = f(\tilde{x})$.

习题与思考题

(1) UCI 数据库包含空气质量、电器能源预测、碳纳米管、计算机硬件、日需求预测、能源效率等 98 个实际问题的回归数据集. 请利用 UCI 数据库的回归数据集实现本章所介绍的 SVR 算法.

(2) 掌握本章介绍的 SVR 算法的推导过程, 并参考已发表的相关文章, 做进一步思考.

参 考 文 献

[1] 邓乃扬, 田英杰. 数据挖掘中的新方法: 支持向量机. 北京: 科学出版社, 2004.

[2] PENG X J. TSVR: an efficient twin support vector machine for regression. Neural Networks, 2010, 23: 365-372.

[3] SHAO Y H. An ε-twin support vector machine for regression. Neural Comput. and Applic., 2013, 23: 175-185.

[4] HUANG H J, DING S F, SHI Z Z. Primal least squares twin support vector regression. J. Zhejiang Univ. -Sci. C-Comput. Electron., 2013, 14(9): 722-732.

[5] ZHAO Y P, ZHAO J, ZHAO M. Twin least squares support vector regression. Neurocomputing, 2013, 118: 225-236.

第5章 数据的特征组合方法

在实际应用中, 涉及的数据往往是多维甚至是高维的, 且特征 (每一个维度视为一个特征) 之间又常存在冗余信息. 这是因为, 在最初采集样本数据时, 由于不知道哪些特征对所要完成的任务 (如分类、回归等) 有帮助, 所以尽可能多的收集样本的各种信息. 然后再根据所要完成的任务, 利用数据分析方法, 选择出合理的特征进行算法学习.

数据的特征选择又称为数据降维, 包括特征组合和特征抽取两种方法. 特征组合是通过重新组合数据的特征来达到降维的目的; 特征抽取是直接抽取掉与所要完成的任务无影响或影响小的特征. 本章主要介绍数据的特征组合方法.

数据的特征组合方法是目前机器学习领域中主要研究的内容之一. 通过适当的特征组合方法对数据进行降维处理, 既能降低算法的计算复杂性, 又不损失算法的泛化性能, 这对处理高维数据非常有帮助. 特征组合方法大体上可分为监督方法、半监督方法和无监督方法. 使用数据类标签信息的为监督方法, 使用部分数据类标签信息的为半监督方法, 不使用数据类标签信息的为无监督方法. 此外, 考虑数据局部几何结构的为局部方法, 考虑数据全局几何结构的为全局方法.

近年来, 有关数据特征组合方法的研究成果颇丰, 如线性判别分析 [1-6], 主成分分析 [7], 局部保持投影 (Locality Preserving Projection, LPP) [8-9], 判别局部保持投影 (Discriminant LPP, DLPP) [10], 间隔 Fisher 分析 (Marginal Fisher Analysis, MFA) [11,12], 极大间隔准则 (Maximum Margin Criterion, MMC) [10,13-14] 等. 本章主要介绍一些常用的数据特征组合方法.

5.1 预 备 知 识

在介绍数据的特征组合方法之前, 先简单介绍一些常用的基本概念和基本结论, 详细内容可参看文献 [4 − 5, 15 − 18].

5.1.1 矩阵的范数

首先给出向量 $x = (x_1, \cdots, x_d)^{\mathrm{T}} \in R^d$ 范数的各种定义. 称
x 中非零元素的个数为向量 x 的 l_0-范数, 记作 $\|x\|_0$;
$\|x\|_1 = \sum_{i=1}^{d} |x_i|$ 为向量 x 的 l_1-范数;

$$\|x\|_2 = \left(\sum_{i=1}^d |x_i|^2\right)^{1/2} = \left(\sum_{i=1}^d x_i^2\right)^{1/2} \quad \text{为向量 } x \text{ 的 } l_2\text{-范数或欧氏范数;}$$

$$\|x\|_p = \left(\sum_{i=1}^d |x_i|^p\right)^{1/p} \quad \text{为向量 } x \text{ 的 } l_p\text{-范数, 其中 } 0 < p < +\infty;$$

$$\|x\|_\infty = \max_{1 \leqslant i \leqslant d} |x_i| \text{ 为向量 } x \text{ 的 } l_\infty\text{-范数;}$$

显然, 向量的 l_1-范数和 l_2-范数分别是 l_p-范数的特殊情况.

下面介绍矩阵的各种范数. 设 $A = [a_{ij}] \in R^{p \times q}$ 是一个矩阵且秩 $\mathrm{rk}(A) = r$. 称 $A^{\mathrm{T}} A \in R^{q \times q}$ 的全部非零特征值的算术平方根为矩阵 A 的奇异值, 记作 $\sigma_1 \geqslant \cdots \geqslant \sigma_r > 0$. 称 $\sigma = (\sigma_1, \cdots, \sigma_r, 0, \cdots, 0)^{\mathrm{T}} \in R^q$ 为矩阵 A 的奇异值向量. 借助于向量范数, 可定义矩阵的各种范数. 称

A 中非零元素的个数为矩阵 A 的 l_0-范数, 记作 $\|A\|_0$;

$\|A\|_1 = \sum\limits_{i,j} |a_{ij}|$ 为矩阵 A 的 l_1-范数;

$\|A\|_2 = \|A\|_F = \sqrt{\sum\limits_{i,j} a_{ij}^2} = \sqrt{\mathrm{Tr}(A^{\mathrm{T}} A)}$ 为矩阵 A 的 l_2-范数或 Frobenius 范数 (F-范数);

$$\|A\|_p = \left(\sum_{i,j} |a_{ij}|^p\right)^{1/p} \quad \text{为矩阵 } A \text{ 的 } l_p\text{-范数, 其中 } 0 < p < +\infty. \text{ 显然, } l_1\text{-范数}$$
和 l_2-范数分别是 l_p-范数的特殊情况;

$\|A\|_{S_0} = \|\sigma\|_0 = r$ 为矩阵 A 的 Schatten-0 范数. 它等同于矩阵的秩, 代表奇异值向量的稀疏性, 也代表矩阵的稀疏性;

$\|A\|_{S_1} = \|A\|_* = \|\sigma\|_1 = \sum\limits_{k=1}^r \sigma_k$ 为矩阵 A 的 Schatten-1 范数或核 (Nuclear) 范数;

$\|A\|_{S_2} = \|\sigma\|_2 = \sqrt{\sum\limits_{k=1}^r \sigma_k^2}$ 为矩阵 A 的 Schatten-2 范数. 由于

$$\sqrt{\sum_{k=1}^r \sigma_k^2} = \sqrt{\mathrm{Tr}(A^{\mathrm{T}} A)} = \sqrt{\sum_{i,j} a_{ij}^2},$$

所以矩阵 A 的 Schatten-2 范数就是矩阵 A 的 Frobenius 范数;

$\|A\|_s = \|A\|_\infty = \max_{1 \leqslant k \leqslant r} \sigma_k = \sigma_1$ 为矩阵 A 的谱 (Spectral) 范数;

$\|A\|_{S_q} = \|\sigma\|_q = \left(\sum\limits_{k=1}^r \sigma_k^q\right)^{1/q}, 0 < q < 1$ 为矩阵 A 的 Schatten-q 拟范.

设 $A = [a_{ij}], B = [b_{ij}] \in R^{p \times q}$ 是两个同阶矩阵. 矩阵 A, B 的内积定义为

$$\langle A, B \rangle = \mathrm{Tr}(A^{\mathrm{T}} B).$$

显然 $\langle A, A \rangle = \mathrm{Tr}(A^{\mathrm{T}}A) = \|A\|_F^2.$

称 $\mathrm{vec}(A) = (a_{11}, \cdots, a_{1q}, \cdots, a_{p1}, \cdots, a_{pq})^{\mathrm{T}} \in R^{pq}$ 为矩阵 A 的 (按行) 向量化. 容易证明:

$$\begin{cases} \langle A, B \rangle = \mathrm{Tr}(A^{\mathrm{T}}B) = \displaystyle\sum_{i,j} a_{ij}b_{ij} = \langle \mathrm{vec}(A), \mathrm{vec}(B) \rangle, \\ \|A\|_F^2 = \displaystyle\sum_{i,j} a_{ij}^2 = \|\mathrm{vec}(A)\|_2^2, \end{cases}$$

即矩阵的内积等于其向量化的内积, 矩阵的 F-范数等于其向量化的欧氏范数.

一般来讲, 矩阵的 l_0-范数代表矩阵的稀疏性 (Sparsity), l_0-范数越小, 矩阵的稀疏性越强. Schatten-0 范数代表矩阵的低秩性 (Low-rankness), Schatten-0 范数越小, 矩阵的秩越小, 也就是矩阵行列间的相关性越强, 同时也说明矩阵 (奇异值) 的稀疏性越强. 因此, 矩阵的稀疏性除了用 l_0-范数来衡量外, 也可用 Schatten-0 范数来衡量.

由于矩阵的 l_0-范数和 Schatten-0 范数 (秩) 都是离散变量, 使得融入它们的优化模型在求解上往往是 NP 难的 (可以在多项式时间内归约为该问题, NP 指非确定性多项式, Non-deterministic Polynormal). 常用的一种处理方法是把这样的优化模型近似地转化为连续的凸规划模型. 具体地说, 就是将模型中的 l_0-范数用 l_1-范数替代, Schatten-0 范数用 Schatten-1 范数 (Nuclear 范数) 替代, 这是因为 l_1-范数和 Nuclear 范数分别是距 l_0-范数和 Schatten-0 范数 "最近" 的凸函数.

尽管用 Nuclear 范数替代 Schatten-0 范数易于模型求解, 但也减弱了模型的稀疏性. 为此, 希望用 Schatten-q 拟范 ($0 < q < 1$) 替代 Schatten-0 范数来增加模型的稀疏性, 同时又不影响模型的可解性. 文献 [17–18] 指出了可用非凸的 Schatten-1/2 拟范和 Schatten-2/3 拟范来替代 Schatten-0 范数, 并证明了

$$\|A\|_{S_{1/2}} = \min_{U,V: A=UV^{\mathrm{T}}} \frac{1}{4} \left(\|U\|_* + \|V\|_* \right)^2,$$

$$\|A\|_{S_{2/3}} = \min_{U,V: A=UV^{\mathrm{T}}} \left(\frac{1}{3} \|U\|_F^2 + \frac{2}{3} \|V\|_* \right)^{3/2},$$

其中 U 是列正交阵.

矩阵 $A \in R^{p \times q}$ 的零空间 $\mathrm{null}(A)$ 和值空间 $\mathrm{range}(A)$ 分别定义为

$$\mathrm{null}(A) = \{x \in R^q, Ax = 0\}, \quad \mathrm{range}(A) = \{x \in R^q, Ax \neq 0\}.$$

5.1.2　矩阵的分解

若 p 阶方阵 $A \in R^{p \times p}$ 满足 $A^{\mathrm{T}}A = AA^{\mathrm{T}}$, 则称 A 为正规矩阵. 如对称阵、反对称阵、正交阵等.

命题 5.1.1 (矩阵的基本性质)

(1) 若 $A \in R^{p \times p}$ 是对称非负定阵, 则 A 的所有特征值均为非负实数;

(2) 设 $A \in R^{p \times p}$ 是对称非负定阵, $\mathrm{rk}(A) = r$ 且 $\sigma_1 \geqslant \cdots \geqslant \sigma_r > 0$ 是 A 的全部非零特征值, 则 $\mathrm{Tr}(A) = \sum_{k=1}^{r} \sigma_k = \sum_{k=1}^{p} \sigma_k$;

(3) 设 $A, B \in R^{p \times q}$ 是同阶矩阵, 则 $\mathrm{Tr}(AB) = \mathrm{Tr}(BA)$.

命题 5.1.2 (矩阵的特征值分解 (Eigenvalue Decomposition, EVD))

设 $A \in R^{p \times p}$ 是 p 阶方阵. 则 A 是正规矩阵当且仅当存在正交阵 $U \in R^{p \times p}$ 和对角阵 $\Sigma = \mathrm{diag}(\sigma_1, \cdots, \sigma_p)$ 使得 $A = U \Sigma U^{\mathrm{T}}$.

特别地, 若 $A \in R^{p \times p}$ 是对称非负定阵且 $\mathrm{rk}(A) = r$, 则存在正交阵 $U \in R^{p \times p}$ 和对角阵 $\Sigma = \mathrm{diag}(\sigma_1, \cdots, \sigma_r)$, 其中 $\sigma_1 \geqslant \cdots \geqslant \sigma_r > 0$ 是 A 的全部非零特征值, 使得

$$A = U \begin{bmatrix} \Sigma & 0 \\ 0 & 0 \end{bmatrix} U^{\mathrm{T}}. \tag{5.1.1}$$

将正交阵 U 列分块为 $U = [U_1, U_2]$, 其中 $U_1 \in R^{p \times r}, U_2 \in R^{p \times (p-r)}$ 为列正交阵, 则 (5.1.1) 式可表示为 $A = U_1 \Sigma U_1^{\mathrm{T}}$, 称之为矩阵 A 的浓缩 EVD (Condensed EVD).

命题 5.1.3 (矩阵的奇异值分解 (Singular value Decomposition, SVD))

设 $A \in R^{p \times q}$ 是一个 $p \times q$ 阶矩阵且 $\mathrm{rk}(A) = r$, 则存在两个正交阵 $U \in R^{p \times p}$, $V \in R^{q \times q}$ 和一个对角阵 $\Sigma = \mathrm{diag}(\sigma_1, \cdots, \sigma_r)$ 使得

$$A = U \begin{bmatrix} \Sigma & 0 \\ 0 & 0 \end{bmatrix} V^{\mathrm{T}}, \tag{5.1.2}$$

其中 $\sigma_1 \geqslant \cdots \geqslant \sigma_r > 0$ 是 A 的全部非零奇异值.

将正交阵 U, V 分别列分块为 $U = [U_1, U_2], V = [V_1, V_2]$, 其中

$$U_1 \in R^{p \times r}, \quad U_2 \in R^{p \times (p-r)}, \quad V_1 \in R^{q \times r}, \quad V_2 \in R^{q \times (q-r)}$$

均为列正交阵, 则 (5.1.2) 式可表示为 $A = U_1 \Sigma V_1^{\mathrm{T}}$, 称之为矩阵 A 的浓缩 SVD.

命题 5.1.4 (矩阵的广义奇异值分解 (Generalized SVD, GSVD))

设 $Z_1 \in R^{m \times q}, Z_2 \in R^{n \times q}$ 是两个列数相同的矩阵. 记 $Z = \begin{bmatrix} Z_1 \\ Z_2 \end{bmatrix} \in R^{(m+n) \times q}$ 且 $\mathrm{rk}(Z) = r$, 则存在两个正交阵 $U \in R^{m \times m}, V \in R^{n \times n}$ 和一个非奇异阵 $X \in R^{q \times q}$ 使得

$$U^{\mathrm{T}} Z_1 X = [\Sigma_1, 0], \quad V^{\mathrm{T}} Z_2 X = [\Sigma_2, 0], \tag{5.1.3}$$

其中 $\Sigma_1^{\mathrm{T}} \Sigma_1$ 是非增对角阵, $\Sigma_2^{\mathrm{T}} \Sigma_2$ 是非减对角阵且 $\Sigma_1^{\mathrm{T}} \Sigma_1 + \Sigma_2^{\mathrm{T}} \Sigma_2 = I_r$.

5.1.3　类内、类间和总体散阵

给定 r 类数据集 $T = \{(x_i, y_i)\}_{i=1}^m \in R^d \times \{1, \cdots, r\}$. 设第 i 类样本的个数为 m_i 且 $m_1 + \cdots + m_r = m$. 记

$$X = [x_1, \cdots, x_m] \in R^{d \times m}, \quad X_i = [x_1^{(i)}, \cdots, x_{m_i}^{(i)}] \in R^{d \times m_i},$$

$$c = \frac{1}{m} \sum_{i=1}^m x_i \in R^d, \quad c_i = \frac{1}{m_i} \sum_{x \in X_i} x \in R^d,$$

$$e = (1, \cdots, 1)^{\mathrm{T}} \in R^m, \quad e_i = (1, \cdots, 1)^{\mathrm{T}} \in R^{m_i}, \quad i = 1, \cdots, r.$$

则 $X = [X_1, \cdots, X_r]$. 称 c 和 c_i 分别为总体均值和类均值. 令

$$S_b = \sum_{i=1}^r m_i (c_i - c)(c_i - c)^{\mathrm{T}},$$

$$S_w = \sum_{i=1}^r \sum_{x \in X_i} (x - c_i)(x - c_i)^{\mathrm{T}},$$

$$S_t = \sum_{i=1}^m (x_i - c)(x_i - c)^{\mathrm{T}}.$$

则 S_b, S_w, S_t 均为对称非负定阵. 称 S_b 为类间散阵 (Between-class Scatter Matrix), S_w 为类内散阵 (Within-class Scatter Matrix), S_t 为总体散阵 (Total Scatter Matrix).

可以证明 $S_t = S_w + S_b$. 事实上:

$$\begin{aligned}
S_t &= \sum_{i=1}^r \sum_{x \in X_i} (x - c_i + c_i - c)(x - c_i + c_i - c)^{\mathrm{T}} \\
&= \sum_{i=1}^r \sum_{x \in X_i} (x - c_i)(x - c_i)^{\mathrm{T}} + \sum_{i=1}^r \sum_{x \in X_i} (c_i - c)(c_i - c)^{\mathrm{T}} \\
&\quad + 2 \sum_{i=1}^r \sum_{x \in X_i} (x - c_i)(c_i - c)^{\mathrm{T}} \\
&= S_w + \sum_{i=1}^r m_i (c_i - c)(c_i - c)^{\mathrm{T}} + 2 \sum_{i=1}^r (m_i c_i - m_i c_i)(c_i - c)^{\mathrm{T}} \\
&= S_w + S_b.
\end{aligned}$$

考虑矩阵 S_b, S_w, S_t 的迹 $\mathrm{Tr}(S_b), \mathrm{Tr}(S_w)$ 和 $\mathrm{Tr}(S_t)$:

$$\mathrm{Tr}(S_b) = \sum_{i=1}^r m_i (c_i - c)^{\mathrm{T}} (c_i - c) = \sum_{i=1}^r m_i \|c_i - c\|^2,$$

$$\mathrm{Tr}(S_w) = \sum_{i=1}^r \sum_{x \in X_i} \|x - c_i\|^2 = \sum_{i=1}^r m_i \left(\frac{1}{m_i} \sum_{x \in X_i} \|x - c_i\|^2 \right),$$

$$\mathrm{Tr}(S_t) = \sum_{i=1}^m (x_i - c)^{\mathrm{T}} (x_i - c) = \sum_{i=1}^m \|x_i - c\|^2 = m \left(\frac{1}{m} \sum_{i=1}^m \|x_i - c\|^2 \right).$$

由于 $(m^{-1}) \sum\limits_{i=1}^m \|x_i - c\|^2$ 和 $(m_i^{-1}) \sum\limits_{x \in X_i} \|x - c_i\|^2$ 分别是总体方差和类内方差, 所以 $\mathrm{Tr}(S_b)$ 表示的是类间分离性 (即异类样本的分离性), $\mathrm{Tr}(S_w)$ 表示的是类内凝聚性 (即同类样本的凝聚性), 而 $\mathrm{Tr}(S_t)$ 表示的是总体方差. 令

$$H_b = [\sqrt{m_1}(c_1 - c), \cdots, \sqrt{m_r}(c_r - c)] \in R^{d \times r},$$
$$H_w = [X_1 - c_1 e_1^{\mathrm{T}}, \cdots, X_r - c_r e_r^{\mathrm{T}}] \in R^{d \times m},$$
$$H_t = [x_1 - c, \cdots, x_m - c] \in R^{d \times m}.$$

则有 $H_b H_b^{\mathrm{T}} = S_b, H_w H_w^{\mathrm{T}} = S_w, H_t H_t^{\mathrm{T}} = S_t$.

5.2 主成分分析

对空间 R^d 中的数据集, 特征组合的目的是寻找一个 $l(l < d)$ 维子空间 R^l, 将样本投影到该子空间上, 既能达到良好的降维效果, 又能尽可能多的保留样本数据的内部信息. 可采用的方法有很多, 其中主成分分析 (Principal Component Analysis, PCA) 是一个具有代表性的全局无监督方法.

PCA 的基本思想是利用数据集 $T = \{x_i\}_{i=1}^m \in R^d$, 寻找降维子空间的一组标准正交基, 使得降维后的数据间的方差越大越好. 为了更好地理解 PCA, 我们先给出一些概念上的解释.

5.2.1 向量内积的几何含义

两个向量做内积等于一个向量向另一个向量方向上做投影后, 投影向量的模或模的若干倍.

事实上, 两个向量 $a = (a_1, \cdots, a_d)^{\mathrm{T}}, b = (b_1, \cdots, b_d)^{\mathrm{T}} \in R^d$ 的内积可表示为

$$\langle a, b \rangle = \|a\| \|b\| \cos \theta,$$

其中 θ 是两向量间的夹角. 若两向量 a, b 间有一个是单位向量 (不妨设 b 是单位向量), 则内积 $\langle a, b \rangle = \|a\| \cos \theta$ 等于向量 a 在向量 b 方向上的投影向量的模. 若 b 不是单位向量, 则此内积等同于将向量 a 在向量 b 方向上的投影向量的模伸长或收缩了 $\|b\|$ 个单位.

5.2.2 坐标系的变换

设

$$\varepsilon_1^1 = (1, 0, \cdots, 0)^{\mathrm{T}}, \varepsilon_2^1 = (0, 1, 0, \cdots, 0)^{\mathrm{T}}, \cdots, \varepsilon_d^1 = (0, \cdots, 0, 1)^{\mathrm{T}} \in R^d$$

是空间 R^d 的一组标准正交基. 该组正交基旋转 $\theta \in (0, \pi/2)$ 角度后, 可得到一组正交基 $\varepsilon_1^\theta, \cdots, \varepsilon_d^\theta$. 新正交基在原始标准正交基有如下关系:

$$\varepsilon_j^\theta = \langle \varepsilon_j^\theta, \varepsilon_1^1 \rangle \varepsilon_1^1 + \cdots + \langle \varepsilon_j^\theta, \varepsilon_d^1 \rangle \varepsilon_d^1 = [\varepsilon_1^1, \cdots, \varepsilon_d^1] \begin{bmatrix} (\varepsilon_j^\theta)^{\mathrm{T}} \varepsilon_1^1 \\ \vdots \\ (\varepsilon_j^\theta)^{\mathrm{T}} \varepsilon_d^1 \end{bmatrix}, \quad j = 1, \cdots, d,$$

也就是说, 新基向量的坐标等于其与原始基向量的内积. 可统一表示为

$$[\varepsilon_1^\theta, \cdots, \varepsilon_d^\theta] = [\varepsilon_1^1, \cdots, \varepsilon_d^1] \begin{bmatrix} (\varepsilon_1^\theta)^{\mathrm{T}} \varepsilon_1^1 & \cdots & (\varepsilon_d^\theta)^{\mathrm{T}} \varepsilon_1^1 \\ \vdots & & \vdots \\ (\varepsilon_1^\theta)^{\mathrm{T}} \varepsilon_d^1 & \cdots & (\varepsilon_d^\theta)^{\mathrm{T}} \varepsilon_d^1 \end{bmatrix}.$$

现以二维空间 R^2 为例做进一步解释.

设 $\varepsilon_1^1 = (1, 0)^{\mathrm{T}}, \varepsilon_2^1 = (0, 1)^{\mathrm{T}}$ 是 R^2 的一组标准正交基, 将其旋转 $\theta \in (0, \pi/2)$ 角度后, 得到另一组正交基 $\varepsilon_1^2 = (\cos\theta, \sin\theta)^{\mathrm{T}}, \varepsilon_2^2 = (-\sin\theta, \cos\theta)^{\mathrm{T}}$, 见图 5.2.1.

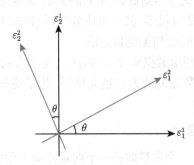

图 5.2.1   坐标基的旋转

新基在原始基下的坐标为

$$[\varepsilon_1^2, \varepsilon_2^2] = [\varepsilon_1^1, \varepsilon_2^1] \begin{bmatrix} \cos\theta & -\sin\theta \\ \sin\theta & \cos\theta \end{bmatrix} = \begin{bmatrix} \cos\theta & -\sin\theta \\ \sin\theta & \cos\theta \end{bmatrix}.$$

原始基在新基下的坐标为

$$[\varepsilon_1^1, \varepsilon_2^1] = [\varepsilon_1^2, \varepsilon_2^2] \begin{bmatrix} \cos\theta & -\sin\theta \\ \sin\theta & \cos\theta \end{bmatrix}^{-1} = [\varepsilon_1^2, \varepsilon_2^2] \begin{bmatrix} \cos\theta & \sin\theta \\ -\sin\theta & \cos\theta \end{bmatrix}.$$

对任一向量 $x \in R^2$, 设它在原始基 $\{\varepsilon_1^1, \varepsilon_2^1\}$ 和新基 $\{\varepsilon_1^2, \varepsilon_2^2\}$ 下的坐标分别为 $(x_1, x_2)^{\mathrm{T}}$ 和 $(\tilde{x}_1, \tilde{x}_2)^{\mathrm{T}}$, 则

$$x = x_1\varepsilon_1^1 + x_2\varepsilon_2^1 = [\varepsilon_1^1, \varepsilon_2^1]\begin{bmatrix} x_1 \\ x_2 \end{bmatrix},$$

$$x = \tilde{x}_1\varepsilon_1^2 + \tilde{x}_2\varepsilon_2^2 = [\varepsilon_1^2, \varepsilon_2^2]\begin{bmatrix} \tilde{x}_1 \\ \tilde{x}_2 \end{bmatrix}.$$

根据新基和原始基之间的关系, 可得

$$x = [\varepsilon_1^2, \varepsilon_2^2]\begin{bmatrix} \tilde{x}_1 \\ \tilde{x}_2 \end{bmatrix} = [\varepsilon_1^1, \varepsilon_2^1]\begin{bmatrix} \cos\theta & -\sin\theta \\ \sin\theta & \cos\theta \end{bmatrix}\begin{bmatrix} \tilde{x}_1 \\ \tilde{x}_2 \end{bmatrix},$$

或

$$x = [\varepsilon_1^1, \varepsilon_2^1]\begin{bmatrix} x_1 \\ x_2 \end{bmatrix} = [\varepsilon_1^2, \varepsilon_2^2]\begin{bmatrix} \cos\theta & \sin\theta \\ -\sin\theta & \cos\theta \end{bmatrix}\begin{bmatrix} x_1 \\ x_2 \end{bmatrix}.$$

于是, 向量 x 的两组坐标之间有如下关系:

$$\begin{bmatrix} x_1 \\ x_2 \end{bmatrix} = \begin{bmatrix} \cos\theta & -\sin\theta \\ \sin\theta & \cos\theta \end{bmatrix}\begin{bmatrix} \tilde{x}_1 \\ \tilde{x}_2 \end{bmatrix} \quad 或 \quad \begin{bmatrix} \tilde{x}_1 \\ \tilde{x}_2 \end{bmatrix} = \begin{bmatrix} \cos\theta & \sin\theta \\ -\sin\theta & \cos\theta \end{bmatrix}\begin{bmatrix} x_1 \\ x_2 \end{bmatrix}.$$

5.2.3 PCA 算法

设 $g_1, \cdots, g_l \in R^d$ 是降维子空间 R^l 的一组基, 记 $G = [g_1, \cdots, g_l] \in R^{d\times l}$(称为降维变换阵). $G^{\mathrm{T}}x \in R^l$ 是向量 $x \in R^d$ 在降维子空间中的投影向量.

给定数据集 $T = \{x_i\}_{i=1}^m \in R^d$, 根据主成分分析的基本思想, 可建立如下最优化模型 (称为判别准则):

$$\max_{G: G^{\mathrm{T}}G=I_l} \sum_{i=1}^m \left\| G^{\mathrm{T}}x_i - G^{\mathrm{T}}c \right\|^2, \tag{5.2.1}$$

其中 $c \in R^d$ 是样本均值, 约束 $G^{\mathrm{T}}G = I_l$ 表示 $\{g_1, \cdots, g_l\}$ 是子空间 R^l 的一组标准正交基, 目标函数是样本的经验方差. 由于

$$\sum_{i=1}^m \left\| G^{\mathrm{T}}x_i - G^{\mathrm{T}}c \right\|^2 = \sum_{i=1}^m (G^{\mathrm{T}}x_i - G^{\mathrm{T}}c)^{\mathrm{T}}(G^{\mathrm{T}}x_i - G^{\mathrm{T}}c)$$

$$= \sum_{i=1}^m \mathrm{Tr}[(G^{\mathrm{T}}x_i - G^{\mathrm{T}}c)(G^{\mathrm{T}}x_i - G^{\mathrm{T}}c)^{\mathrm{T}}]$$

$$= \mathrm{Tr}\left[G^{\mathrm{T}}\left(\sum_{i=1}^m (x_i - c)(x_i - c)^{\mathrm{T}} \right) G \right]$$

$$= \mathrm{Tr}(G^{\mathrm{T}}S_t G),$$

所以准则 (5.2.1) 可转化为

$$\max_{G: G^{\mathrm{T}}G=I_l} \mathrm{Tr}(G^{\mathrm{T}}S_t G). \tag{5.2.2}$$

我们知道, 一个矩阵的迹 $\mathrm{Tr}(\cdot)$ 等于该矩阵的全部特征值之和. 特别地, 由命题 5.1.1 知, 一个对称非负定阵的迹 $\mathrm{Tr}(\cdot)$ 等于该矩阵的全部正特征值之和. 因此, 针对准则 (5.2.2) 有如下算法.

算法 5.2.1 (PCA 算法)

步 1. 给定数据集 $T = \{x_i\}_{i=1}^m \in R^d$, 计算样本均值 $c \in R^d$ 和总体散阵 $S_t \in R^{d \times d}$.

步 2. 设 $\mathrm{rk}(S_t) = t$ 并对 S_t 做 EVD: $S_t = U \begin{bmatrix} \Sigma_t & 0 \\ 0 & 0 \end{bmatrix} U^{\mathrm{T}}$.

步 3. 令 $U = [U_1, U_2]$, 其中 $U_1 \in R^{d \times t}, U_2 \in R^{d \times (d-t)}$, 则 $U_1^{\mathrm{T}} S_t U_1 = \Sigma_t$, 进而有

$$(U_1 \Sigma_t^{-1/2})^{\mathrm{T}} S_t (U_1 \Sigma_t^{-1/2}) = I_t.$$

步 4. 取降维变换阵 $G^* = U_1 \in R^{d \times t}$.

在算法 5.2.1 中, 若取 $G^* = U_1 \Sigma_t^{-1/2} \in R^{d \times t}$, 则 $(G^*)^{\mathrm{T}} G^* = \Sigma_t^{-1} \in R^{t \times t}$, 表明 G^* 的列向量组不是降维子空间 R^t 的一组标准正交基, 故只能取 $G^* = U_1$.

需要说明的是, 算法 5.2.1 得到的降维子空间的维度是总体散阵 S_t 的秩 t. 若需要降至更低维 $l(l < t)$, 只需取 G^* 的前 l 个列即可.

例 5.2.1   对二维空间 R^2 中的数据集:

$$\left\{ x_1 = \begin{bmatrix} -1 \\ -2 \end{bmatrix}, x_2 = \begin{bmatrix} -1 \\ 0 \end{bmatrix}, x_3 = \begin{bmatrix} 0 \\ 0 \end{bmatrix}, x_4 = \begin{bmatrix} 2 \\ 1 \end{bmatrix}, x_5 = \begin{bmatrix} 0 \\ 1 \end{bmatrix} \right\},$$

利用 PCA 降至一维.

解   步 1. 记 $X = [x_1, \cdots, x_5] = \begin{bmatrix} -1 & -1 & 0 & 2 & 0 \\ -2 & 0 & 0 & 1 & 1 \end{bmatrix}$, 并计算样本均值 $c \in R^d$ 和总体散阵 S_t:

$$c = \frac{1}{5} \left(\begin{bmatrix} -1 \\ -2 \end{bmatrix} + \begin{bmatrix} -1 \\ 0 \end{bmatrix} + \begin{bmatrix} 0 \\ 0 \end{bmatrix} + \begin{bmatrix} 2 \\ 1 \end{bmatrix} + \begin{bmatrix} 0 \\ 1 \end{bmatrix} \right) = \frac{1}{5} \begin{bmatrix} 0 \\ 0 \end{bmatrix} = \begin{bmatrix} 0 \\ 0 \end{bmatrix},$$

$$S_t = XX^{\mathrm{T}} = \begin{bmatrix} -1 & -1 & 0 & 2 & 0 \\ -2 & 0 & 0 & 1 & 1 \end{bmatrix} \begin{bmatrix} -1 & -2 \\ -1 & 0 \\ 0 & 0 \\ 2 & 1 \\ 0 & 1 \end{bmatrix} = \begin{bmatrix} 6 & 4 \\ 4 & 6 \end{bmatrix}.$$

步 2. 对总体散阵 S_t 做 EVD:

$$S_t = U \begin{bmatrix} 10 & 0 \\ 0 & 2 \end{bmatrix} U^{\mathrm{T}} = \begin{bmatrix} 1/\sqrt{2} & -1/\sqrt{2} \\ 1/\sqrt{2} & 1/\sqrt{2} \end{bmatrix} \begin{bmatrix} 10 & 0 \\ 0 & 2 \end{bmatrix} \begin{bmatrix} 1/\sqrt{2} & -1/\sqrt{2} \\ 1/\sqrt{2} & 1/\sqrt{2} \end{bmatrix}^{\mathrm{T}}.$$

步 3. 取降维变换阵 $G^* = u_1 = \begin{bmatrix} 1/\sqrt{2} \\ 1/\sqrt{2} \end{bmatrix}$, 显然 $(G^*)^{\mathrm{T}} G^* = 1$ 且降维后的数据集为

$$\tilde{X} = (G^*)^{\mathrm{T}} X = [1/\sqrt{2}, 1/\sqrt{2}] \begin{bmatrix} -1 & -1 & 0 & 2 & 0 \\ -2 & 0 & 0 & 1 & 1 \end{bmatrix}$$
$$= [-3/\sqrt{2}, -1/\sqrt{2}, 0, 3/\sqrt{2}, 1/\sqrt{2}].$$

5.3 线性判别分析

线性判别分析 (Linear Discriminant Analysis, LDA) 是另一个具有代表性的全局监督特征组合方法. 不同于主成分分析是无监督的, LDA 考虑了样本数据的类标签信息, 其基本思想是利用数据集 $T = \{(x_i, y_i)\}_{i=1}^{m} \in R^d \times \{1, \cdots, r\}$, 寻找降维子空间的一组基 $\{g_1, \cdots, g_l\} \in R^d$, 使得降维后的数据尽可能多的保留判别信息. 具体地说, 就是在降维子空间中同类样本 (也称类内样本) 越凝聚越好, 异类样本 (也称类间样本) 越分离越好. 图 5.3.1 给出了一个直观解释.

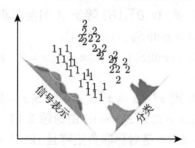

图 5.3.1 LDA 的基本思想 (后附彩图)

记 $G = [g_1, \cdots, g_l] \in R^{d \times l}$ 且

$$z_j = G^{\mathrm{T}} x_j \in R^l, \quad j = 1, \cdots, m,$$
$$Z_i = [z_1^i, \cdots, z_{m_i}^i] = G^{\mathrm{T}} X_i \in R^{l \times m_i}, \quad Z = [z_1, \cdots, z_m] = G^{\mathrm{T}} X \in R^{l \times m},$$
$$\bar{c} = \frac{1}{m} \sum_{i=1}^{m} z_i = G^{\mathrm{T}} c \in R^l, \quad \bar{c}_i = \frac{1}{m_i} \sum_{z \in Z_i} z = G^{\mathrm{T}} c_i \in R^l, \quad i = 1, \cdots, r,$$
$$\bar{S}_b = \sum_{i=1}^{r} m_i (\bar{c}_i - \bar{c})(\bar{c}_i - \bar{c})^{\mathrm{T}} = G^{\mathrm{T}} S_b G,$$
$$\bar{S}_w = \sum_{i=1}^{r} \sum_{z \in Z_i} (z - \bar{c}_i)(z - \bar{c}_i)^{\mathrm{T}} = G^{\mathrm{T}} S_w G,$$
$$\bar{S}_t = \sum_{i=1}^{m} (z_i - \bar{c})(z_i - \bar{c})^{\mathrm{T}} = G^{\mathrm{T}} S_t G,$$

则 LDA 遵循的判别准则为

$$\max_G \frac{\mathrm{Tr}(\bar{S}_b)}{\mathrm{Tr}(\bar{S}_w)} = \frac{\mathrm{Tr}(G^{\mathrm{T}} S_b G)}{\mathrm{Tr}(G^{\mathrm{T}} S_w G)}. \tag{5.3.1}$$

模型 (5.3.1) 称为 Fisher 判别准则 (Fisher Discriminant Criterion, FDC). 由于 $\bar{S}_t = \bar{S}_w + \bar{S}_b$, 所以

$$\frac{\mathrm{Tr}(\bar{S}_b)}{\mathrm{Tr}(\bar{S}_w)} = \frac{\mathrm{Tr}(\bar{S}_t) - \mathrm{Tr}(\bar{S}_w)}{\mathrm{Tr}(\bar{S}_w)} = \frac{\mathrm{Tr}(\bar{S}_t)}{\mathrm{Tr}(\bar{S}_w)} - 1.$$

于是, FDC (5.3.1) 等价于

$$\max_G \frac{\mathrm{Tr}(\bar{S}_t)}{\mathrm{Tr}(\bar{S}_w)} = \frac{\mathrm{Tr}(G^{\mathrm{T}} S_t G)}{\mathrm{Tr}(G^{\mathrm{T}} S_w G)}. \tag{5.3.2}$$

为了给出 LDA 的具体算法, 首先介绍四个结论.

命题 5.3.1 设 $A \in R^{p \times p}$ 是对称非负定阵, 则 $Ax = 0$ 当且仅当 $x^{\mathrm{T}} A x = 0$.

命题 5.3.2 对任意对称非负定阵 $A \in R^{p \times p}$ 和任意矩阵 $B \in R^{p \times l} (l \leqslant p)$, 有

(1) $\mathrm{Tr}(B^{\mathrm{T}} A B)$ 不超过 A 的全部非零特征值之和.

(2) 若 B 是列满秩阵, 则 $\mathrm{Tr}(B^{\mathrm{T}} A B)$ 等于 A 的全部非零特征值之和.

命题 5.3.3 $\mathrm{null}(S_t) = \mathrm{null}(S_w) \cap \mathrm{null}(S_b)$.

证明 设 $x \in \mathrm{null}(S_w) \cap \mathrm{null}(S_b)$, 则 $S_w x = S_b x = 0$. 于是 $S_t x = S_w x + S_b x = 0$, 进而有 $x \in \mathrm{null}(S_t)$.

反之, 设 $x \in \mathrm{null}(S_t)$, 则 $x^{\mathrm{T}} S_t x = x^{\mathrm{T}} S_w x + x^{\mathrm{T}} S_b x = 0$. 由于 S_b 和 S_w 都是对称非负定阵, 所以有 $x^{\mathrm{T}} S_w x = 0, x^{\mathrm{T}} S_b x = 0$. 由命题 5.3.1, 可得 $S_w x = S_b x = 0$.

命题 5.3.4 设 $A \in R^{p \times p}$ 是对称非负定阵且 $\mathrm{rk}(A) = r$. 对 A 做 EVD:

$$A = U \begin{bmatrix} \Sigma & 0 \\ 0 & 0 \end{bmatrix} U^{\mathrm{T}},$$

其中 $U \in R^{p \times p}$ 是正交阵, $\Sigma = \mathrm{diag}(\sigma_1, \cdots, \sigma_r), \sigma_1 \geqslant \cdots \geqslant \sigma_r > 0$ 是 A 的全部非零特征值. 将 U 列分块为 $U = [U_1, U_2], U_1 \in R^{p \times r}, U_2 \in R^{p \times (p-r)}$, 则

(1) $\mathrm{null}(A) = \mathrm{span}(U_2)$, 即 U_2 的列向量构成的张空间;

(2) $\mathrm{range}(A) = \mathrm{span}(U_1)$, 即 U_1 的列向量构成的张空间.

证明 记 $U = [u_1, \cdots, u_p]$, 其中 $u_i \in R^p, i = 1, \cdots, p$ 为非零单位向量, 则 $U_1 = [u_1, \cdots, u_r], U_2 = [u_{r+1}, \cdots, u_p]$ 且由 $A = U \begin{bmatrix} \Sigma & 0 \\ 0 & 0 \end{bmatrix} U^{\mathrm{T}}$ 可推出:

$$A[u_1, \cdots, u_r, \cdots, u_p] = [u_1, \cdots, u_r, \cdots, u_p] \begin{bmatrix} \Sigma & 0 \\ 0 & 0 \end{bmatrix} = [\sigma_1 u_1, \cdots, \sigma_r u_r, 0, \cdots, 0].$$

于是, $Au_i = \sigma_i u_i \neq 0, i = 1, \cdots, r; Au_i = 0, i = r+1, \cdots, p.$ 这表明

$$u_i \in \text{range}(A), \quad i = 1, \cdots, r; \quad u_i \in \text{null}(A), \quad i = r+1, \cdots, p,$$

即有 $\text{span}(U_1) \subset \text{range}(A), \text{span}(U_2) \subset \text{null}(A).$

下面证明反包含关系. 首先证明 $\text{null}(A) \subset \text{span}(U_2).$

事实上, 任取 $x \in \text{null}(A)$, 则

$$Ax = 0 \Rightarrow x^{\mathrm{T}} U \begin{bmatrix} \varSigma & 0 \\ 0 & 0 \end{bmatrix} U^{\mathrm{T}} x = 0.$$

记 $y = U^{\mathrm{T}} x = (y_1, \cdots, y_p)^{\mathrm{T}} \in R^p$, 则有

$$y^{\mathrm{T}} \begin{bmatrix} \varSigma & 0 \\ 0 & 0 \end{bmatrix} y = \sigma_1 y_1^2 + \cdots + \sigma_r y_r^2 = 0 \Rightarrow y_i = 0, \quad i = 1, \cdots, r.$$

于是有

$$x = Uy = [u_1, \cdots, u_r, \cdots, u_p](0, \cdots, 0, y_{r+1}, \cdots, y_p)^{\mathrm{T}}$$
$$= y_{r+1} u_{r+1} + \cdots + y_p u_p \in \text{span}(U_2).$$

其次证明 $\text{range}(A) \subset \text{span}(U_1)$. 由 U 是正交阵知 $\text{span}(U_1) \perp \text{span}(U_2)$. 任取 $x \in \text{range}(A)$, 有

$$Ax \neq 0 \Rightarrow x \notin \text{null}(A) \Leftrightarrow x \notin \text{span}(U_2) \Rightarrow x \in \text{span}(U_1).$$

下面分析 FDC(5.3.1).

由于

$$\text{Tr}(G^{\mathrm{T}} S_b G) = \sum_{i=1}^{l} g_i^{\mathrm{T}} S_b g_i, \quad \text{Tr}(G^{\mathrm{T}} S_w G) = \sum_{i=1}^{l} g_i^{\mathrm{T}} S_w g_i,$$

且每个 $g_i^{\mathrm{T}} S_b g_i \geqslant 0, g_i^{\mathrm{T}} S_w g_i \geqslant 0, i = 1, \cdots, l.$ 所以, FDC (5.3.1) 可转化为

$$\max_{g_1, \cdots, g_l} \frac{\displaystyle\sum_{i=1}^{l} g_i^{\mathrm{T}} S_b g_i}{\displaystyle\sum_{i=1}^{l} g_i^{\mathrm{T}} S_w g_i}. \tag{5.3.3}$$

情况一 若 $\text{Tr}(G^{\mathrm{T}} S_w G) = 0$, 则由命题 5.3.1 可推出

$$g_i^{\mathrm{T}} S_w g_i = 0 \Rightarrow S_w g_i = 0 \Rightarrow g_i \in \text{null}(S_w), \quad i = 1, \cdots, l.$$

在这种情况下, 若存在 $g_j \in \text{null}(S_b)$, 则有

$$S_b g_j = 0 \Rightarrow g_j^{\mathrm{T}} S_b g_j = 0 \Rightarrow g_j^{\mathrm{T}} \left(\sum_{i=1}^{r} m_i(c_i - c)(c_i - c)^{\mathrm{T}} \right) g_j = 0$$

$$\Rightarrow \sum_{i=1}^{r} m_i(g_j^{\mathrm{T}} c_i - g_j^{\mathrm{T}} c)^2 = 0 \Rightarrow g_j^{\mathrm{T}} c_i = g_j^{\mathrm{T}} c, \quad i = 1, \cdots, r. \quad (5.3.4)$$

另一方面, 由 $S_w g_j = 0$ 可推出

$$S_w g_j = 0 \Rightarrow g_j^{\mathrm{T}} S_w g_j = 0 \Rightarrow g_j^{\mathrm{T}} \left(\Sigma_{i=1}^r \Sigma_{x \in X_i}(x - c_i)(x - c_i)^{\mathrm{T}} \right) g_j = 0$$

$$\Rightarrow \Sigma_{i=1}^r \Sigma_{x \in X_i}(g_j^{\mathrm{T}} x - g_j^{\mathrm{T}} c_i)^2 = 0 \Rightarrow g_j^{\mathrm{T}} x = g_j^{\mathrm{T}} c_i, \quad \forall x \in X_i, i = 1, \cdots, r.$$
$$(5.3.5)$$

综合 (5.3.4) 和 (5.3.5) 式, 可得

$$g_j^{\mathrm{T}} x = g_j^{\mathrm{T}} c, \quad \forall x \in X,$$

这表明 g_j 不传递任何判别信息. 因此, 这样的向量不应该出现在降维变换阵 G 中, 故应该有

$$g_i \notin \mathrm{null}(S_b) \Rightarrow g_i \in \mathrm{range}(S_b) \Rightarrow g_i^{\mathrm{T}} S_b g_i > 0, \quad i = 1, \cdots, l \Rightarrow \mathrm{Tr}(G^{\mathrm{T}} S_b G) > 0.$$

这时,

$$\frac{\mathrm{Tr}(G^{\mathrm{T}} S_b G)}{\mathrm{Tr}(G^{\mathrm{T}} S_w G)} = \frac{\text{正数}}{0} \to +\infty.$$

上式满足 FDC(5.3.1), 故有如下算法.

算法 5.3.1 (基于 $\mathrm{null}(S_w)$ 的 LDA, 简记为 $\mathrm{LDA}/\mathrm{null}(S_w)$)

该算法的特点是先考虑 $\mathrm{null}(S_w)$, 再考虑 $\mathrm{range}(S_b)$.

步 1. 给定数据集 $T = \{(x_i, y_i)\}_{i=1}^m \in R^d \times \{1, \cdots, r\}$, 计算散阵 S_w 和 S_b.

步 2. 令 $\mathrm{rk}(S_w) = t$. 对 S_w 做 EVD: $S_w = U \begin{bmatrix} \Sigma_w & 0 \\ 0 & 0 \end{bmatrix} U^{\mathrm{T}}$.

步 3. 令 $U = [U_1, U_2]$, 其中 $U_1 \in R^{d \times t}, U_2 \in R^{d \times (d-t)}$, 则 $U_1^{\mathrm{T}} S_w U_1 = \Sigma_w$, $U_2^{\mathrm{T}} S_w U_2 = 0$.

步 4. 令 $\bar{S}_w = U_2^{\mathrm{T}} S_w U_2 = 0, \bar{S}_b = U_2^{\mathrm{T}} S_b U_2 \in R^{(d-t) \times (d-t)}$ 且 $\mathrm{rk}(\bar{S}_b) = p \leqslant d - t$. (这一步的作用是先将 S_w 和 S_b 映射到子空间 $\mathrm{null}(S_w)$ 上.)

步 5. 对 $\bar{S}_b$ 做 EVD: $\bar{S}_b = V \begin{bmatrix} \Sigma_b & 0 \\ 0 & 0 \end{bmatrix} V^{\mathrm{T}}$, 其中 $V \in R^{(d-t) \times (d-t)}$ 是正交阵.

步 6. 令 $V = [V_1, V_2]$, 其中 $V_1 \in R^{(d-t) \times p}$, 则 $V_1^{\mathrm{T}} \bar{S}_b V_1 = \Sigma_b, V_2^{\mathrm{T}} \bar{S}_b V_2 = 0$. 于是有

$$\begin{cases} V_1^{\mathrm{T}} \bar{S}_b V_1 = V_1^{\mathrm{T}} U_2^{\mathrm{T}} S_b U_2 V_1 = (U_2 V_1)^{\mathrm{T}} S_b (U_2 V_1) = \Sigma_b, \\ V_1^{\mathrm{T}} \bar{S}_w V_1 = V_1^{\mathrm{T}} U_2^{\mathrm{T}} S_w U_2 V_1 = (U_2 V_1)^{\mathrm{T}} S_w (U_2 V_1) = 0. \end{cases}$$

或者

$$\begin{cases} (U_2 V_1 \Sigma_b^{-1/2})^{\mathrm{T}} S_b (U_2 V_1 \Sigma_b^{-1/2}) = I_t, \\ (U_2 V_1 \Sigma_b^{-1/2})^{\mathrm{T}} S_w (U_2 V_1 \Sigma_b^{-1/2}) = 0. \end{cases}$$

(这一步的作用是将 $\bar{S}_w$ 和 $\bar{S}_b$ 映射到子空间 $\mathrm{range}(\bar{S}_b)$ 上.)

步 7. 取降维变换阵 $G^* = U_2 V_1 \in R^{d \times p}$ 或 $G^* = U_2 V_1 \Sigma_b^{-1/2} \in R^{d \times p}$.

需要说明的是:

(1) 算法 5.3.1 得到的降维子空间的维度是 p. 若需要降至更低维 $l(l < p)$, 只需取 G^* 的前 l 个列即可.

(2) 若取 $G^* = U_2 V_1 \in R^{d \times p}$, 则 $(G^*)^{\mathrm{T}} G^* = V_1^{\mathrm{T}} U_2^{\mathrm{T}} U_2 V_1 = I_t$, 这表明 G^* 的列向量组是降维子空间的一组标准正交基.

情况二 若 $\mathrm{Tr}(G^{\mathrm{T}} S_w G) = \sum\limits_{i=1}^{l} g_i^{\mathrm{T}} S_w g_i \neq 0$, 则至少存在一个 $j \in \{1, \cdots, l\}$ 使得 $S_w g_j \neq 0$, 即 $g_j \in \mathrm{range}(S_w)$. 若同时存在 $j_0 \in \{1, \cdots, l\}$ 使得 $g_{j_0} \in \mathrm{null}(S_w)$, 则有 $g_{j_0}^{\mathrm{T}} S_w g_{j_0} = 0$. 显然, 这样的 g_{j_0} 对计算 $\mathrm{Tr}(G^{\mathrm{T}} S_w G)$ 没有任何帮助, 因此, 不妨设 $g_1, \cdots, g_l \in \mathrm{range}(S_w)$.

在这种情况下, 若存在某个 $j \in \{1, \cdots, l\}$ 使得 $g_j \in \mathrm{null}(S_b)$, 则 $g_j^{\mathrm{T}} S_b g_j = 0$. 这样的 g_j 对计算 $\mathrm{Tr}(G^{\mathrm{T}} S_b G)$ 也没有任何帮助, 因此, 也不妨设 $g_1, \cdots, g_l \in \mathrm{range}(S_b)$. 这样, 就有了下面的算法.

算法 5.3.2 (基于 $\mathrm{range}(S_w)$ 的 LDA, 简记为 LDA/range(S_w))

该算法的特点是先考虑 $\mathrm{range}(S_w)$, 再考虑 $\mathrm{range}(S_b)$.

步 1. 给定数据集 $T = \{(x_i, y_i)\}_{i=1}^{m} \in R^d \times \{1, \cdots, r\}$, 计算散阵 S_w 和 S_b.

步 2. 令 $\mathrm{rk}(S_w) = t$. 对 S_w 做 EVD: $S_w = U \begin{bmatrix} \Sigma_w & 0 \\ 0 & 0 \end{bmatrix} U^{\mathrm{T}}$.

步 3. 令 $U = [U_1, U_2]$, 其中 $U_1 \in R^{d \times t}, U_2 \in R^{d \times (d-t)}$, 则 $U_1^{\mathrm{T}} S_w U_1 = \Sigma_w$, 进而有 $\Sigma_w^{-1/2} U_1^{\mathrm{T}} S_w U_1 \Sigma_w^{-1/2} = I_t$.

步 4. 令 $\bar{S}_w = \Sigma_w^{-1/2} U_1^{\mathrm{T}} S_w U_1 \Sigma_w^{-1/2} = I_t, \bar{S}_b = \Sigma_w^{-1/2} U_1^{\mathrm{T}} S_b U_1 \Sigma_w^{-1/2} \in R^{t \times t}$.

(这一步将 S_w 和 S_b 映射到子空间 $\mathrm{range}(S_w)$ 上.)

步 5. 令 $\mathrm{rk}(\bar{S}_b) = p \leqslant t$. 对 $\bar{S}_b$ 做 EVD: $\bar{S}_b = V \begin{bmatrix} \Sigma_b & 0 \\ 0 & 0 \end{bmatrix} V^{\mathrm{T}}$, 其中 $V \in R^{t \times t}$ 是正交阵.

步 6. 令 $V = [V_1, V_2]$, 其中 $V_1 \in R^{t \times p}$, 则 $V_1^{\mathrm{T}} \bar{S}_b V_1 = \Sigma_b, V_1^{\mathrm{T}} \bar{S}_w V_1 = V_1^{\mathrm{T}} V_1 =$

$I_p \in R^{p \times p}$, 即

$$
\begin{cases}
V_1^T \bar{S}_b V_1 = V_1^T \Sigma_w^{-1/2} U_1^T S_b U_1 \Sigma_w^{-1/2} V_1 = (U_1 \Sigma_w^{-1/2} V_1)^T S_b (U_1 \Sigma_w^{-1/2} V_1) = \Sigma_b, \\
V_1^T \bar{S}_w V_1 = V_1^T \Sigma_w^{-1/2} U_1^T S_w U_1 \Sigma_w^{-1/2} V_1 = (U_1 \Sigma_w^{-1/2} V_1)^T S_w (U_1 \Sigma_w^{-1/2} V_1) = I_p.
\end{cases}
$$

(这一步将 $\bar{S}_w$ 和 $\bar{S}_b$ 映射到子空间 $\mathrm{range}(\bar{S}_b)$ 上.)

步 7. 取降维变换阵 $G^* = U_1 \Sigma_w^{-1/2} V_1 \in R^{d \times p}$.

显然 G^* 是列满秩阵. 由命题 5.3.2 知, $\mathrm{Tr}((G^*)^T S_b G^*)$ 达到最大. 而 $\mathrm{Tr}((G^*)^T \cdot S_w G^*) = \mathrm{Tr}(I_p) = p$ 是常数, 故满足 FDC(5.3.1).

类似于算法 5.3.1 和算法 5.3.2, 针对 FDC(5.3.2), 也有基于 $\mathrm{null}(S_w)$ 和 $\mathrm{range}(S_w)$ 的 LDA 算法, 只是将 S_b 用 S_t 代替即可.

5.4　LDA 的推广

给定数据集 $T = \{(x_i, y_i)\}_{i=1}^m \in R^d \times \{1, \cdots, r\}$, 考虑 Fisher 判别准则 (5.3.1). 由 $S_t = S_b + S_w$ 可推出

$$
\max_G \frac{\mathrm{Tr}(G^T S_b G)}{\mathrm{Tr}(G^T S_w G)} \Leftrightarrow \min_G \frac{\mathrm{Tr}(G^T S_w G)}{\mathrm{Tr}(G^T S_b G)} \Leftrightarrow \min_G \frac{\mathrm{Tr}(G^T S_t G)}{\mathrm{Tr}(G^T S_b G)} \Leftrightarrow \max_G \frac{\mathrm{Tr}(G^T S_b G)}{\mathrm{Tr}(G^T S_t G)}.
$$

本节考虑下面的 Fisher 判别准则:

$$
\max_G \frac{\mathrm{Tr}(G^T S_b G)}{\mathrm{Tr}(G^T S_t G)}. \tag{5.4.1}
$$

不失一般性, 设分母 $\mathrm{Tr}(G^T S_t G) \neq 0$ 且 $G = [g_1, \cdots, g_l] \in R^{d \times l}$. 令

$$
F(g_1, \cdots, g_l) = \frac{\mathrm{Tr}(G^T S_b G)}{\mathrm{Tr}(G^T S_t G)} = \frac{\displaystyle\sum_{i=1}^l g_i^T S_b g_i}{\displaystyle\sum_{i=1}^l g_i^T S_t g_i},
$$

则

$$
\frac{\partial F(g_1, \cdots, g_l)}{\partial g_j} = \frac{2 S_b g_j \left(\displaystyle\sum_{i=1}^l g_i^T S_t g_i \right) - 2 S_t g_j \left(\displaystyle\sum_{i=1}^l g_i^T S_b g_i \right)}{\left(\displaystyle\sum_{i=1}^l g_i^T S_t g_i \right)^2}, \quad j = 1, \cdots, l.
$$

再令 $\dfrac{\partial F(g_1, \cdots, g_l)}{\partial g_j} = 0, j = 1, \cdots, l$, 可得

$$S_b g_j = \frac{\sum_{i=1}^{l} g_i^{\mathrm{T}} S_b g_i}{\sum_{i=1}^{l} g_i^{\mathrm{T}} S_t g_i} S_t g_j, \quad j = 1, \cdots, l. \tag{5.4.2}$$

记 $\lambda = \dfrac{\sum_{i=1}^{l} g_i^{\mathrm{T}} S_b g_i}{\sum_{i=1}^{l} g_i^{\mathrm{T}} S_t g_i}$, 则 (5.4.2) 式可表示为

$$S_b g_j = \lambda S_t g_j, \quad j = 1, \cdots, l,$$

这表明矩阵 G 的所有列向量 $g_1, \cdots, g_l$ 是下述广义特征方程:

$$S_b g = \lambda S_t g \tag{5.4.3}$$

的解. 如果总体散布阵 S_t 是非奇异的, 则广义特征方程 (5.4.3) 可转化为特征方程:

$$S_t^{-1} S_b g = \lambda g. \tag{5.4.4}$$

下面给出 LDA 的一个经典算法, 即利用特征方程 (5.4.4) 来寻找降维变换阵 G.

5.4.1 经典 LDA

经典 LDA (Classical LDA, CLDA) 设 $S_t \in R^{d \times d}$ 是非奇异阵, 则 $\mathrm{rk}(S_t) = d$. 由于 $H_t = [x_1 - c, \cdots, x_m - c] \in R^{d \times m}$ 且 $S_t = H_t H_t^{\mathrm{T}}$, 所以 $\mathrm{rk}(H_t) = d \leqslant m$. 对 H_t 做 SVD:

$$H_t = U[\Sigma_t, 0] V^{\mathrm{T}},$$

其中 $U \in R^{d \times d}, V \in R^{m \times m}$ 是正交阵, $\Sigma_t = \mathrm{diag}(\sigma_1, \cdots, \sigma_d)$ 且 $\sigma_1 \geqslant \cdots \geqslant \sigma_d > 0$ 是 H_t 的全部非零奇异值, 则有

$$S_t = H_t H_t^{\mathrm{T}} = U[\Sigma_t, 0] V^{\mathrm{T}} V \begin{bmatrix} \Sigma_t \\ o \end{bmatrix} U^{\mathrm{T}} = U \Sigma_t^2 U^{\mathrm{T}}.$$

从而有 $U^{\mathrm{T}} S_t U = \Sigma_t^2$. 记

$$\bar{S}_t = U^{\mathrm{T}} S_t U = \Sigma_t^2, \quad \bar{S}_b = U^{\mathrm{T}} S_b U,$$

则

$$\bar{S}_t^{-1} \bar{S}_b = \Sigma_t^{-2} U^{\mathrm{T}} S_b U = \Sigma_t^{-2} U^{\mathrm{T}} H_b H_b^{\mathrm{T}} U = \Sigma_t^{-1} \Sigma_t^{-1} U^{\mathrm{T}} H_b H_b^{\mathrm{T}} U \Sigma_t^{-1} \Sigma_t = \Sigma_t^{-1} B B^{\mathrm{T}} \Sigma_t.$$

其中 $B = \Sigma_t^{-1}U^{\mathrm{T}}H_b \in R^{d\times r}$. 令 $\mathrm{rk}(B) = p \leqslant d = \mathrm{rk}(S_t)$, 并对 B 做 SVD:

$$B = P\begin{bmatrix} \Sigma_B & 0 \\ 0 & 0 \end{bmatrix}Q^{\mathrm{T}},$$

其中 $P \in R^{d\times d}, Q \in R^{r\times r}$ 是正交阵, $\Sigma_B = \mathrm{diag}(\lambda_1, \cdots, \lambda_p)$ 且 $\lambda_1 \geqslant \cdots \geqslant \lambda_p > 0$ 是 B 的全部非零奇异值. 将正交阵 P 列分块为 $P = [P_1, P_2]$, 其中 $P_1 \in R^{d\times p}, P_2 \in R^{d\times(d-p)}$, 则有

$$\bar{S}_t^{-1}\bar{S}_b = \Sigma_t^{-1}P\begin{bmatrix} \Sigma_B^2 & 0 \\ 0 & 0 \end{bmatrix}P^{\mathrm{T}}\Sigma_t = \Sigma_t^{-1}P_1\Sigma_B^2 P_1^{\mathrm{T}}\Sigma_t.$$

进而有

$$(\bar{S}_t^{-1}\bar{S}_b)(\Sigma_t^{-1}P_1) = (\Sigma_t^{-1}P_1)\Sigma_B^2,$$

这表明 $(\Sigma_B^2, \Sigma_t^{-1}P_1)$ 是特征方程 (5.4.4) 的所有非零解, 即所有非零特征值及对应的特征向量. 于是可取 $G^* = \Sigma_t^{-1}P_1 \in R^{d\times p}$. 下面给出具体算法.

算法 5.4.1 (CLDA)

该算法的特点是基于两次矩阵的奇异值分解 (SVD).

步 1. 对给定的 r 类数据集 $T = \{(x_i, y_i)\}_{i=1}^m \in R^d \times \{1, \cdots, r\}$, 令 $\mathrm{rk}(S_t) = d$, 计算矩阵 $H_t \in R^{d\times m}$ 和 $H_b \in R^{d\times r}$.

步 2. 对 H_t 做 SVD $H_t = U[\Sigma_t, 0]V^{\mathrm{T}}$, 其中 $U \in R^{d\times d}, V \in R^{m\times m}$ 是正交阵.

步 3. 令 $B = \Sigma_t^{-1}U^{\mathrm{T}}H_b \in R^{d\times r}$ 且 $\mathrm{rk}(B) = p$.

步 4. 对 B 做 SVD: $B = P\begin{bmatrix} \Sigma_B & 0 \\ 0 & 0 \end{bmatrix}Q^{\mathrm{T}}$, 其中 $P \in R^{d\times d}, Q \in R^{r\times r}$ 是正交阵.

步 5. 令 $P = [P_1, P_2]$, 其中 $P_1 \in R^{d\times p}, P_2 \in R^{d\times(d-p)}$.

步 6. 取降维变换阵 $G^* = \Sigma_t^{-1}P_1 \in R^{d\times p}$.

算法 5.4.1 的最大局限性是要求总体散布阵 S_t 是非奇异的.

5.4.2 不相关 LDA

不相关 LDA (Uncorrelated LDA, ULDA) 是在 LDA 的基础上加入不相关约束条件 $G^{\mathrm{T}}S_tG = I_l$. 也就是说, ULDA 所遵循的判别准则是

$$\max_{G:G^{\mathrm{T}}S_tG=I_l} \frac{\mathrm{Tr}(G^{\mathrm{T}}S_bG)}{\mathrm{Tr}(G^{\mathrm{T}}S_tG)}, \tag{5.4.5}$$

或是

$$\max_{G:G^{\mathrm{T}}S_tG=I_l} \frac{\mathrm{Tr}(G^{\mathrm{T}}S_tG)}{\mathrm{Tr}(G^{\mathrm{T}}S_wG)}. \tag{5.4.6}$$

准则 (5.4.5) 和准则 (5.4.6) 分别是准则 (5.4.1) 和 Fisher 判别准则 (5.3.2) 的改进. 本节只考虑准则 (5.4.5), 用类似的方法可以讨论准则 (5.4.6). 不相关约束的存在, 使得分母 $\mathrm{Tr}(G^\mathrm{T} S_t G) \neq 0$, 因此, 只需考虑基于 $\mathrm{range}(S_t)$ 的 ULDA 算法, 本节只给出具体算法.

算法 5.4.2 (ULDA/range(S_t))

本算法的特点是基于两次矩阵的特征值分解 (EVD).

步 1. 给定 r 类数据集 $T = \{(x_i, y_i)\}_{i=1}^m \in R^d \times \{1, \cdots, r\}$, 计算散布阵 S_t 和 S_b.

步 2. 令 $\mathrm{rk}(S_t) = t$, 对 S_t 做 EVD: $S_t = U \begin{bmatrix} \Sigma_t & 0 \\ 0 & 0 \end{bmatrix} U^\mathrm{T}$.

步 3. 令 $U = [U_1, U_2]$, 其中 $U_1 \in R^{d \times t}, U_2 \in R^{d \times (d-t)}$, 则 $\Sigma_t^{-1/2} U_1^\mathrm{T} S_t U_1 \Sigma_t^{-1/2} = I_t$.

步 4. 令 $\bar{S}_t = \Sigma_t^{-1/2} U_1^\mathrm{T} S_t U_1 \Sigma_t^{-1/2} = I_t \in R^{t \times t}, \bar{S}_b = \Sigma_t^{-1/2} U_1^\mathrm{T} S_b U_1 \Sigma_t^{-1/2} \in R^{t \times t}$.

步 5. 令 $\mathrm{rk}(\bar{S}_b) = p \leqslant t$. 对 $\bar{S}_b$ 进行 EVD: $\bar{S}_b = V \begin{bmatrix} \Sigma_b & 0 \\ 0 & 0 \end{bmatrix} V^\mathrm{T}$, 其中 $V \in R^{t \times t}$ 是正交阵.

步 6. 令 $V = [V_1, V_2]$, 其中 $V_1 \in R^{t \times p}$, 则

$$V_1^\mathrm{T} \bar{S}_b V_1 = \Sigma_b \in R^{p \times p}, \quad V_1^\mathrm{T} \bar{S}_t V_1 = I_p \in R^{p \times p}.$$

于是, 有

$$\begin{cases} (U_1 \Sigma_t^{-1/2} V_1)^\mathrm{T} S_b (U_1 \Sigma_t^{-1/2} V_1) = \Sigma_b, \\ (U_1 \Sigma_t^{-1/2} V_1)^\mathrm{T} S_t (U_1 \Sigma_t^{-1/2} V_1) = I_p. \end{cases}$$

步 7. 取降维变换阵 $G^* = U_1 \Sigma_t^{-1/2} V_1 \in R^{d \times p}$, 则有

$$(G^*)^\mathrm{T} S_t G^* = (V_1^\mathrm{T} \Sigma_t^{-1/2} U_1^\mathrm{T})(U_1 \Sigma_t U_1^\mathrm{T})(U_1 \Sigma_t^{-1/2} V_1) = I_p.$$

针对准则 (5.4.6), 类似于 LDA, 可以分别考虑基于零空间 $\mathrm{null}(S_w)$ 和基于值空间 $\mathrm{range}(S_w)$ 的算法.

5.4.3 正交 LDA

类似于 ULDA, 正交 LDA (Orthogonal LDA, OLDA) 是在 LDA 的基础上加入正交约束 $G^\mathrm{T} G = I_l$. 也就是说, OLDA 所遵循的判别准则是

$$\max_{G: G^\mathrm{T} G = I_l} \frac{\mathrm{Tr}(G^\mathrm{T} S_b G)}{\mathrm{Tr}(G^\mathrm{T} S_t G)}, \tag{5.4.7}$$

$$\max_{G:G^{\mathrm{T}}G=I_l} \frac{\mathrm{Tr}(G^{\mathrm{T}}S_bG)}{\mathrm{Tr}(G^{\mathrm{T}}S_wG)}, \tag{5.4.8}$$

或是

$$\max_{G:G^{\mathrm{T}}G=I_l} \frac{\mathrm{Tr}(G^{\mathrm{T}}S_tG)}{\mathrm{Tr}(G^{\mathrm{T}}S_wG)}. \tag{5.4.9}$$

准则 (5.4.7) 至准则 (5.4.9) 分别是准则 (5.4.1), 准则 (5.3.1) 和准则 (5.3.2) 的改进. 本节只讨论准则 (5.4.7), 可分为两种情况: 基于零空间 $\mathrm{null}(S_t)$ 的 OLDA 和基于值空间 $\mathrm{range}(S_t)$ 的 OLDA. 这里只给出 OLDA/$\mathrm{null}(S_t)$ 算法, 用类似的方法可以得到 OLDA/$\mathrm{range}(S_t)$ 算法.

算法 5.4.3 (OLDA/$\mathrm{null}(S_t)$)

本算法的特点是基于两次矩阵的特征值分解 (EVD).

步 1. 给定 r 类数据集 $T = \{(x_i,y_i)\}_{i=1}^m \in R^d \times \{1,\cdots,r\}$, 计算散布阵 S_t 和 S_b.

步 2. 令 $\mathrm{rk}(S_t) = t$, 对 S_t 做 EVD: $S_t = U \begin{bmatrix} \Sigma_t & 0 \\ 0 & 0 \end{bmatrix} U^{\mathrm{T}}$.

步 3. 令 $U = [U_1,U_2]$, 其中 $U_1 \in R^{d\times t}, U_2 \in R^{d\times(d-t)}$, 则 $U_2^{\mathrm{T}}S_tU_2 = 0 \in R^{(d-t)\times(d-t)}$.

步 4. 令 $\bar{S}_t = U_2^{\mathrm{T}}S_tU_2 = 0, \bar{S}_b = U_2^{\mathrm{T}}S_bU_2 \in R^{(d-t)\times(d-t)}$.

步 5. 令 $\mathrm{rk}(\bar{S}_b) = p \leqslant d - t$. 对 $\bar{S}_b$ 做 EVD: $\bar{S}_b = V \begin{bmatrix} \Sigma_b & 0 \\ 0 & 0 \end{bmatrix} V^{\mathrm{T}}$, 其中 $V \in R^{(d-t)\times(d-t)}$ 是正交阵.

步 6. 令 $V = [V_1,V_2]$, 其中 $V_1 \in R^{(d-t)\times p}$, 则

$$V_1^{\mathrm{T}}\bar{S}_bV_1 = \Sigma_b \in R^{p\times p}, \quad V_1^{\mathrm{T}}\bar{S}_tV_1 = 0 \in R^{p\times p}.$$

于是, 有

$$\begin{cases} V_1^{\mathrm{T}}\bar{S}_bV_1 = V_1^{\mathrm{T}}U_2^{\mathrm{T}}S_bU_2V_1 = (U_2V_1)^{\mathrm{T}}S_b(U_2V_1) = \Sigma_b, \\ V_1^{\mathrm{T}}\bar{S}_tV_1 = V_1^{\mathrm{T}}U_2^{\mathrm{T}}S_tU_2V_1 = (U_2V_1)^{\mathrm{T}}S_t(U_2V_1) = 0. \end{cases}$$

步 7. 取降维变换阵 $G^* = U_2V_1 \in R^{d\times p}$. 显然 $(G^*)^{\mathrm{T}}G^* = V_1^{\mathrm{T}}U_2^{\mathrm{T}}U_2V_1 = I_p$.

针对准则 (5.4.8) 和准则 (5.4.9), 同样可以考虑基于零空间 $\mathrm{null}(S_w)$ 和基于值空间 $\mathrm{range}(S_w)$ 的算法, 但要注意一定要满足正交约束.

5.4.4 正则化 LDA

在 CLDA 中, 要求总体散布阵 S_t 必须是非奇异的, 但在很多情况下 S_t 可能是奇异阵, 这时需要将 S_t 正则化, 即用对称正定阵 $S_t + \delta I_d$ 代替 S_t, 其中 $\delta > 0$ 是正

则化参数. 这样, 准则 (5.4.1) 可表示为

$$\max_G \frac{\mathrm{Tr}(G^{\mathrm{T}} S_b G)}{\mathrm{Tr}(G^{\mathrm{T}} (S_t + \delta I_d) G)}. \tag{5.4.10}$$

在准则 (5.4.10) 下, 利用 CLDA, 就可得到 GLDA (Regularized LDA, RLDA). 具体算法如下.

算法 5.4.4 (RLDA)

本算法基于两次矩阵的奇异值分解 (SVD).

步 1. 给定 r 类数据集 $T = \{(x_i, y_i)\}_{i=1}^m \in R^d \times \{1, \cdots, r\}$, 计算散布阵 $H_t \in R^{d \times m}$ 和 $H_b \in R^{d \times r}$.

步 2. 令 $B_t = [H_t, \sqrt{\delta} I_d] \in R^{d \times (m+d)}$, 则 $B_t B_t^{\mathrm{T}} = S_t + \delta I_d$ 是正定阵. 故 $\mathrm{rk}(B_t) = d$.

步 3. 对 B_t 做 SVD: $B_t = U[\Sigma_t, 0]V^{\mathrm{T}}$, 其中 $U \in R^{d \times d}, V \in R^{(m+d) \times (m+d)}$ 是正交阵. 则

$$S_t + \delta I_d = U \Sigma_t^2 U^{\mathrm{T}} \Rightarrow U^{\mathrm{T}}(S_t + \delta I_d) U = \Sigma_t^2.$$

步 4. 令

$$\bar{S}_t = U^{\mathrm{T}}(S_t + \delta I_d) U = \Sigma_t^2, \quad \bar{S}_b = U^{\mathrm{T}} S_b U \in R^{d \times d},$$

则

$$\bar{S}_t^{-1} \bar{S}_b = \Sigma_t^{-2} U^{\mathrm{T}} S_b U = \Sigma_t^{-1} (\Sigma_t^{-1} U^{\mathrm{T}} H_b)(\Sigma_t^{-1} U^{\mathrm{T}} H_b)^{\mathrm{T}} \Sigma_t \in R^{d \times d}.$$

步 5. 令 $D = \Sigma_t^{-1} U^{\mathrm{T}} H_b \in R^{d \times r}$, 则 $\bar{S}_t^{-1} \bar{S}_b = \Sigma_t^{-1} D D^{\mathrm{T}} \Sigma_t \in R^{d \times d}$.

步 6. 令 $\mathrm{rk}(D) = p \leqslant d$, 并对 D 做 SVD: $D = P \begin{bmatrix} \Sigma_D & 0 \\ 0 & 0 \end{bmatrix} Q^{\mathrm{T}}$, 其中 $P \in R^{d \times d}, Q \in R^{r \times r}$ 是正交阵.

步 7. 令 $P = [P_1, P_2]$, 其中 $P_1 \in R^{d \times p}, P_2 \in R^{d \times (d-p)}$, 则

$$\bar{S}_t^{-1} \bar{S}_b = \Sigma_t^{-1} P_1 \Sigma_D^2 P_1^{\mathrm{T}} \Sigma_t \Rightarrow \bar{S}_t^{-1} \bar{S}_b (\Sigma_t^{-1} P_1) = (\Sigma_t^{-1} P_1) \Sigma_D^2,$$

这表明 $(\Sigma_D^2, \Sigma_t^{-1} P_1)$ 是特征方程 (5.4.4) 的所有非零解且 $\mathrm{rk}(\bar{S}_t^{-1} \bar{S}_b) = p$.

步 8. 取降维变换阵 $G^* = \Sigma_t^{-1} P_1 \in R^{d \times p}$.

习题与思考题

(1) 利用 UCI 数据库的高维数据集实现本章所介绍的特征组合算法.

(2) 针对算法 5.3.1, 能否先考虑 range(S_b), 再考虑 null(S_w), 其结果与算法 5.3.1 比较孰好孰坏? 同样地, 针对算法 5.3.2, 能否先考虑 range(S_b), 再考虑 range(S_w), 其结果与算法 5.3.2 比较, 孰好孰坏呢?

参 考 文 献

[1] BOTTOU L, CORTES C, DENKER J S, et al. Comparison of classifier methods: a case study in handwritten digit recognition. IEEE Computer Society Press, 1994, 77-83.

[2] KREBEL U H G. Pairwise classification and support vector machines//Scholkopf B, et al. Advances in kernel methods. Cambridge, MA: MIT Press, 1999, 255-268.

[3] YANG Z X, SHAO Y H, ZHANG X S. Multiple birth support vector machine for multi-class classification. Neural Comput. Appl., 2013, 22(1): 153-161.

[4] PLATT J C, CRISTIANINI N, TAYLOR J S. Large margin DAGs for multiclass classification// Solla S A, et al. Advances in neural information processing systems. Cambridge, MA: MIT Press, 2000: 547-553.

[5] CHEN H H, WANG Q, SHEN Y. Decision tree support vector machine based on genetic algorithm for multi-class classification. Journal of Systems Engineering and Electronics, 2011, 22(2): 322-326.

[6] ANGULO C, PARRA X, CATALA A. SVCR: a support vector machine for multi-class classification. Neurocomputing, 2003, 55(1): 57-77.

[7] CHEN X, YANG J, YE Q, et al. Recursive projection twin support vector machine via within-class variance minimization. Pattern Recognit., 2011, 44(10): 2643-2655.

[8] XU Y, GUO R, WANG L. A twin multi-class classification support vector machine. Cogn. Comput., 2013, 5(4): 580-588.

[9] NASIRI J A, CHARKARI N M, SAEED J. Least squares twin multi-class classification support vector machine. Pattern Recognition, 2015, 48: 984-992.

[10] YANG Z X, SHAO Y H, ZHANG X S. Multiple birth support vector machine for multi-class classification. Neural Comput. Appl., 2013, 22: 153-161.

[11] TOMAR D, AGARWAL S. A comparison on multi-class classification methods based on least squares twin support vector machine. Knowledge-Based Systems, 2015, 81: 131-147.

[12] LEE H, SONG J, PANK D. Intrusion detection system based on multi-class SVM. Lecture Notes in Computer Science, 2005, 3642: 511-519.

[13] LIU Y, ZHENG Y F. One-against-all multi-class SVM classification using reliability measures. Neural Networks, 2005, 2: 849-854.

[14] MADZAROV G, GJORGJEVIKJ D, CHORBEV I. A multi-class SVM classifier utilizing binary decision tree. Informatica, 2009, 33(2): 233-241.

[15] XU Y, ZHANG D, ZHONG J, et al. A fast kernel-based nonlinear discriminant analysis for multi-class problems. Pattern Recognition, 2006, 39: 1026-1033.

[16] HSU C W, LIN C J. A comparison of methods for multi-class support vector machines. IEEE Trans Neural Networks, 2002, 13: 415-425.

[17] HUANG Y M, LIN Z C. Binary Multidimensional Scaling for Hashing. IEEE Transactions on Image Processing, 2018, 27(1): 406-418.

[18] SHANG F H, CHENG J, LIU Y Y, et al. Supplementary Materials: Bilinear factor matrix norm minimization for robust PCA: algorithms and applications. IEEE Transactions on Pattern Analysis and machine Intelligence, 2018, 40(9): 2066-2080.

第 6 章　数据聚类方法

我们生活在数据大爆炸时代, 每时每刻都在产生海量的数据. 如视频、文本、图像、博客等. 由于数据的类型和规模已经超出人们传统手工处理的能力范围, 聚类作为一种最常见的无监督学习技术, 可以帮助人们给数据打标签. 聚类的目的就是把不同的数据按照它们的相似度或相异度分割成不同的簇, 确保每个簇中的数据都尽可能相似, 不同簇中的数据尽可能相异. 从模式识别的角度来看, 聚类就是在寻找数据中的潜在模式, 帮助人们进行分类, 以期更好理解数据的分布规律.

聚类的应用非常广泛. 比如在商业应用方面, 可以帮助市场营销人员将客户按照喜好进行分类, 发现不同客户群的购买倾向, 以期寻找潜在的市场, 更高效地开发产品与服务. 在文本处理上, 可以帮助新闻工作者把最新的微博按照话题相似度进行分类, 从而快速找出热点新闻和关注对象. 在生物医学上, 可根据相似表达谱对基因进行分类, 从而得知未知基因的功能.

聚类的方法有很多, 包括基于划分的聚类算法 (如 k- 均值聚类 [1], k-中心聚类 [2]), 基于层次的聚类算法 (如层次聚类 [3]), 基于密度的聚类算法 (如 DBSCAN[4]), 基于网格的聚类算法 [5] (如 STING) 等.

6.1　k-均值聚类与 k-中心聚类

6.1.1　k-均值聚类

k-均值聚类 (k-means Clustering) 又称快速聚类法, 是在极小化误差函数的基础上将数据划分为预定的类数 k. 该方法原理简单、易于操作、时间复杂度低, 便于处理大规模数据.

k-均值聚类是典型的基于距离的聚类方法. 采用距离作为数据间相似性的度量, 数据间的距离越近, 相似度越高. 具体思路见下面的算法.

算法 6.1.1 (k-均值聚类)

步 1. 给定数据集和最大迭代次数, 任选 k 个向量作为初始簇心. (在 k-均值聚类中, 不论是初始簇心还是更新后的簇心都不一定属于数据集.)

步 2. 利用距离将数据集中的每个数据分配到最近的簇心, 形成 k 个簇.

步 3. 更新簇心. 将各簇中数据的平均值 (称为簇均值) 作为新的簇心.

步 4. 若簇心不发生变化或达到最大迭代次数, 则停止迭代, 此时的聚类称为稳定聚类; 否则, 转步 2.

从算法 6.1.1 中可以看出, k-均值聚类方法简单, 易于操作, 但也有明显的不足: ① 所有样本都参与聚类, 无法鉴别噪声; ② 类数 k 需提前设定, 如果选择不当, 会影响聚类效果; ③ 初始簇心的选择很重要, 否则会引起聚类结果的不稳定.

那么, 如何选择类数 k 和初始簇心呢?

类数 k 的选择通常用两种方法. ① 结合经验直接给出, 但在很多情况下, 我们事先并不知道数据中包含多少个类, 实施聚类就是为了发现数据的分布规律. ② 与层次聚类相结合 (见 6.2 节), 这是一种比较有效的方法, 先是利用层次聚类选择一个适当的 k 值, 并将对应的聚类结果作为初始聚类, 然后利用算法 6.1.1 进行修正.

初始簇心的选择也有两种常用的方法. ① 随机选取, 这样做往往会造成簇的质量较差. ② 与层次聚类相结合, 从层次聚类中提取 k 个簇, 并用这些簇的簇均值作为初始簇心. 该方法通常很有效, 但仅对数据较少 (数百到数千) 和 k 值较小 (小于数据个数) 的情况.

在 k-均值聚类中还有一个关键环节, 就是如何衡量数据间的距离. 常用的方法有距离法和余弦相似度法. 距离法会受数据量纲的影响, 所以一般需要先对数据去量纲. 数据间的距离越大, 表示数据的差异越大. 不同于距离法, 向量夹角的余弦相似度是不受数据量纲影响的, 余弦值越大, 数据间的差异越小. 具体使用哪种度量方法, 因具体问题而定. 下面给出三种常用的距离度量.

欧氏 (Euclidean) 距离: $d(x,y) = \left(\sum_{i=1}^{d} (x_i - y_i)^2 \right)^{1/2}$;

闵可夫斯基 (Minkowski) 距离: $d(x,y) = \left(\sum_{i=1}^{d} |x_i - y_i|^r \right)^{1/r}, r \in R: r \neq 0$;

CityBlock 距离: $d(x,y) = \sum_{i=1}^{d} |x_i - y_i|$,

其中 $x = (x_1, \cdots, x_d)^{\mathrm{T}}, y = (y_1, \cdots, y_d)^{\mathrm{T}} \in R^d$ 是向量. 显然, 欧氏距离和 CityBlock 距离分别是 $r = 2$ 和 $r = 1$ 的闵可夫斯基距离. 利用这三个距离求簇心是有些不同的, 如图 6.1.1 所示以圆形逼近簇心的是采用了欧氏距离, 以星形逼近簇心的是采用了闵可夫斯基距离 $(0 < r < 1)$, 以菱形逼近簇心的是采用了 CityBlock 距离.

例 6.1.1 将 R^2 中随机产生的 100 个样本聚为 10 个类.

步 1. 随机选取 10 个样本作为初始簇心. 见图 6.1.2 中的彩色方点.

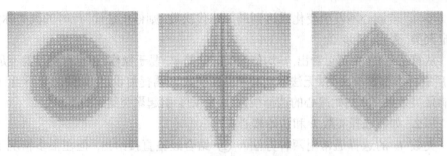

图 6.1.1   不同距离下的聚类结果

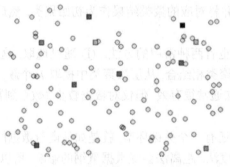

图 6.1.2   初始簇心 (后附彩图)

步 2. 利用欧氏距离进行第一次聚类, 结果见图 6.1.3 中的彩色圆点.

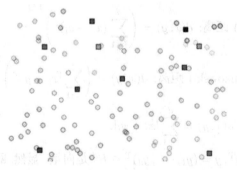

图 6.1.3   第一次聚类后的结果 (后附彩图)

步 3. 更新簇心. 选择当前聚类的簇均值作为新的簇心, 重新聚类, 直至簇心不发生变化为止. 图 6.1.4 是经过 10 次聚类后的稳定结果, 注意图中簇心的变化情况, 其中黑色方块代表初始簇心, 白色方块代表终止簇心, 其余同一颜色的方块代表中间过程中的簇心.

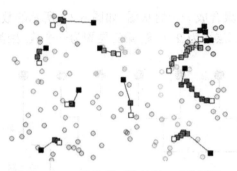

图 6.1.4   10 次聚类后的结果 (后附彩图)

6.1.2 k-中心聚类

k-中心聚类类似于 k-均值聚类, 不同之处在于 k-中心聚类是选用离簇均值最近的样本作为簇心 (簇心属于数据集), 而 k-均值聚类的簇心不一定属于数据集. 具体算法如下.

算法 6.1.2 (k-中心聚类)

步 1. 给定数据集和最大迭代次数, 任选 k 个向量作为初始簇心 (初始簇心不一定属于数据集, 但更新后的簇心一定属于数据集).

步 2. 利用距离将数据集中的每个数据分配到最近的簇心, 形成 k 个簇.

步 3. 计算各簇的簇均值.

步 4. 更新簇心. 将各簇中离簇均值最近的数据作为新的簇心.

步 5. 若簇心不发生变化或达到最大迭代次数, 停止迭代; 否则, 转步 2.

6.2   凝聚聚类法

凝聚聚类法属于层次聚类法, 其基本思想是先将数据集中的每一个数据视为一个簇; 然后计算数据间的距离, 将距离最近的数据合并为一个新簇; 然后再计算簇与簇之间的距离, 距离最近的簇再合并为一个新簇. 以此类推, 直至将所有的簇合并为一个簇为止. 图 6.2.1 给出了一个直观解释.

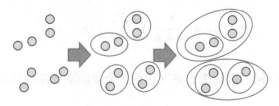

图 6.2.1   凝聚聚类的几何解释

凝聚聚类法往往聚合成一个树状图, 如图 6.2.2 所示的数据集有 7 个数据, 第一层聚为 4 个簇, 第二层聚为 2 个簇, 第三层聚为一个簇, 聚类结束.

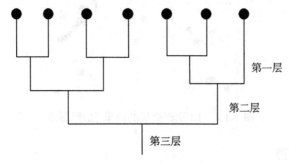

图 6.2.2　层次聚类图

在凝聚聚类中, 数据间的距离常用欧氏距离衡量, 簇与簇之间距离有多种定义方法, 如最短距离法 (数据间的最短距离作为簇与簇之间的距离)、最长距离法 (数据间的最长距离作为簇与簇之间的距离)、中间距离法 (数据间距离的均值作为簇与簇之间的距离)、簇均值法 (簇均值之间的距离作为簇与簇之间的距离) 等.

这些定义方法各有优缺点, 如最短距离法和最长距离法都易受到孤立点的影响, 中间距离法比最短距离法和最长距离法合理, 但计算量大. 在进行凝聚聚类法之前, 需要说明点到集合、集合与集合之间采用哪种距离.

一般来讲, 点到集合的距离是指点到集合中各点的欧氏距离的平均值. 如, $A = \{x_1, x_2, x_3\}$ 是一个集合. 点 x 到集合 A 的距离定义为

$$d(x, A) = \frac{1}{3}\left(\sqrt{\|x - x_1\|^2} + \sqrt{\|x - x_2\|^2} + \sqrt{\|x - x_3\|^2}\right) = \frac{1}{3}\sum_{i=1}^{3}\sqrt{\|x - x_i\|^2}.$$

集合与集合间的距离有以下定义.

(1) 集合与集合间的中间距离定义为两集合点间欧氏距离的平均值. 设 $A = \{x_1, \cdots, x_m\}$ 和 $B = \{y_1, \cdots, y_n\}$ 是两个集合, 则 A 与 B 的中间距离定义为

$$d(A, B) = \frac{1}{m+n}\sum_{j=1}^{n}\sum_{i=1}^{m}\sqrt{\|x_i - y_j\|^2}.$$

(2) 集合与集合间的最短距离定义为两集合点间欧氏距离的最小值, 即

$$d(A, B) = \min_{\substack{1 \leqslant i \leqslant m \\ 1 \leqslant j \leqslant n}} \|x_i - y_j\|.$$

(3) 集合与集合间的最长距离定义为两集合点间欧氏距离的最大值, 即

$$d(A, B) = \max_{\substack{1 \leqslant i \leqslant m \\ 1 \leqslant j \leqslant n}} \|x_i - y_j\|.$$

下面给出具体算法.

算法 6.2.1 (凝聚聚类法)

用欧氏距离衡量数据间的距离 (点间距离), 用最短距离衡量簇与簇之间的距离 (集合间的距离).

步 1. 给定数据集, 将其中的每个数据作为一个簇.

步 2. 计算簇与簇之间的距离.

步 3. 将距离最小的簇合并为一个新簇. 若已将所有簇合并为一个簇了, 停止迭代, 转步 4; 否则, 转步 2.

步 4. 画出聚类树状图, 选择适当的聚类结果.

凝聚聚类法的优点是易于计算, 限制少; 不需要预先给定类数. 但缺点也比较明显, 计算复杂度高; 将所有数据都进行了聚类, 无法区分噪声; 孤立点会对聚类结果产生影响.

6.3 密度聚类法

密度聚类法就是基于密度的聚类方法 (Density-based Clustering Method, DCM). 不同于 k-均值聚类和凝聚聚类无法区别出样本的高密度区域, 密度聚类法恰是通过数据分布的紧密程度来进行簇划分的, 它的一个主要特点是可在噪声数据中发现各种形状和各种规模的聚类, 其中含噪声应用的基于密度的空间聚类法 (Density-based Spatial Clustering of Applications with Noise, DBSCAN) 是该类方法中最具代表性的算法之一.

DBSCAN 的基本思想是寻找密度较高的数据, 把相近的高密度数据逐步连成片, 进而形成簇. 具体地说, 就是以每个数据为圆心, 以事先给定的数值 E 为半径画圈, 查一下圈中数据的个数, 这个个数称为圆心的密度值. 事先选取一个密度阈值 MinPts, 若圆心的密度值小于阈值, 则称该圆心为低密度数据; 否则, 称该圆心为高密度数据. 如果两个高密度数据在同一个圈内, 就把这两个数据连接起来. 如果有低密度数据在高密度数据的圈内, 就把它与最近的高密度数据连在一起. 所有能连在一起的数据形成一个簇. 不能与高密度数据连在一起的低密度数据就是噪声数据或异常数据. 图 6.3.1 给出了一个直观解释.

其中阈值 MinPts=4. 显然, 图中红点是高密度数据, 黄点是可与高密度数据连在一起的低密度数据, 蓝点为噪声数据. 连在一起的点形成一个簇.

为了给出 DBSCAN 的具体聚类流程, 首先介绍几个基本概念.

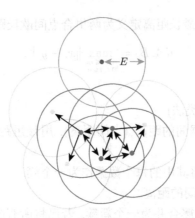

图 6.3.1　密度聚类的几何解释 (后附彩图)

E 邻域: 一个数据 p 的半径为 E 的邻域称为该数据的 E 邻域, 记作 $N_E(p)$. E 邻域中所含数据的个数可以反映出 p 是高密度数据或是低密度数据.

核心数据: 如果一个数据的 E 邻域内包含的数据个数不少于 MinPts, 则称该数据为高密度数据或核心数据.

边界数据: 如果一个数据不是核心数据, 但其 E 邻域内包含至少一个核心数据, 则称该数据为边界数据. 边界数据一定是低密度数据.

噪声数据: 既不是核心数据, 也不是边界数据的数据称为噪声数据或异常数据. 噪声数据也是低密度数据.

直接密度可达: 对数据集 T, 如果数据 $q \in T$ 在数据 $p \in T$ 的 E 邻域内, 且 p 是核心数据, 则称 q 从 p 可直接密度可达.

密度可达: 对数据集 T, 如果有一串数据 $\{p = p_1, \cdots, p_i, \cdots, p_n = q\} \in T$ 且 p_i 从 p_{i-1} 可直接密度可达, 则称 q 从 p 可密度可达. 密度可达是单向的.

密度相连: 存在数据集 T 中的一个数据 x_0, 如果 x_0 到数据 p 和到数据 q 都是密度可达的, 则称 p 和 q 是密度相连的. 密度相连是对称关系.

下面举例说明这些概念.

例 6.3.1　给定数据集 $T = \{p, p_1, p_2, m, m_1, m_2, s, s_1, o, q\}$, 指定半径 $E=3$ 和最少包含的数据个数 MinPts=3. 首先利用欧氏距离计算 T 中各数据的 3 邻域. 例如,

$$N_3(p) = \{p, p_1, p_2, m, o\}, \quad N_3(m) = \{m, m_1, m_2, p, q\},$$
$$N_3(q) = \{q, m\}, \quad N_3(o) = \{o, p, s\}, \quad N_3(s) = \{o, s, s_1\}.$$

显然, p, m, o, s 是核心数据, q 是边界数据.

因为数据 m 在数据 p 的 3 邻域中且 p 是核心数据, 所以 m 从 p 可直接密度可达. 又因为 q 在 m 的 3 邻域中且 m 是核心数据, 所以 q 从 m 可直接密度可达.

故 q 从 p 可密度可达.

因为 o 在 p 的 3 邻域中且 p 是核心数据, 所以 o 从 p 可直接密度可达. 又因为 s 在 o 的 3 邻域中且 o 是核心数据, 所以 s 从 o 可直接密度可达. 故 s 从 p 可密度可达.

由于 q 从 p 可密度可达, s 从 p 也可密度可达, 所以 q 和 s 是密度相连的.

下面给出具体的 DBSCAN 算法.

算法 6.3.1 (DBSCAN)

步 1. 给定数据集 T, 指定邻域半径 E, 密度阈值 MinPts 和距离度量法.

步 2. 利用距离度量法计算 T 中每个数据的 E 邻域.

步 3. 找出核心数据、边界数据和噪声数据.

步 4. 删除噪声数据.

步 5. 将核心数据与其 E 邻域中的所有核心数据连在一起.

步 6. 将边界数据与其 E 邻域中的最近核心数据连在一起.

步 7. 将所有能连在一起的数据构成一个簇, 进而完成聚类.

从算法 6.3.1 可以看出, DBSCAN 不需要事先指定簇的个数, 可以发现任意形状的簇, 且能够判别出噪声数据. 但也有明显的不足, 如对高维数据, 若数据间极为稀疏, 则密度阈值很难确定; 邻域半径和密度阈值的选取都会影响聚类结果. 这是因为: 如果根据密度较高的片选取较小的半径值 E, 则密度相对较低的片中的数据可能会被错分为边界数据, 导致不能单独聚为一簇; 反之, 如果根据密度较低的片选取较大的半径值 E, 则会导致离得较近且密度较大的数据被合并, 使得这些数据间的差异被忽略. 下面举例说明算法 6.3.1 的聚类过程.

例 6.3.2 给定数据集, 见表 6.3.1.

表 6.3.1 原始数据集

	P1	P2	P3	P4	P5	P6	P7	P8	P9	P10	P11	P12	P13
X	1	2	2	4	5	6	6	7	9	1	3	5	3
Y	2	1	4	3	8	7	9	9	5	12	12	12	3

取半径 $E=3$, 阈值 MinPts=3, 并用欧氏距离作为距离度量. 现用 DBSCAN 对数据集进行聚类.

解 步 1. 画出数据集的散点图, 见图 6.3.2.

步 2. 计算每个数据的 3 邻域. 3 邻域内数据个数不少于 3 的为核心数据, 见图 6.3.3 中的黄点. 查看剩余数据是否在核心数据的 3 邻域内. 若在, 则为边界数据 (图 6.3.3 中的蓝点); 否则, 为噪声数据 (图 6.3.3 中的黑点).

步 3. 将距离不超过 3 的核心数据连在一起, 将边界数据与最近的核心数据连在一起, 将噪声数据去掉, 形成三个簇, 见图 6.3.4.

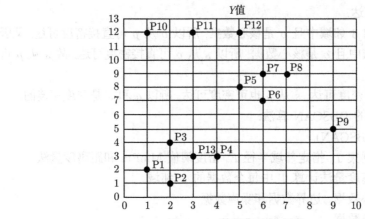

图 6.3.2 数据集的散点图

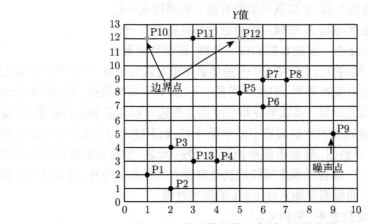

图 6.3.3 每个数据的 3 邻域 (后附彩图)

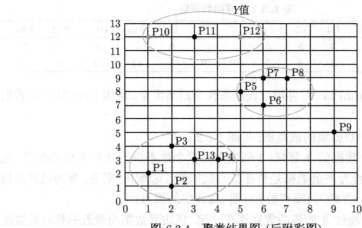

图 6.3.4 聚类结果图 (后附彩图)

6.4 谱 聚 类

谱聚类 (Spectral Clustering, SC) 是一种基于图的聚类方法. 根据图中各顶点的相似度, 将图划分为若干个子图, 使得每个子图中顶点的相似度尽可能高, 子图间顶点的相似度尽可能低, 每个子图作为一个簇. 为了给出谱聚类的具体流程, 首先简介图论中的一些基本概念.

6.4.1 基本概念

1. 连接矩阵或相似性矩阵

设 $G = (V, E, W)$ 是一个无向加权图, 其中 $V = \{v_1, \cdots, v_n\}$ 是顶点集, E 是边集, $W = [w_{ij}]$ 是连接矩阵或相似性矩阵. 若 $W = [w_{ij}]$ 是连接矩阵, 则顶点 v_i, v_j 间无边相连时 $w_{ij} = 0$; 否则, $w_{ij} = 1$. 若 $W = [w_{ij}]$ 是相似性矩阵, 则顶点 v_i, v_j 间有边相连时 $w_{ij} > 0$.

2. 顶点的度

顶点 v_i 的度定义为与 v_i 相连的边的个数. 若 W 是连接矩阵, 则 $d_i = \sum_{j=1}^{n} w_{ij}$. 由每个顶点的度构成的对角阵记为 $D = \mathrm{diag}(d_1, \cdots, d_n)$, 称为度矩阵.

3. 无向加权图

将给定的数据集 $V = \{v_1, \cdots, v_n\}$ 转化为无向加权图, 有三种常用的方法.

首先将数据集看成是顶点集, 并定义顶点间的距离度量, 通常采用欧氏距离.

(1) ε 近邻图. 给定 ε 值, 如果两顶点间的距离小于 ε 值, 则该两顶点间有边相连. 需要注意的是, ε 的取值既不能太大, 也不能太小, 要根据顶点间的距离确定. 取得太大, 相连的顶点太多, 不利于聚类; 取得太小, 相连的顶点少, 也不利于聚类.

(2) k 近邻图. 给定自然数 k, 如果 v_j 是 v_i 的 k 个近邻之一或 v_i 是 v_j 的 k 个近邻之一, 则 v_i, v_j 之间有边相连. 也可定义为: 如果 v_j 是 v_i 的 k 个近邻之一且 v_i 也是 v_j 的 k 个近邻之一, 则 v_i, v_j 之间有边相连.

(3) 全连接图. 将所有顶点两两相连, 顶点间的相似度定义为

$$s(v_i, v_j) = \exp(-\|v_i - v_j\|^2 / 2\sigma^2).$$

4. Laplacian 矩阵

设 $W = [w_{ij}]$ 是连接矩阵, $D = \mathrm{diag}(d_1, \cdots, d_n)$ 是度矩阵, 称 $L = D - W$ 为 Laplacian 矩阵. 若 $W = [w_{ij}]$ 是相似性矩阵, 令

$$D = \text{diag}(d_{11}, \cdots, d_{nn}), \quad d_{ii} = \sum_{j=1}^{n} w_{ij}, \quad i = 1, \cdots, n,$$

则 $L = D - W$ 是 Laplacian 矩阵. 可以证明 Laplacian 矩阵 L 具有以下两个性质:

(1) L 是对称非负定阵.

(2) L 的最小特征值为 0, 对应的特征向量为 1 向量.

6.4.2 图的分割原则

谱聚类源于图的分割 (Cut), 其基本思想是将所有数据 (顶点) 连接成图, 然后将图分割成若干个不同的子图, 使得子图间的连接权值最小. 两个子图 A 与 B 之间的连接权值定义为

$$W(A, B) = \sum_{i \in A, j \in B} w_{ij},$$

其中 $i \in A$ 表示 $v_i \in A$. 记 $\bar{A}$ 表示子图 A 的补集. 如果将图分割为 q 个子图 $A_1, \cdots, A_q$, 则可构建如下极小化模型来表述最优分割问题:

$$\min \text{cut}(A_1, \cdots, A_q) = \frac{1}{2} \sum_{i=1}^{q} W(A_i, \bar{A}_i) \tag{6.4.1}$$

模型 (6.4.1) 通常会产生分割不均衡的情况, 即某个子图中顶点过多或过少. 一个有效的解决方法是让每个子图都有合理的大小. 而度量子图大小的常用方法是 RatioCut 和 Normalized Cut(NCut), 其定义分别为

$$\text{RatioCut}(A_1, \cdots, A_k) = \frac{1}{2} \sum_{i=1}^{q} \frac{W(A_i, \bar{A}_i)}{|A_i|} = \sum_{i=1}^{q} \frac{\text{cut}(A_i, \bar{A}_i)}{|A_i|},$$

$$\text{NCut}(A_1, \cdots, A_k) = \frac{1}{2} \sum_{i=1}^{q} \frac{W(A_i, \bar{A}_i)}{\text{vol}(A_i)} = \sum_{i=1}^{q} \frac{\text{cut}(A_i, \bar{A}_i)}{\text{vol}(A_i)},$$

其中 $|A_i|$ 表示子集 A_i 中顶点的个数, $\text{vol}(A_i) = \sum_{j \in A_i} d_j$ 表示 A_i 中所有顶点的度之和. 这时, 图的分割原则分别为

$$\min \text{RatioCut}(A_1, \cdots, A_q) \tag{6.4.2}$$

和

$$\min \text{NCut}(A_1, \cdots, A_q). \tag{6.4.3}$$

6.4.3 谱聚类流程

先给出谱聚类的具体流程, 然后加以说明.

算法 6.4.1 (谱聚类)

步 1. 给定数据集 $V = \{v_1, \cdots, v_n\}$, 将所有数据作为图的顶点, 构造无向加权图.

步 2. 计算图的连接矩阵 $W \in R^{n \times n}$ 和 Laplacian 矩阵 $L \in R^{n \times n}$.

步 3. 根据图的分割准则, 计算矩阵 L 的前 q 个最小特征向量 $h_i \in R^n, i = 1, \cdots, q$, 即前 q 个最小特征值对应的特征向量.

步 4. 记 $H = [h_1, \cdots, h_q] \in R^{n \times q}$.

步 5. 将 H 的每一行看作是一个数据, 利用 k-均值进行聚类.

说明　如果选取模型 (6.4.2) 作为分割原则, 则对矩阵 L 进行特征值分解就可得到矩阵 H. 如果选取模型 (6.4.3) 作为分割原则, 则需求解广义特征方程:

$$Lh = \lambda D h \tag{6.4.4}$$

得到矩阵 H.

类似于 k-均值聚类, 谱聚类也需要事先给定聚类的个数. 除此之外, 数据间的相似性度量对聚类结果影响较大. 谱聚类只适用于均衡聚类任务, 即各簇中的数据个数相差不大. 对于各簇中的数据个数相差较大的聚类任务, 不适用于谱聚类.

6.5　极大期望聚类法

极大期望聚类 (Expectation-maximization Clustering, EM 聚类) 法常用于机器学习和计算机视觉中的数据聚类 (Data Clustering) 领域, 包括缺失值的处理等, 主要用于对隐藏变量的估计, 即利用概率分布判断数据所属的类别或者估计数据的取值.

EM 聚类过程可分为两步. 第一步称为 E 步, 是利用初始参数, 估计数据所属的类别; 第二步称为 M 步, 是利用估计的类别和极大似然函数, 调整参数. 这两步重复进行, 直至参数的变化小于给定的阈值为止. 最后, 利用所确定的分布, 估计各数据所属的类别. EM 聚类的这种思想可以用一个例子来说明.

例 6.5.1　从一所中学里随机抽取 500 名学生的鞋码数据, 在没有任何信息的情况下, 请对这 500 个鞋码数据进行分类: 哪些来自男生, 哪些来自女生.

分析　根据概率学知识, 任何一堆数据都可以用高斯分布 (正态分布)$N(\mu, \sigma^2)$ 来拟合, 其中 μ 和 σ^2 分别表示均值参数和方差参数. 为此, 假设男生和女生的鞋码数据均满足不同参数下的高斯分布.

给定一个初始参数值, 根据这些参数值可以粗略地将每个鞋码划分到指定类 (男生类或女生类). 由于男生鞋码普遍偏大, 一般在 39 至 44 之间, 因此均值大致可估计为 42 左右. 这样, 41 号鞋码就有可能分到男生类. 基于这样的判断, 可得到这 500 个鞋码的初始分类. 然后根据极大似然函数和这个初始分类, 调整男生类和女生类的参数值. 在新的参数值下, 重新对鞋码进行分类, 直至参数变化小于给定的阈值.

下面给出算法的理论推导.

设数据集 $\{x_1, \cdots, x_m\}$ 中的样本彼此独立, 每个样本对应的类别 z_i 是未知的. EM 聚类的目的是确定样本的所属类别, 使得概率 $p(x_i, z_i; \theta)$ 极大化, 其中 θ 是未知参数. 为了估计参数 θ, 采用极大似然函数法, 其中似然函数为

$$l(\theta) = \prod_{i=1}^{m} p(x_i; \theta).$$

为了便于求解, 对似然函数取对数, 得对数似然函数:

$$L(\theta) = \log l(\theta) = \log\left(\prod_{i=1}^{m} p(x_i; \theta)\right) = \sum_{i=1}^{m} \log p(x_i; \theta) = \sum_{i=1}^{m} \log\left(\sum_{z_i} p(x_i, z_i; \theta)\right).$$

设 $Q(z_i) \geqslant 0$ 且 $\sum_{z_i} Q(z_i) = 1$ 是类别 z_i 的某一分布. 由于 z_i 未知, 很难直接极大化 $L(\theta)$ 来估计参数 θ. 为此, EM 聚类借助 Jenson 不等式, 利用极大化 $L(\theta)$ 的下界来估计. 这时,

$$L(\theta) = \sum_{i=1}^{m} \log\left(\sum_{z_i} Q(z_i)\frac{p(x_i, z_i; \theta)}{Q(z_i)}\right)$$

$$\overset{\text{Jenson}}{\geqslant} \sum_{i=1}^{m} \sum_{z_i} Q(z_i) \log\frac{p(x_i, z_i; \theta)}{Q(z_i)} = E(\theta). \tag{6.5.1}$$

为了使 (6.5.1) 式中的等式成立, 取

$$Q(z_i) = \frac{p(x_i, z_i; \theta)}{\sum_{z_i} p(x_i, z_i; \theta)} = \frac{p(x_i, z_i; \theta)}{p(x_i; \theta)} = p(z_i \,|\, x_i \,; \theta).$$

于是, $\theta^* = \arg\max_\theta E(\theta)$ 且

$$E(\theta) = \sum_{i=1}^{m} \sum_{z_i} p(z_i \,|\, x_i \,; \theta) \log\frac{p(x_i, z_i; \theta)}{p(z_i \,|\, x_i \,; \theta)} = \sum_{i=1}^{m} \sum_{z_i} p(z_i \,|\, x_i \,; \theta) \log p(x_i).$$

下面给出具体的迭代算法.

算法 6.5.1 (EM 聚类)

步 1. 给定数据集 $\{x_1, \cdots, x_m\}$, 指定聚类个数 k 和阈值 $\varepsilon > 0$, 置 $t = 0$, 任取参数值 θ^t.

步 2. 利用高斯分布的取值, 将样本分配到 k 个簇中, 其中 $\theta = \theta^t$. 需要注意的是, 一个样本有可能分配到多个簇中.

步 3. (E 步). 对每个样本 x_i, 计算 $p(z_i | x_i ; \theta^t)$.

步 4. 计算 $E(\theta^t) = \sum\limits_{i=1}^{m} \sum\limits_{z_i} p(z_i | x_i ; \theta^t) \log p(x_i)$.

步 5. (M 步). 计算 $\theta^{t+1} = \arg\max_{\theta^t} E(\theta^t)$.

步 6. 若 $\|\theta^{t+1} - \theta^t\| < \varepsilon$, 停止迭代, 置 $\theta^* \leftarrow \theta^{t+1}$, 转步 7; 否则, 置 $t \leftarrow t + 1$, 转步 2.

步 7. 利用高斯分布的取值, 将样本重新分配到 k 个簇中, 其中 $\theta = \theta^*$.

类似于 k-均值聚类, EM 聚类也需要事先指定聚类的个数. 但不同于 k-均值聚类是利用距离度量, EM 聚类是计算概率分布, 这要比计算距离复杂得多.

习题与思考题

(1) UCI 数据库包含三维道路网、AAAI 2014 收录的论文、旷工、日常体育活动、药物审查、电力负荷图等 85 个实际问题的聚类数据集. 请利用 UCI 数据库的聚类数据集实现本章所介绍的聚类算法.

(2) 参考已发表的相关文章, 在本章的基础上做进一步思考.

参 考 文 献

[1] https://www.jianshu.com/p/d96e5e48e6fl.

[2] https://blog.csdn.net/qq_36076233/article/details/72991055.

[3] https://blog.csdn.net/qq_29957455/article/details/80146093.

[4] https://blog.csdn.net/u013709270/article/details/77926813.

[5] https://www.jianshu.com/p/c09adae148d.

第7章　神经网络简介

机器学习方法中经常遇到的一个词是过适应 (Overfitting), 即算法的训练精度几乎完美, 但对未知数据的预测精度却非常差, 也就是说, 算法的泛化能力或推广能力差. 对参数众多的复杂模型, 过适应问题尤为突出. 我们知道, 特征的提取对提高算法的泛化能力有着很重要的作用, 而深度学习恰能通过多层网络自动提取数据的特征或参数.

7.1　神经元与激活函数

简单地说, 神经网络包括输入层、任意数量的隐藏层和输出层. 在计算神经网络的层数时通常会排除输入层. 除输入层外, 每层都需要选择一个激活函数 (Activation Functions).

在神经网络中, 神经元 (也称为节点) 是计算的基本单元. 一个神经元接受其他神经元或外部的输入, 计算后产生输出. 两神经元间的连线代表通过该连线信号的权值. 神经元内部隐含着一个非线性函数 $f: R \to R$ 作为激活函数, 它的作用是将非线性引入到神经元的输出中, 以此达到神经元学习非线性表示的目的. 这对于用神经网络去学习、理解非常复杂和非线性的函数来说具有十分重要的作用.

常用的激活函数包括 [1] 以下几种.

(1) Sigmoid 函数

$$g(x) = 1/(1 + e^{-x}), \quad x \in R.$$

对应的曲线见图 7.1.1.

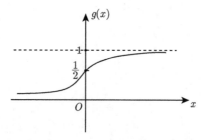

图 7.1.1　Sigmoid 函数对应的曲线

Sigmoid 函数有三个不足.

(a) 当输入稍微远离了坐标原点, 函数的梯度就变得很小了, 几乎为零. 在神经网络反向传播的过程中, 我们都是通过微分的链式法则来计算各个权重 w 的微分的. 当反向传播经过了 Sigmoid 函数, 这个链条上的微分就非常小了, 况且还可能经过很多个 Sigmoid 函数, 最后可能会导致权重 w 对损失函数几乎没影响, 这样不利于权重的优化, 这个问题叫做梯度饱和, 也可以叫梯度弥散.

(b) 函数输出不是以 0 为中心的, 这样会使权重更新效率降低.

(c) Sigmoid 函数要进行指数运算, 这对于计算机来说是比较慢的.

(2) Tanh 函数 (双曲正切, Hyperbolic Tangent)

$$g(x) = (e^x - e^{-x})/(e^x + e^{-x}), \quad x \in R.$$

对应的曲线见图 7.1.2.

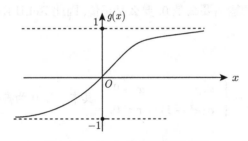

图 7.1.2 Tanh 函数对应的曲线

Tanh 函数和 Sigmoid 函数的曲线比较相近. 相同的是, 两个函数在输入很大或是很小的时候, 输出都几乎平滑, 梯度很小, 不利于权重更新; 不同的是输出区间, Tanh 的输出区间是在 $[-1, 1]$, 而且整个函数是以 0 为中心的, 这个特点比 Sigmoid 的好.

一般二分类问题中, 隐层用 Tanh 函数, 输出层用 Sigmoid 函数. 不过这也不是一成不变的. 具体使用什么激活函数, 要根据具体任务具体分析, 是需要调试的.

(3) ReLU 函数 (线性修正单元 Rectified Linear Units)

$$g(x) = \max\{0, x\}.$$

对应的曲线见图 7.1.3.

ReLU 函数是目前用得比较多的一个激活函数. 相比于 Sigmoid 函数和 Tanh 函数, 它有以下两个优点: ① 输入为正值时不存在梯度饱和问题; ② ReLU 函数只有线性关系, 不管是前向传播还是反向传播, 都比 Sigmoid 和 Tanh 要快很多. 这是因为 Sigmoid 函数和 Tanh 函数需要计算指数, 速度会比较慢.

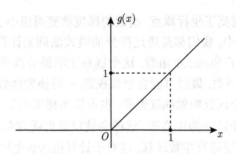

图 7.1.3　ReLU 函数对应的曲线

但 ReLU 函数也有不足, 主要体现在以下两个方面.

(a) 当输入是负值时, ReLU 完全不被激活. 这在前向传播中还不是问题, 但在反向传播中梯度就会为 0, 这与 Sigmoid 函数和 Tanh 函数有同样的问题.

(b) ReLU 函数的输出要么是 0, 要么是正值, 因此 ReLU 函数也不是以 0 为中心的函数.

(4) ELU 函数

$$g(x) = \begin{cases} x, & x > 0, \\ \alpha(e^x - 1), & x \leqslant 0, \end{cases} \quad \text{其中 } \alpha > 0 \text{ 为参数.}$$

对应的曲线见图 7.1.4.

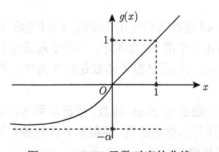

图 7.1.4　ELU 函数对应的曲线

ELU 函数是 ReLU 函数的一个改进. 相比较于 ReLU 函数, 在输入为负值时, ELU 函数有一定输出, 这部分输出不仅具有一定的抗干扰能力. 而且还可以消除 ReLU 函数不被激活的问题. 不过还是存在梯度饱和和指数运算的问题.

(5) PReLU 函数

$$g(x) = \max\{\alpha x, x\},$$

其中 $\alpha \in (0, 1)$ 是取值较小的参数. 对应的曲线见图 7.1.5.

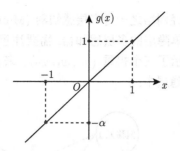

图 7.1.5　PReLU 函数对应的曲线

PReLU 函数是 ReLU 函数的另一个改进. 在负值区域内, PReLU 函数有一个很小的斜率, 这样就避免了 ReLU 不被激活的问题. 相比较于 ELU, PReLU 在负值区域内是线性运算, 斜率虽然小, 但不会趋于 0, 这是一个优势. 另外, 当 $a = 0.01$ 时, 称 PReLU 为 Leaky ReLU.

7.2　前馈神经网络

前馈神经网络 (Feedforward Neural Network, FNN) 是最简单的神经网络, 它包含一个输入层, 一个输出层和若干个隐层. 各神经元 (也称为节点) 从第一隐层开始, 接收前一层的输出作为输入, 并输出到下一层, 直至输出层. 整个网络中无反馈, 可用一个有向无环图 7.2.1 表示.

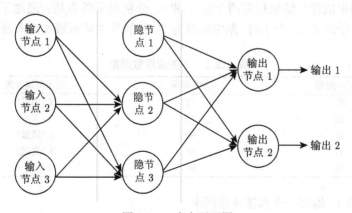

图 7.2.1　有向无环图

在 FNN 中, 相邻两层神经元之间赋有权值, 隐层和输出层神经元赋有阈值 (偏差值) 和激活函数. 权值以及隐层神经元的阈值等参数是通过算法学习出来的. 输入层神经元的个数等同于输入数据的维度, 比如 32×32 矩阵的向量化维度是 1024, 则输入层就有 1024 个神经元.

最具代表性的前馈神经网络之一是多层感知器 (Multi-layer Perceptron, MLP),
图 7.2.2 显示了一个具有单隐层的多层感知器, 需要注意的是, 所有连接都有与之
相关的权重, 但图中只显示了三个权重 (w_0, w_1, w_2). 来自输入层中的输入分别是
$1, x_1, x_2$, 这些输入被送到隐层中:

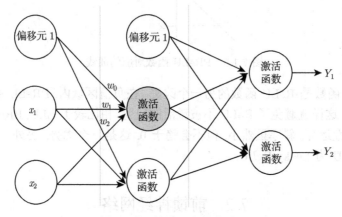

图 7.2.2   单隐层多层感知器

如何学习 FNN 中的权值和阈值呢? 这时一个迭代调整的过程. 下面通过一个
例子来加以解释.

例 7.2.1   表 7.2.1 是学生成绩数据集: 两个输入栏分别是学生学习的小时数
和获得的期中成绩. 结果栏有两个值 1 和 0, 分别表示学生是否通过了期末测试.
现预测一个学习了 25 个小时, 期中成绩为 70 分的学生能否通过期末测试.

表 7.2.1   学生成绩数据集

学习小时数	期中成绩	期末测试结果
35	67	1 (通过)
12	75	0 (失败)
16	89	1 (通过)
45	56	1 (通过)
10	90	0 (失败)

解   步 1. 构建一个前馈神经网络.

在不考虑阈值节点的前提下, 输入层有两个神经元, 分别为 "学习小时数" 和
"期中成绩", 隐层有两个神经元, 输出层也有两个神经元, 其输出分别表示 "通过"
的概率和 "失败" 的概率. 这显然是一个多层感知器.

在分类任务中, 通常使用 Softmax 函数作为输出层中的激活函数, 以确保输出
是确实存在的, 并且它们的概率相加为 1. Softmax 函数采用任意实值向量, 并且将

其化为 $(0,1)$ 之间的一个向量, 且分量和为 1. 即若 $y = (y_1, \cdots, y_m)$ 是输出层的实值输出, $y_{\min} = \min\{y_1, \cdots, y_m\}$, 则

$$\tilde{y} = \left(\frac{y_1 - y_{\min}}{\displaystyle\sum_{i=1}^{m}(y_i - y_{\min})}, \cdots, \frac{y_m - y_{\min}}{\displaystyle\sum_{i=1}^{m}(y_i - y_{\min})} \right)$$

$$= \left(\frac{y_1 - y_{\min}}{\displaystyle\sum_{i=1}^{m} y_i - m y_{\min}}, \cdots, \frac{y_m - y_{\min}}{\displaystyle\sum_{i=1}^{m} y_i - m y_{\min}} \right)$$

是输出层的 Softmax 输出.

步 2. 初始化权重. 随机选取网络中的所有权重.

考虑隐层神经元 V, 假设输入层到该神经元的权重分别为 (w_1, w_2, w_3), 且 $f: R \to R$ 是激活函数, 则第一个样本 $(35, 67)$ 经过此神经元后的输出为

$$V = f(1 \times w_1 + 35 \times w_2 + 67 \times w_3).$$

类似地, 可以计算隐层中另一神经元的输出. 隐层中两个神经元的输出作为输出层神经元的输入, 用同样的方法就可计算出输出层神经元的输出了. 假设输出层两神经元的输出概率分别为 0.4 和 0.6(因为权重是随机分配的, 所以输出也是随机的), 则与期望概率 (1 和 0) 的误差分别是 0.6 和 −0.4, 即 60% 和 −40% 误差过大, 因此认为网络有 "不正确输出", 故需要调整网络中的所有权重.

步 3. 利用反向传播调整权重.

计算出输出概率的总误差, 并使用反向传播将这些误差返回网络, 用以计算梯度. 然后利用优化方法 (如梯度下降法) 调整网络中的所有权重, 减少输出误差.

具体调整过程见 7.3 节介绍的 BP 算法. 假设调整后的神经元 V 的新权重为 (w_4, w_5, w_6). 将同一样本再输入网络中, 此时网络的输出概率分别为 0.8 和 0.2, 与期望概率的误差分别是 0.2 和 −0.2, 减少了输出误差, 这意味着网络学会了正确分类第一个样本.

步 4. 重复步 2 和步 3 直至达到误差要求. 这样, 网络就学会了正确分类样本.

步 5. 预测一个学习了 25 小时, 期中成绩为 70 分的学生能否通过期末测试. 将 $(25, 70)$ 输入训练好的网络中, 通过前向传播步骤, 就可得到输出概率, 即 "通过" 和 "失败" 的概率.

7.3　反向传播算法

反向传播 (Backpropagation, BP) 算法是用来训练神经网络的一种常用方法, 其基本思想是通过反向传播调整网络中的所有权重. 具体地说, 可分为四步.

步 1. 前向传播. 将训练集样本逐一输入到网络中, 经过隐层, 最后达到输出层, 并输出结果.

步 2. 反向传播. 计算网络输出与真实输出之间的总体误差, 并将该误差从输出层向隐层反向传播, 直至输入层.

步 3. 调整权重. 在反向传播过程中, 根据误差调整权重.

步 4. 重复迭代, 直至输出误差满足要求为止.

下面给出 BP 算法的推导过程.

设整个网络有 $L(L \geqslant 3)$ 层, 第一层为输入层, 最后一层 (第 L 层) 为输出层, 其余层为隐层. 用 w_{jk}^l 表示第 $l-1$ 层的第 k 个神经元到第 l 层的第 j 个神经元的权重 $(2 \leqslant l \leqslant L)$, b_j^l 表示第 l 层第 j 个神经元的阈值, z_j^l 和 a_j^l 分别表示第 l 层第 j 个神经元的输入和输出, δ_j^l 表示第 l 层第 j 个神经元产生的误差, $g: R \to R$ 表示激活函数. 则

$$
\begin{cases}
z_j^l = \sum_k w_{jk}^l a_k^{l-1} + b_j^l, \\
a_j^l = g(z_j^l) = g\left(\sum_k w_{jk}^l a_k^{l-1} + b_j^l\right),
\end{cases}
l = 2, \cdots, L.
$$

对给定的数据集 $\{(x_i, y_i)\}_{i=1}^m \in R^d \times R^p$, 第 l 层第 j 个神经元的反向传播误差定义为

$$
\delta_j^l = \frac{\partial C}{\partial z_j^l},
$$

其中

$$
C = \frac{1}{2m} \sum_{i=1}^m \left\| y_i - a^L(x_i) \right\|^2
$$

是网络输出 $a^L(x_i) \in R^p$ 与真实输出 y_i 间的总体误差 (称为代价函数). 特别地, 当网络中只输入一个样本 $(x, y) \in R^d \times R^p$ 时, 代价函数可表示为

$$
C = \frac{1}{2} \left\| y - a^L \right\|^2 = \frac{1}{2} \sum_{j=1}^p (y_{(j)} - a_j^L)^2 = \frac{1}{2} \sum_{j=1}^p (y_{(j)} - g(z_j^L))^2
$$

$$
= \frac{1}{2} \sum_{j=1}^p \left(y_{(j)} - g\left(\sum_k w_{jk}^L a_k^{L-1} + b_j^L \right) \right)^2.
$$

7.3.1 误差的计算

根据误差的定义和链式法则, 对输出层误差 (称为输出误差), 有

$$\delta_j^L = \frac{\partial C}{\partial z_j^L} = \frac{\partial C}{\partial a_j^L} \cdot \frac{\partial a_j^L}{\partial z_j^L}, \quad j = 1, \cdots, p.$$

对隐层 $(2 \leqslant l \leqslant L - 1)$ 的反向传播误差, 有

$$\delta_j^l = \frac{\partial C}{\partial z_j^l} = \sum_k \frac{\partial C}{\partial z_k^{l+1}} \cdot \frac{\partial z_k^{l+1}}{\partial a_j^l} \cdot \frac{\partial a_j^l}{\partial z_j^l} = \sum_k \delta_k^{l+1} \cdot \frac{\partial \left(\sum_j w_{kj}^{l+1} a_j^l + b_k^{l+1} \right)}{\partial a_j^l} \cdot g'(z_j^l)$$

$$= \sum_k \delta_k^{l+1} \cdot w_{kj}^{l+1} \cdot g'(z_j^l) = \left(\sum_k \delta_k^{l+1} \cdot w_{kj}^{l+1} \right) \cdot g'(z_j^l).$$

记 $W^l = [w_{jk}^l]$ 是第 $l - 1$ 层到第 l 层的权矩阵且

$$\nabla_{a^L} C = \begin{bmatrix} \partial C/\partial a_1^L \\ \vdots \\ \partial C/\partial a_p^L \end{bmatrix}, \quad \delta^L = \begin{bmatrix} \delta_1^L \\ \vdots \\ \delta_p^L \end{bmatrix}, \quad g'(z^l) = \begin{bmatrix} \partial a_1^l/\partial z_1^l \\ \vdots \\ \partial a_p^l/\partial z_p^l \end{bmatrix}, \quad l = 2, \cdots, L,$$

并用 $\odot$ 表示矩阵的 Hadamard 积 (即矩阵的对应元素相乘), 用 δ^l 表示第 l 隐层的反向传播误差, 则输出误差可表示为

$$\delta^L = (\nabla_{a^L} C) \odot g'(z^L) \in R^p. \tag{7.3.1}$$

反向传播误差可表示为

$$\delta^l = ((W^{l+1})^{\mathrm{T}} \delta^{l+1}) \odot g'(z^l). \tag{7.3.2}$$

7.3.2 梯度的计算

下面计算代价函数 C 关于权重和阈值的梯度. 根据链式法则, 有

$$\begin{cases} \dfrac{\partial C}{\partial w_{jk}^l} = \dfrac{\partial C}{\partial z_j^l} \cdot \dfrac{\partial z_j^l}{\partial w_{jk}^l} = \delta_j^l \cdot \dfrac{\partial \left(\sum_k w_{jk}^l a_k^{l-1} + b_j^l \right)}{\partial w_{jk}^l} = \delta_j^l \cdot a_k^{l-1} = a_k^{l-1} \delta_j^l, \\[3mm] \dfrac{\partial C}{\partial b_j^l} = \dfrac{\partial C}{\partial z_j^l} \cdot \dfrac{\partial z_j^l}{\partial b_j^l} = \delta_j^l \cdot \dfrac{\partial \left(\sum_k w_{jk}^l a_k^{l-1} + b_j^l \right)}{\partial b_j^l} = \delta_j^l. \end{cases} \tag{7.3.3}$$

下面给出具体算法.

算法 7.3.1 (BP 算法)

步 1. 给定数据集 $\{(x_i, y_i)\}_{i=1}^m \in R^d \times R^p$ 和网络的层数 L. 置 $t = 0, \varepsilon > 0$. 任取初始权矩阵 $(W^l)^t$ 和阈值向量 $(b^l)^t, l = 2, \cdots, L$.

步 2. 计算每个样本在前向传播中各层的输入向量和输出向量:

$$\begin{cases} (z^l(x_i))^t = (W^l)^t(a^{l-1}(x_i))^t + (b^l)^t, \\ (a^l(x_i))^t = g((z^l(x_i))^t), \quad i = 1, \cdots, m, \end{cases}$$

其中 $(a^1(x_i))^t = x_i, i = 1, \cdots, m$.

步 3. 利用 (7.3.1) 式计算每个样本的输出误差 $(\delta^L(x_i))^t, i = 1, \cdots, m$, 并计算输出总误差

$$(\delta^L)^t = \sum_{i=1}^m (\delta^L(x_i))^t.$$

步 4. 若 $(\delta^L)^t < \varepsilon$, 停止迭代, 置

$$(W^l)^* \leftarrow (W^l)^t, \quad (b^l)^* \leftarrow (b^l)^t, \quad l = 2, \cdots, L,$$

转步 8; 否则, 转步 5.

步 5. 利用 (7.3.2) 式计算每个样本的反向传播误差

$$(\delta^l(x_i))^t, \quad i = 1, \cdots, m, \quad l = 2, \cdots, L - 1.$$

步 6. 利用梯度下降法更新权矩阵和阈值向量:

$$\begin{cases} (W^l)^{t+1} = (W^l)^t - \dfrac{\eta}{m} \sum_{i=1}^m (\delta^l(x_i))^t [(a^{l-1}(x_i))^t]^{\mathrm{T}}, \\ (b^l)^{t+1} = (b^l)^t - \dfrac{\eta}{m} \sum_{i=1}^m (\delta^l(x_i))^t, \quad l = 2, \cdots, L - 1. \end{cases}$$

步 7. 置 $t \leftarrow t + 1$, 转步 2.

步 8. 对任一输出 $\tilde{x} \in R^d$, 其网络输出为 $\tilde{y} = g((W^L)^*(a^{L-1}(\tilde{x}))^* + (b^L)^*) \in R^p$.

7.4　正则化极端学习机

作为单隐层 FNN(Single-hidden Layer FNN, SLFNN) 的一个重要分支, Huang 等 [2-3] 提出的极端学习机 (Extreme Learning Machine, ELM) 受到了学者们的广泛关注, 并得以迅速发展 [4-7]. 不同于一般的 SLFNN, ELM 的输入层和隐层间的权

矩阵可随意赋值, 只有隐层和输出层间的权矩阵需要利用最小二乘法来确定. ELM
的优点是学习速度快、灵活, 但不足之处是失去了算法的稀疏性, 导致算法的计算
复杂性提高, 计算速度减慢, 这对处理高维数据有些力不从心.

何为矩阵的稀疏性呢? 在一个矩阵中, 如果零元素的个数远远多于非零元素
的个数, 且非零元素的分布没有规律, 这样的矩阵称为稀疏矩阵. 反之, 若非零元
素占绝大多数, 则称这个矩阵为稠密矩阵. 稀疏矩阵在通信编码和机器学习中有
非常广泛的应用价值. 若编码矩阵或特征表示矩阵是稀疏矩阵, 则算法的计算速度
会大大提升. 矩阵的稀疏性可以用一个分数来量化, 分数值越大, 说明矩阵的稀
疏性越好. 一个矩阵的稀疏分数等于该矩阵零元素个数与元素总数的比值. 例如,
矩阵

$$A = \begin{bmatrix} 1 & 0 & 0 & 1 & 0 & 0 \\ 0 & 0 & 2 & 0 & 0 & 1 \\ 0 & 0 & 0 & 2 & 0 & 0 \end{bmatrix}$$

共有 18 个元素, 其中 13 个零元素, 故 A 的稀疏分数为 13/18=0.722 或 72.2%.

ELM 的基本思想是在网络输出端通过极小化最小二乘损失来学习隐层到输出
层的权矩阵. 为了回避矩阵的奇异性, 本节直接考虑正则化 ELM(Regularized ELM,
RELM).

7.4.1　线性 RELM

给定数据集 $T = \{(x_i, y_i)\}_{i=1}^m \in R^d \times R^n$, 任意指定隐层神经元的个数 l, 选择
适当的激活函数 $g : R \to R$. 设 $w_j \in R^d$ 表示输入层神经元到第 j 个隐神经元的
权向量, $\beta_j = (\beta_{j1}, \cdots, \beta_{jn})^{\mathrm{T}} \in R^n$ 表示第 j 个隐神经元到输出层神经元的权向量,
$b_j \in R$ 表示第 j 个隐神经元的阈值, $j = 1, \cdots, l$, 见图 7.4.1, 则样本 $x \in R^d$ 在第 j
个隐神经元的输入和输出分别为 $w_j^{\mathrm{T}} x + b_j$ 和 $g(w_j^{\mathrm{T}} x + b_j)$.

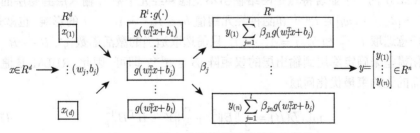

图 7.4.1　第 j 个隐神经元的输入和输出

记 $h(x) = \begin{bmatrix} g(w_1^{\mathrm{T}}x + b_1) \\ \vdots \\ g(w_l^{\mathrm{T}}x + b_l) \end{bmatrix} \in R^l$, 则

$$y_{(k)} = \sum_{j=1}^{l} \beta_{jk} g(w_j^{\mathrm{T}}x + b_j) = [\beta_{1k}, \cdots, \beta_{lk}] \begin{bmatrix} g(w_1^{\mathrm{T}}x + b_1) \\ \vdots \\ g(w_l^{\mathrm{T}}x + b_l) \end{bmatrix}$$

$$= [\beta_{1k}, \cdots, \beta_{lk}] h(x), \quad k = 1, \cdots, n.$$

于是,

$$y = \begin{bmatrix} y_{(1)} \\ \vdots \\ y_{(n)} \end{bmatrix} = \begin{bmatrix} \beta_{11}, \cdots, \beta_{l1} \\ \vdots & \vdots \\ \beta_{1n}, \cdots, \beta_{ln} \end{bmatrix} h(x) = [\beta_1, \cdots, \beta_l] h(x).$$

进而有

$$\begin{cases} y_i = [\beta_1, \cdots, \beta_l] h(x_i), \quad i = 1, \cdots, m, \\ [y_1, \cdots, y_m] = [\beta_1, \cdots, \beta_l][h(x_1), \cdots, h(x_m)] \in R^{n \times m}. \end{cases}$$

记

$$Y = [y_1, \cdots, y_m]^{\mathrm{T}} \in R^{m \times n}, \quad B = [\beta_1, \cdots, \beta_l]^{\mathrm{T}} \in R^{l \times n},$$

$$H = [h(x_1), \cdots, h(x_m)] \in R^{l \times m},$$

则有

$$y = B^{\mathrm{T}} h(x) \in R^n, \quad y_i = B^{\mathrm{T}} h(x_i) \in R^n, \quad i = 1, \cdots, m, \quad Y = H^{\mathrm{T}} B.$$

RELM 的一个显著特点是网络输出不受隐神经元个数 l, 输入层到隐层的权矩阵 $W = [w_1, \cdots, w_l] \in R^{d \times l}$ 和隐神经元阈值 $b_j \in R, j = 1, \cdots, l$ 的影响, 也就是说, 可以任意选取 l, w_j 和 $b_j, j = 1, \cdots, l$. 只需选取适当的激活函数 $g : R \to R$, 并通过优化模型来确定隐层到输出层的权矩阵 $B \in R^{l \times n}$ 即可, 因此, RELM 是通过构建下面的无约束最优化问题:

$$\min_B L(B) = \frac{1}{2} \|B\|_F^2 + \frac{c}{2} \|Y - H^{\mathrm{T}} B\|_F^2 \tag{7.4.1}$$

来学习权矩阵 $B \in R^{l \times n}$ 的, 其中 $c > 0$ 是调节参数, $\|\cdot\|_F$ 表示矩阵的 Frobenius 范数, 即 $\|B\|_F^2 = \mathrm{Tr}(B^{\mathrm{T}} B)$, $\mathrm{Tr}(\cdot)$ 表示矩阵的迹. 由于两个同阶矩阵 $A, B \in R^{p \times q}$ 的内积定义为 $\langle A, B \rangle = \mathrm{Tr}(A^{\mathrm{T}} B)$. 所以 $\|A\|_F^2 = \mathrm{Tr}(A^{\mathrm{T}} A) = \langle A, A \rangle$. 可以证明 Frobenius 范数与内积有下面的关系.

定理 7.4.1 设 $F : R^{p \times q} \to R$ 是可微函数, 记

$$\frac{dF(B)}{dB} = \left[\frac{dF(B)}{db_1}, \cdots, \frac{dF(B)}{db_q} \right],$$

其中 $B = [b_1, \cdots, b_q] \in R^{p \times q}$ 是矩阵 B 的列分块, 则

(1) $\dfrac{d \langle A, B \rangle}{dB} = \dfrac{d \langle B, A \rangle}{dB} = A, \forall A, B \in R^{p \times q};$

(2) $\dfrac{d \| B \|_F^2}{dB} = 2B, \forall B \in R^{p \times q}.$

对模型 (7.4.1), 令 $dL(B)/dB = 0$, 由定理 7.4.1 可推出

$$B^* = (c^{-1} I_l + H H^{\mathrm{T}})^{-1} H Y \tag{7.4.2}$$

于是, 对任一输入样本 $x \in R^d$, 其 RELM 输出为 $y = (B^*)^{\mathrm{T}} h(x) \in R^n$.

具体算法如下.

算法 7.4.1 (线性 RELM)

步 1. 给定数据集 $T = \{(x_i, y_i)\}_{i=1}^m \in R^d \times R^n$, 选择适当的模型参数 $c > 0$, 任意指定隐神经元的个数 l, 输入层到隐层的权矩阵 W 以及隐层神经元的阈值 $b_j, j = 1, \cdots, l$. 选择适当的激活函数 $g : R \to R$.

步 2. 利用 (7.4.2) 式计算隐层到输出层的权矩阵 B^*.

步 3. 对任一输入数据 $\tilde{x} \in R^d$, 其 ELM 输出为 $\tilde{y} = (B^*)^{\mathrm{T}} h(\tilde{x}) \in R^n$.

7.4.2 非线性 RELM

非线性 RELM 又称为正则化核 ELM (Regularized Kernel ELM, RKELM). 不同于线性 RELM 可以任意指定隐神经元的个数 l 和输入层到隐层的权矩阵 W, RKELM 是将隐层神经元的个数取为核的特征空间的维度, 将激活函数取为特征映射. 这样隐层神经元个数 l 可能很大, 甚至无穷大, 但利用核技巧, 可将算法转化到空间 R^m 中进行学习. 具体地说, 就是对给定的数据集 $T = \{(x_i, y_i)\}_{i=1}^m \in R^d \times R^n$, 选择适当的核函数 $k : R^d \times R^d \to R$ (H 是其 RKHS, $\varphi : R^d \to H$ 是对应的特征映射), 取 $l = \dim(H)$, 并将特征映射 $\varphi(\cdot)$ 表示为 $\varphi(\cdot) = (\varphi_1(\cdot), \cdots, \varphi_l(\cdot))^{\mathrm{T}}$. 取 $\varphi_j(\cdot)$ 作为第 j 个隐层神经元的激活函数 $(j = 1, \cdots, l)$, 输入样本 $x \in R^d$ 在第 j 个隐层神经元的输出为 $\varphi_j(x)$, 这一点也与线性 RELM 不同. 因为在线性 RELM 中, 所有的隐层神经元都选用同一个激活函数 $g : R \to R$.

设 $\beta_j = (\beta_{j1}, \cdots, \beta_{jn})^{\mathrm{T}} \in R^n$ 是第 j 个隐层神经元到输出层的权向量. 类似于线性 RELM, RKELM 网络可用图 7.4.2 直观表示.

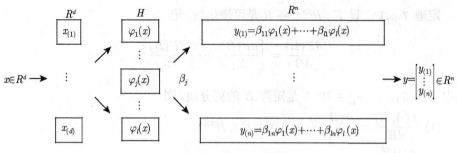

图 7.4.2　RKELM 网络

其中

$$
y = \begin{bmatrix} y_{(1)} \\ \vdots \\ y_{(n)} \end{bmatrix} = \begin{bmatrix} \beta_{11}, \cdots, \beta_{l1} \\ \vdots \qquad \vdots \\ \beta_{1n}, \cdots, \beta_{ln} \end{bmatrix} \varphi(x) = [\beta_1, \cdots, \beta_l] \varphi(x),
$$

$$
[y_1, \cdots, y_m] = [\beta_1, \cdots, \beta_l][\varphi(x_1), \cdots, \varphi(x_m)] \in R^{n \times m}.
$$

(7.4.3)

记

$$
Y = [y_1, \cdots, y_m]^{\mathrm{T}} \in R^{m \times n}, \quad B = [\beta_1, \cdots, \beta_l]^{\mathrm{T}} \in R^{l \times n}, \quad G = [\varphi(x_1), \cdots, \varphi(x_m)],
$$

则

$$
y = B^{\mathrm{T}} \varphi(x), \quad y_i = B^{\mathrm{T}} \varphi(x_i) \in R^n, \quad i = 1, \cdots, m, \quad Y = G^{\mathrm{T}} B,
$$

且 $G^{\mathrm{T}} G = K$. 由于 B 的每一列 $[\beta_{1k}, \cdots, \beta_{lk}]^{\mathrm{T}} \in H, k = 1, \cdots, n$, 所以存在 $\alpha_k \in R^m$ 使得

$$
\begin{cases} [\beta_{1k}, \cdots, \beta_{lk}]^{\mathrm{T}} = G \alpha_k, \quad k = 1, \cdots, n, \\ B = G[\alpha_1, \cdots, \alpha_n] = GA, \end{cases}
$$

其中 $A = [\alpha_1, \cdots, \alpha_n] \in R^{m \times n}$ 为系数矩阵. 于是 (7.4.3) 式可进一步表示为

$$
y = A^{\mathrm{T}} G^{\mathrm{T}} \varphi(x) = A^{\mathrm{T}} \begin{bmatrix} k(x_1, x) \\ \vdots \\ k(x_m, x) \end{bmatrix} = A^{\mathrm{T}} K_x^{\mathrm{T}} \in R^n,
$$

$$
y_i = A^{\mathrm{T}} G^{\mathrm{T}} \varphi(x_i) = A^{\mathrm{T}} \begin{bmatrix} k(x_1, x_i) \\ \vdots \\ k(x_N, x_i) \end{bmatrix} = A^{\mathrm{T}} K_i^{\mathrm{T}} \in R^n, \quad i = 1, \cdots, m,
$$

$$
Y = G^{\mathrm{T}} GA = KA.
$$

为了求解系数矩阵 $A \in R^{m \times n}$, RKELM 考虑如下无约束最优化模型:

$$\min_A L(A) = \frac{1}{2} \|GA\|_F^2 + \frac{c}{2} \|Y - KA\|_F^2,$$

并令 $dL(A)/dA = 0$, 可得 $K(c^{-1}I + K)A = KY$. 于是可取矩阵 A 满足 $(c^{-1}I + K)A = Y$, 即有

$$A^* = (c^{-1}I_m + K)^{-1}Y \in R^{m \times n}. \tag{7.4.4}$$

下面给出具体算法.

算法 7.4.2 (RKELM)

步 1. 给定数据集 $T = \{(x_i, y_i)\}_{i=1}^m \in R^d \times R^n$, 选择适当的模型参数 $c > 0$.

步 2. 选择适当的核函数和核参数.

步 3. 利用 (7.4.4) 式计算系数矩阵 A^*.

步 4. 对任一输入样本 $\tilde{x} \in R^d$, 其 RKELM 输出为 $\tilde{y} = (A^*)^T K_{\tilde{x}}^T \in R^n$, 其中

$$K_{\tilde{x}} = [k(x_1, \tilde{x}), \cdots, k(x_m, \tilde{x})].$$

7.4.3 在 RELM 中常用的激活函数和核函数

任意一个非线性可微函数 $f: R \to R$ 都可作为激活函数. 常用的有以下几种.

(1) Sigmoid(Sigm) 函数 (有五种表达形式):

$$g(x) = \text{sigm}(x) = \frac{1}{1 + e^{-x}} \in (0, 1), \quad g(x) = \text{sigm}(x) = \frac{1}{1 + e^{-|x|}} \in (0, 1),$$

$$g(x) = \text{sigm}(x) = \frac{1}{1 + e^{-x^2}} \in (0, 1), \quad g(x) = \text{sigm}(x) = \frac{1 - e^{-x^2}}{1 + e^{-x^2}} \in (0, 1),$$

$$g(x) = \text{sigm}(x) = \frac{1 - e^{-|x|}}{1 + e^{-|x|}} \in (0, 1), \quad \forall x \in R.$$

(2) 对数 Sigmoid 函数: $g(x) = \log(\text{sigm}(x)) \in (-\infty, 0), \forall x \in R$.

(3) 正切 Sigmoid 函数: $g(x) = \tan(\text{sigm}(x)) \in (0, +\infty), \forall x \in R$.

(4) Gaussian 函数: $g(x) = \exp(-(x-c)^2/(2\sigma^2)), \forall x \in R$, 其中 $c \in R$ 是中心, $\sigma > 0$ 是核参数, 它决定了 Gaussian 函数围绕中心的宽度. 特别地, 有 $g(x) = e^{-x^2/\sigma^2}, \forall x \in R$.

(5) 线性函数: $g(x) = ax + b, \forall x \in R$.

(6) Mexican Hat 小波函数: $g(x) = (2/\sqrt{3})\pi^{-1/4}(1 - x^2/\sigma^2)e^{-x^2/\sigma^2}, \forall x \in R$, 其中 $\sigma > 0$ 是核参数.

(7) Morlet 小波函数: $g(x) = (2/\sqrt{3})e^{-x^2/\sigma^2}\cos(5\sqrt{x^2/\sigma^2}), \forall x \in R$, 其中 $\sigma > 0$ 是核参数.

(8) 中心为 m, 宽度为 d 的 Clipped-parabola 函数:

$$g(x) = \begin{cases} 1 - (x-m)^2/d < 1, & \forall x \in R, \\ 0, & |x-m|/d \geqslant 1, \forall x \in R. \end{cases}$$

(9) 均值为 m, 标准差为 d 的 Gaussian 函数:

$$g(x) = \exp(-(x-m)^2/d^2), \quad \forall x \in R.$$

(10) 均值为 m, 标准差为 d 的 Cauchy 函数: $g(x) = \dfrac{1}{1+(x-m)^2/d^2}, \forall x \in R.$

常用的核函数 $k: R^d \times R^d \to R$ 有以下几种.

(1) Gaussian 径向基函数 (RBF) 核: $k(x,y) = \exp(-\|x-y\|^2/\sigma^2), \forall x,y \in R^n$, 其中 $\sigma > 0$ 是核参数.

(2) Sigmoid (Sigm) 核:

$$k(x,y) = \tanh(\kappa x^{\mathrm{T}}y + c) = \frac{1 - e^{\kappa x^{\mathrm{T}}y+c}}{1 + e^{\kappa x^{\mathrm{T}}y+c}} \in (0,1), \quad x,y \in R^n,$$

其中 $\kappa > 0, c \in R$ 是核参数. 特别地, 有

$$k(x,y) = \tanh(x^{\mathrm{T}}y) = \frac{1 - e^{x^{\mathrm{T}}y}}{1 + e^{x^{\mathrm{T}}y}} \in (0,1), \quad \forall x,y \in R^n.$$

7.5　卷积神经网络

近年来, 卷积神经网络 (Convolutional Neural Network, CNN) 在图像识别中取得了非常成功的应用, 成为深度学习的一大亮点. 人类对外界的认知一般是从局部到全局, 从片面到全面. 类似地, 在机器识别图像时也没有必要把整张图像按像素全部连接到网络中. 在一张图像中距离越近相关性越强, 反之则较弱, 因此可以采用局部连接的方式 (即将图像分块连接) 进行识别. 图 7.5.1 给出了经典神经网络和卷积神经网络的区别, 经典神经网络是按像素全连接, 卷积神经网络是部分连接:

卷积神经网络是一个多层 FNN, 它可以用于数据的分类、回归、特征提取等任务. 一般来讲, 一个 CNN 包含若干个卷积层和若干个池化层, 卷积层是通过卷积核来工作的, 下面逐一加以介绍.

全连接模式(经典神经网络)　　局部连接模式(卷积神经网络)

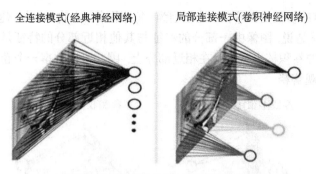

图 7.5.1　经典神经网络和卷积神经网络

7.5.1　卷积核的工作原理

有两个二元函数 $f, g : R^2 \to R$, f 和 g 的卷积 $f \circ g$ 仍是一个二元函数, 定义为

$$f \circ g(x, y) = \int_{-\infty}^{+\infty} \int_{-\infty}^{+\infty} f(s, t) g(x - s, y - t) ds dt.$$

如果写成离散的形式, 就是

$$f \circ g(x, y) = \sum_{s=-\infty}^{+\infty} \sum_{t=-\infty}^{+\infty} f(s, t) g(x - s, y - t) \Delta s \Delta t. \tag{7.5.1}$$

例如, 现有一张 48×48 的灰度图像 G, 坐标 x 和 y 分别取闭区间 $[0, 47]$ 中的整数值. 函数 $g(x, y)$ 为图像 G 在 (x, y) 处的灰度值, 除闭区间 $[0, 47]$ 外, $g(x, y)$ 的取值均为零. 每隔长度 1 进行采样. $f(s, t)$ 为 3×3 或 5×5 的网格 (称为卷积核或滤波器), 每个格取特定值 (称为权值, 是待定的决策变量), 网格外的其他位置 $f(s, t) = 0$. 将 f 的中心格对准图像 G 的某一位置, 按照卷积公式 (7.5.1), 把 f 和 g 对准的 9 个位置上各自取值相乘, 然后再加在一起, 就得到了该位置的卷积值.

对图像 G 的每个位置求卷积值, 可以得到一幅新图像, 但需注意以下几点.

(1) 根据卷积公式 (7.5.1), 卷积核 f 是上下左右翻转后再与 g 对准求加权和的. 但在实际应用中, f 与 g 往往直接对准求加权和, 这等价于已经将卷积核上下左右翻转了.

(2) 如果卷积核 f 的所有权值之和不等于 1, 则卷积值有可能落在闭区间 $[0, 255]$ 之外, 这样的卷积值不是图像的灰度值. 因此, 如果希望卷积后仍是一幅图像, 就得将 f 的权值归一化, 将所有权值之和化为 1.

(3) 当卷积核 f 作用于图像边缘上的点时, 有可能部分网格越出图像的边缘, 此时视越出位置的灰度值 $g(x, y) = 0$. 这样处理后, 卷积后的图像仍保持原图像的尺寸. 如果只计算卷积核不会越出图像边缘的点的卷积值, 则卷积后的图像比原图像小一些.

(4) 卷积核的权值是共享的. 这是因为: 每张图像 (人物、山水、建筑等) 都有其固有特性, 也就是说, 图像中一部分的特征与其他相近部分的特征是接近的. 这就意味着这部分的卷积核也可以用在相近部分上. 因此可以共享一个卷积核. 图 7.5.2 给出了一个直观解释.

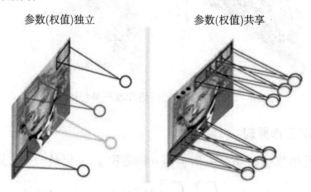

图 7.5.2 卷积核

例 7.5.1 设灰度图像 A 的尺寸为 3×4, 像素值分别为

$$A = \begin{bmatrix} a & b & c & d \\ e & f & g & h \\ i & j & k & l \end{bmatrix}.$$

卷积核 P 是一个 2×2 的矩阵, 取值为

$$P = \begin{bmatrix} w & x \\ y & z \end{bmatrix},$$

且 $w + x + y + z = 1$. 要求卷积核 P 不超出图像的边缘, 且卷积的间隔长度为 1. 求卷积后的图像.

解 从图像 A 的左上角开始进行卷积计算.

首先, 四个像素点 $\begin{bmatrix} a & b \\ e & f \end{bmatrix}$ 与卷积核 $P = \begin{bmatrix} w & x \\ y & z \end{bmatrix}$ 对准, 求加权和 $aw + bx + ey + fz$, 得到一个新像素值. 由于卷积的间隔长度为 1, 故向右前进一列, 再计算加权和, 得到第二个新像素值 $bw + cx + fy + gz$. 再向右前进一列, 计算加权和, 得到第三个新像素值 $cw + dx + gy + hz$.

由于卷积核 P 不能越出图像的边缘, 因此只能向下前进一行, 再从第一列开始对准, 计算新的像素值. 以此类推, 可以得到一个 2×3 的新图像, 对应的像素值见图 7.5.3.

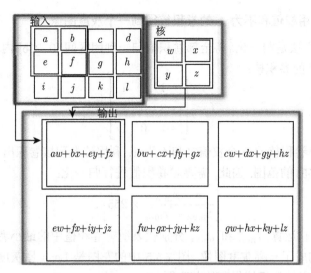

图 7.5.3 卷积核的作用

从例 7.5.1 中可以看出, 当卷积核不能超出图像边缘, 且卷积的间隔长度为 1 时, 卷积后的图像确实比原图像小一些. 事实上, 若原图像的尺寸为 $p \times q$, 卷积核是 3×3 的矩阵, 则卷积后的图像尺寸是 $(p-2) \times (q-2)$; 若卷积核是 5×5 的矩阵, 则卷积后的图像尺寸是 $(p-4) \times (q-4)$.

一般来讲, 常选卷积核为 3×3 的矩阵, 这是因为:

(1) 5×5 的卷积核可以用两个 3×3 的卷积核替代;

(2) 一个 3×3 的卷积核有 9 个待定权值 (两个共有 18 个待定权值), 一个 5×5 的卷积核有 25 个待定权值, 因此, 用两个 3×3 的卷积核替代一个 5×5 的卷积核, 反而减小了机器学习的难度.

如果 3×3 卷积核的每个权值都是 1/9, 那么卷积就是对原图像每一个像素点计算其周围 3×3 范围内 9 个像素点的平均灰度值. 这实际上等同于模糊化原图像. 例如, 图 7.5.4 中的左图是 Lena 原灰度图, 中图是用 3×3 且权值均为 1/9 的卷积核进行卷积, 得到的是一个轻微模糊的灰度图. 右图是用 9×9 且权值均为 1/81 的卷积核进行卷积, 得到的是一个更为模糊的灰度图:

图 7.5.4 卷积后的效果图

7.5.2　如何利用权值和不为 1 的卷积核得到一个灰度图像

常采用的方法是归一化, 将全部卷积值归一到闭区间 $[0, 255]$ 内的整数. 例如, 给出一个 3×3 的卷积核:

$$f = \begin{bmatrix} -1 & 0 & 1 \\ -2 & 0 & 2 \\ -1 & 0 & 1 \end{bmatrix}. \tag{7.5.2}$$

显然, 这个卷积核的 9 个权值之和不为 1. 利用该卷积核卷积出来的值可能超出闭区间 $[0, 255]$ 的范围. 因此, 需要对卷积值进行归一化:

$$\left[\frac{x - x_{\min}}{x_{\max} - x_{\min}} \times 255 \right],$$

其中 $[\cdot]$ 代表取整运算, $x_{\min}$ 和 $x_{\max}$ 分别代表所有卷积值中的最小者和最大者. 这样, 卷积值就构成了一幅灰度图像. 图 7.5.5 中的左图是 Lena 原灰度图, 右图是利用 (7.5.2) 式给出的卷积核得到的灰度图.

图 7.5.5　卷积后的效果图

右图只检测出来了 Lena 原灰度图的边缘, 称这样的卷积核为 Sobel 算子.

7.5.3　卷积核权值的确定

建立只包含输入层和输出层的单层神经网络, 输入图像与输出图像的尺寸相同, 即卷积核可以超出图像的边缘. 网络中的运算就是卷积运算. 利用给定的数据集 $T = \{(x_i, y_i)\}_{i=1}^{m} \in R^d \times R^d$ 和 BP 算法学习卷积核的权值, 使得均方误差 (代价函数):

$$\mathrm{mse} = \frac{1}{m} \sum_{i=1}^{m} \| y_i - y_i^c \|_2^2 \tag{7.5.3}$$

越小越好, 其中 y_i^c 表示卷积后的图像.

下面通过例子加以说明.

例 7.5.2　试用 Lena 原灰度图 $X \in R^{p \times q}$ 作为输入图像, Sobel 算子卷积出来的图像 $Y \in R^{p \times q}$ 作为输出图像, 来学习 3×3 卷积核的权值 $W = [w_{ij}] \in R^{3 \times 3}$ (称为权矩阵).

解 由于数据集中只有一个样本 $T = \{(X, Y)\}$, 所以 (7.5.3) 式中的 $m = 1$. 用 Y^c 表示卷积后的图像, $y = \mathrm{vec}(Y)$ 和 $y^c = \mathrm{vec}(Y^c)$ 分别表示输出图像和卷积后图像的向量化. 这时均方误差 (7.5.3) 可以表示为

$$\mathrm{mse} = \|y - y^c\|_2^2 = \|Y - Y^c\|_F^2 = \mathrm{Tr}(Y^{\mathrm{T}} Y^c).$$

步 1. 初始化. 置调整次数 $t = 0$. 任取初始权矩阵 $W^t = [w_{ij}^t] \in R^{3 \times 3}$.

步 2. 利用 W^t 计算卷积值, 得到卷积后的图像 $(Y^c)^t$.

步 3. 计算均方误差 $\mathrm{mse}^t = \mathrm{Tr}(Y^{\mathrm{T}} (Y^c)^t)$.

步 4. 利用 BP 算法调整权矩阵 W^t 至 W^{t+1}.

图 7.5.6 是经过 2000 次调整后的结果, 其中从左上第二个图像到右下倒数第二个图像依次为 $(Y^c)^0, (Y^c)^{200}, (Y^c)^{400}, \cdots, (Y^c)^{2000}$ (每 200 次调整后的图像), 最后一幅是输出图像.

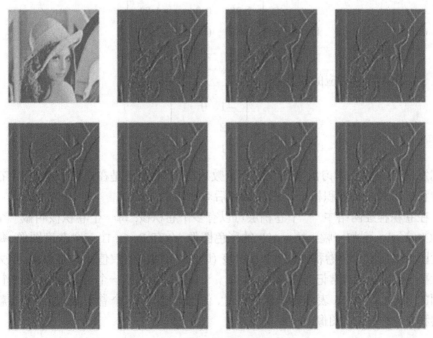

图 7.5.6　权值调整的卷积效果图

从图 7.5.6 中可以看出, 权矩阵经过 200 次调整后, 卷积出来的图像 $(Y^c)^{200}$ 就和输出图像 Y 没有什么区别了, 之后的 1800 次调整, 结果都差不多. 图 7.5.7 给出了均方误差 mse 随权值调整次数 t 的变换情况.

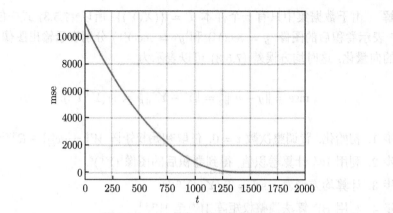

图 7.5.7　mse 随 t 的变换情况

从图 7.5.7 中可以看出, 权矩阵经过 1500 次调整后, 均方误差 mse 基本为 0 了. 2000 次调整后的权矩阵为

$$W^{2000} = \begin{bmatrix} 1.29 & 0.04 & -1.31 \\ 1.43 & 0.01 & -1.45 \\ 1.34 & -0.07 & -1.28 \end{bmatrix}.$$

相比于 Sobel 算子对应的权矩阵:

$$f = \begin{bmatrix} -1 & 0 & 1 \\ -2 & 0 & 2 \\ -1 & 0 & 1 \end{bmatrix},$$

我们发现, BP 算法学习出来的权矩阵负数列在右侧, 而不是在左侧, 这是因为在进行卷积运算时是将卷积核上下左右翻转后对准的.

在卷积神经网络中, 一个卷积层可以有多个卷积核, 每一个卷积核叫做一个通道 (Channel). 例如一幅 100×100 的彩色图像, 会有 R, G, B 三个灰度图像, 每个灰度图像对应着一个卷积核, 三个卷积核 (即三个通道) 的权值不一定相同, 但大小尺寸要一致. 多通道常记为 $n \times 3 \times 3$ 或 $n \times 5 \times 5$, 其中第一个 n 表示通道的个数, 后面的 3×3 或 5×5 表示卷积核的尺寸. 假如一层有 32 个卷积核, 那么这层就可以卷积出 32 个灰度图像.

7.5.4　池化层的作用

随着网络的不断加深, 卷积核会越来越多, 要学习的权值也会越来越多. 为了防止过拟合, 很自然会想到对不同区域提取有代表性的特征 (如最大值、平均值等), 这种聚合操作叫做池化 (Pooling). 池化过程实际上是一个特征降维的过程, 优点是不需要学习任何参数.

具体地说, 就是将图像划分为一些不重叠的 $m \times m$ 区域, 每个区域包含 $m \times m$ 个像素值. 从这 $m \times m$ 个像素值中计算出一个值, 可以求平均值、极大值等. 若求平均值, 称为平均池化; 若求极大值, 称为极大池化. 设灰度图像的大小是 100×100, 将图像划分为 2500 个 2×2 的区域, 算出每个区域中像素的平均值或极大值, 就可以得到一个 50×50 的图像, 达到了特征降维的目的. 图 7.5.8 给出了一个直观解释.

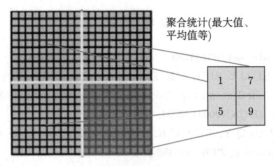

图 7.5.8 池化的降维作用

若将卷积池化后的图像向量化, 再连接一个全连接 FNN(如 ELM, SVM 等), 就构成了一个完整的 CNN, 如图 7.5.9 所示, 其中 C 代表卷积层, S 代表池化层, 卷积池化交替进行若干次, 这一阶段属于特征提取或数据预处理; 下一阶段与一 FNN 相连, 完成分类、识别、回归等任务.

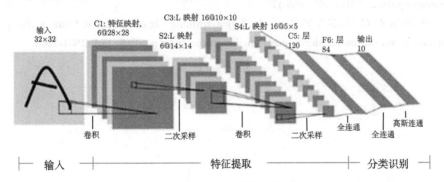

图 7.5.9 CNN 流程图

CNN 的优点是利用卷积、池化等操作提取图像的特征, 避免了大量的计算成本. 它直接以原始图像作为网络输入, 以最终的分类或回归结果作为网络输出, 网络内部兼有图像的滤波处理和函数拟合, 所有的参数一起学习. 因此, 得到的结果是最优结果. 特别地, 如果将卷积、池化和 SVM(SVR, ELM 等) 连接在一起, 就构成了 SVM(SVR, ELM 等) 的一种基于 CNN 的深度学习. 如果只考虑卷积、池化等操作, 就是对图像进行特征提取, 这种提取保留了图像的局部相关性.

习题与思考题

(1) 利用 UCI 数据库中的分类数据集实现本章介绍的算法.

(2) 参考已发表的相关文章, 在本章的基础上做进一步思考.

参 考 文 献

[1]　https: //blog. csdn. net/u014313009/article/details/51039334.

[2]　HUANG G B, ZHU Q Y, SIEW C K. Extreme learning machine: a new learning scheme of feed forward neural networks//Proceeding of the International Joint Conference on Neural Networks (IJCNN2004), 2004, 2: 985-990.

[3]　HUANG G B, ZHU Q Y, SIEW C K. Extreme learning machine: theory and applications. Neurocomputing, 2006, 70: 489-501.

[4]　HALKO P, MARTINSSON N, TROPP J. Finding structure with randomness: probabilistic algorithms for constructing approximate matrix decompositions. SIAM Rev., 2011, 53(2): 217-288.

[5]　ALEXANDROS I, MONCEF G. On the kernel extreme learning machine speedup. Pattern Recognition Letters, 2015, 68: 205-210.

[6]　MAO W T, ZHAO S J, MU X X, et al. Multi-dimensional extreme learning machine. Neurocomputing, 2015, 149: 160-170.

[7]　LI J P, HUA C C, TANG Y G, et al. A fast training algorithm for extreme learning machine based on matrix decomposition. Neurocomputing, 2016, 173: 1951-1958.

第 8 章　典型相关分析

数据的特征抽取是模式识别研究中最基本的问题之一. 对于图像识别而言, 抽取有效的图像特征是完成识别任务的关键. 典型相关分析 (Canonical Correlation Analysis, CCA) 是建立在两组特征或两个数据矩阵上的特征抽取方法, 其基本思想是在两个数据集间建立相关性判别准则, 依据该准则寻找数据间存在的线性相关关系, 并将这种关系用于图像的分类、识别和检测中. 典型相关分析最早由 Hotelling [1] 于 1936 年提出, 随着 20 世纪 40 年代计算机的出现, 50 年代人工智能的兴起, 60 年代模式识别的迅速发展, 关于 CCA 用于模式识别的研究成果越来越多 [2–8], 本章只是介绍几种常用的典型相关分析算法.

8.1　预 备 知 识

本节首先回顾两个随机变量的方差、协方差和相关系数的含义, 在此基础上给出两个随机向量及两个随机矩阵的方差、协方差和相关系数的定义.

8.1.1　随机变量的方差、协方差和相关系数

给定两个随机变量 $\xi, \eta \in R$, 它们的方差 (var)、协方差 (cov) 和相关系数 (ρ) 分别定义为

$$
\begin{aligned}
\text{var}(\xi) &= E(\xi - E\xi)^2 \geqslant 0, \\
\text{cov}(\xi, \eta) &= E(\xi - E\xi)(\eta - E\eta), \\
\rho &= \frac{\text{cov}(\xi, \eta)}{\sqrt{\text{var}(\xi)\text{var}(\eta)}} \in [-1, 1],
\end{aligned}
$$

其中 $E\xi$ 表示均值. 相关系数反映两个随机变量 ξ 和 η 间的相关性. $\rho = 1$ 反映的是正相关, $\rho = -1$ 反映的是负相关, $\rho = 0$ 表示两个随机变量无关. 设随机变量 ξ 和 η 的取值分别为 $\{x_i\}_{i=1}^m \in R$ 和 $\{y_i\}_{i=1}^m \in R$, 则可用样本均值、样本方差、样本协方差和样本间的相关系数来替代随机变量的均值、方差、协方差和相关系数, 即

$$
E\xi = \bar{x} = \frac{1}{m}\sum_{i=1}^m x_i, \quad E\eta = \bar{y} = \frac{1}{m}\sum_{i=1}^m y_i,
$$

$$
\text{var}(\xi) = \frac{1}{m}\sum_{i=1}^m (x_i - \bar{x})^2, \quad \text{var}(\eta) = \frac{1}{m}\sum_{i=1}^m (y_i - \bar{y})^2,
$$

$$\mathrm{cov}(\xi,\eta) = \frac{1}{m}\sum_{i=1}^{m}(x_i - \bar{x})(y_i - \bar{y}),$$

$$\rho = \frac{\displaystyle\sum_{i=1}^{m}(x_i - \bar{x})(y_i - \bar{y})}{\sqrt{\displaystyle\sum_{i=1}^{m}(x_i - \bar{x})^2 \cdot \sum_{i=1}^{m}(y_i - \bar{y})^2}}.$$

8.1.2　随机向量的方差、协方差和相关系数

给定两个同维随机向量 $\xi, \eta \in R^p$, 它们的方差、协方差和相关系数分别定义为

$$\mathrm{var}(\xi) = E(\langle \xi - E\xi, \xi - E\xi \rangle) = E(\|\xi - E\xi\|^2) \geqslant 0,$$
$$\mathrm{cov}(\xi,\eta) = E(\langle \xi - E\xi, \eta - E\eta \rangle) = E((\xi - E\xi)^{\mathrm{T}}(\eta - E\eta)) \in R,$$
$$\rho = \frac{\mathrm{cov}(\xi,\eta)}{\sqrt{\mathrm{var}(\xi)\mathrm{var}(\eta)}} \in [-1, 1].$$

设随机向量 ξ 和 η 的取值分别为 $\{x_i\}_{i=1}^{m} \in R^p$ 和 $\{y_i\}_{i=1}^{m} \in R^p$, 则

$$E\xi = \bar{x} = \frac{1}{m}\sum_{i=1}^{m} x_i = \frac{1}{m}Xe_m \in R^p,$$

$$E\eta = \bar{y} = \frac{1}{m}\sum_{i=1}^{m} y_i = \frac{1}{m}Ye_m \in R^p,$$

$$\mathrm{var}(\xi) = \frac{1}{m}\sum_{i=1}^{m}\|x_i - \bar{x}\|^2 = \frac{1}{m}\left(\sum_{i=1}^{m}\|x_i\|^2 - 2\sum_{i=1}^{m}\langle x_i, \bar{x}\rangle + \sum_{i=1}^{m}\|\bar{x}\|^2\right)$$

$$= \frac{1}{m}\left(\sum_{i=1}^{m}\mathrm{Tr}(x_i x_i^{\mathrm{T}}) - 2m\bar{x}^{\mathrm{T}}\bar{x} + m\bar{x}^{\mathrm{T}}\bar{x}\right) = \frac{1}{m}(\mathrm{Tr}(XX^{\mathrm{T}}) - m\mathrm{Tr}(\bar{x}\bar{x}^{\mathrm{T}}))$$

$$= \frac{1}{m}\left(\mathrm{Tr}(XX^{\mathrm{T}}) - \mathrm{Tr}\left(\frac{1}{m}Xe_m e_m^{\mathrm{T}}X^{\mathrm{T}}\right)\right) = \frac{1}{m}\mathrm{Tr}(XP_mX^{\mathrm{T}}) \geqslant 0,$$

$$\mathrm{var}(\eta) = \frac{1}{m}\sum_{i=1}^{m}\|y_i - \bar{y}\|^2 = \frac{1}{m}\mathrm{Tr}(YP_mY^{\mathrm{T}}) \geqslant 0,$$

$$\mathrm{cov}(\xi,\eta) = \frac{1}{m}\sum_{i=1}^{m}(x_i - \bar{x})^{\mathrm{T}}(y_i - \bar{y})$$

$$= \frac{1}{m}\left(\sum_{i=1}^{m}x_i^{\mathrm{T}}y_i - \sum_{i=1}^{m}\bar{x}^{\mathrm{T}}y_i - \sum_{i=1}^{m}x_i^{\mathrm{T}}\bar{y} + \sum_{i=1}^{m}\bar{x}^{\mathrm{T}}\bar{y}\right)$$

$$= \frac{1}{m}\left(\sum_{i=1}^{m}\mathrm{Tr}(y_i x_i^{\mathrm{T}}) - m\mathrm{Tr}(\bar{y}\bar{x}^{\mathrm{T}})\right)$$

$$= \frac{1}{m}\left(\operatorname{Tr}(YX^{\mathrm{T}}) - \operatorname{Tr}\left(\frac{1}{m}Ye_me_m^{\mathrm{T}}X^{\mathrm{T}}\right)\right) = \frac{1}{m}\operatorname{Tr}(YP_mX^{\mathrm{T}}),$$

$$\rho = \frac{\displaystyle\sum_{i=1}^{m}(x_i - \bar{x})^{\mathrm{T}}(y_i - \bar{y})}{\sqrt{\displaystyle\sum_{i=1}^{m}\|x_i - \bar{x}\|^2 \cdot \sum_{i=1}^{m}\|y_i - \bar{y}\|^2}} = \frac{\operatorname{Tr}(YP_mX^{\mathrm{T}})}{\sqrt{\operatorname{Tr}(XP_mX^{\mathrm{T}})\cdot\operatorname{Tr}(YP_mY^{\mathrm{T}})}} \in [-1,1],$$

其中 $X = [x_1,\cdots,x_m], Y = [y_1,\cdots,y_m] \in R^{p\times m}$ 且 $P_m = I_m - m^{-1}e_me_m^{\mathrm{T}}$ 是幂等阵. $\operatorname{Tr}(\cdot)$ 表示矩阵的迹. 我们知道, 样本方差代表数据集的凝聚性, 方差越小, 数据越凝聚.

8.1.3 随机矩阵的方差、协方差和相关系数

给定两个同阶随机矩阵 $\Sigma, \Xi \in R^{p\times q}$, 它们的方差、协方差和相关系数分别定义为

$$\operatorname{var}(\Sigma) = E(\langle \Sigma - E\Sigma, \Sigma - E\Sigma\rangle) = E(\operatorname{Tr}((\Sigma - E\Sigma)^{\mathrm{T}}(\Sigma - E\Sigma))) \geqslant 0,$$
$$\operatorname{cov}(\Sigma, \Xi) = E(\langle \Sigma - E\Sigma, \Xi - E\Xi\rangle) = E(\operatorname{Tr}((\Sigma - E\Sigma)^{\mathrm{T}}(\Xi - E\Xi))) \in R,$$
$$\rho = \frac{\operatorname{cov}(\Sigma, \Xi)}{\sqrt{\operatorname{var}(\Sigma)\operatorname{var}(\Xi)}} \in [-1,1].$$

设随机矩阵 Σ 和 Ξ 的取值分别为 $\{X_i\}_{i=1}^m \in R^{p\times q}$ 和 $\{Y_i\}_{i=1}^m \in R^{p\times q}$, 则

$$E(\Sigma) = \bar{X} = \frac{1}{m}\sum_{i=1}^{m}X_i = \frac{1}{m}\tilde{X}\tilde{I} \in R^{p\times q},$$

$$E(\Xi) = \bar{Y} = \frac{1}{m}\sum_{i=1}^{m}Y_i = \frac{1}{m}\tilde{Y}\tilde{I} \in R^{p\times q},$$

$$\operatorname{var}(\Sigma) = \frac{1}{m}\sum_{i=1}^{m}\|X_i - \bar{X}\|_F^2 = \frac{1}{m}\left(\sum_{i=1}^{m}\|X_i\|_F^2 - 2\sum_{i=1}^{m}\langle X_i, \bar{X}\rangle + \sum_{i=1}^{m}\|\bar{X}\|_F^2\right)$$

$$= \frac{1}{m}\left(\sum_{i=1}^{m}\operatorname{Tr}(X_i^{\mathrm{T}}X_i) - 2m\operatorname{Tr}(\bar{X}^{\mathrm{T}}\bar{X}) + m\operatorname{Tr}(\bar{X}^{\mathrm{T}}\bar{X})\right)$$

$$= \frac{1}{m}\left(\sum_{i=1}^{m}\operatorname{Tr}(X_iX_i^{\mathrm{T}}) - m\operatorname{Tr}(\bar{X}\bar{X}^{\mathrm{T}})\right)$$

$$= \frac{1}{m}\left(\operatorname{Tr}(\tilde{X}\tilde{X}^{\mathrm{T}}) - \operatorname{Tr}\left(\frac{1}{m}\tilde{X}\tilde{I}\tilde{I}^{\mathrm{T}}\tilde{X}^{\mathrm{T}}\right)\right)$$

$$= \frac{1}{m}\operatorname{Tr}\left(\tilde{X}\left(I_{mq} - \frac{1}{m}\tilde{I}\tilde{I}^{\mathrm{T}}\right)\tilde{X}^{\mathrm{T}}\right) = \frac{1}{m}\operatorname{Tr}(\tilde{X}P_{mq}\tilde{X}^{\mathrm{T}}),$$

$$\operatorname{var}(\Xi) = \frac{1}{m}\sum_{i=1}^{m}\|Y_i - \bar{Y}\|_F^2 = \frac{1}{m}\operatorname{Tr}(\tilde{Y}P_{mq}\tilde{Y}^{\mathrm{T}}),$$

$$\text{cov}(\Sigma, \Xi) = \frac{1}{m} \sum_{i=1}^{m} \left\langle X_i - \bar{X}, Y_i - \bar{Y} \right\rangle = \frac{1}{m} \text{Tr}(\tilde{Y} P_{mq} \tilde{X}^{\mathrm{T}}),$$

$$\rho = \frac{\text{Tr}(\tilde{Y} P_{mq} \tilde{X}^{\mathrm{T}})}{\sqrt{\text{Tr}(\tilde{X} P_{mq} \tilde{X}^{\mathrm{T}}) \cdot \text{Tr}(\tilde{Y} P_{mq} \tilde{Y}^{\mathrm{T}})}} \in [-1, 1],$$

其中

$$\tilde{X} = [X_1, \cdots, X_m] R^{p \times qm}, \quad \tilde{Y} = [Y_1, \cdots, Y_m] \in R^{p \times qm},$$

$$\tilde{I} = \begin{bmatrix} I_q \\ \vdots \\ I_q \end{bmatrix} \in R^{mq \times q}, \quad P_{mq} = I_{mq} - \frac{1}{m} \tilde{I} \tilde{I}^{\mathrm{T}}.$$

8.2　经典 CCA

经典 CCA 主要是研究两组无标签数据间的相关性问题. 给出两组无标签数据 $\{x_i\}_{i=1}^{m} \in R^p$ 和 $\{y_i\}_{i=1}^{m} \in R^q$(可分别看成是随机向量 $x \in R^p$ 和 $y \in R^q$ 的取值), 经典 CCA 是寻找两组非零基向量 $\{w_{x1}, \cdots, w_{xd}\} \in R^p$ 和 $\{w_{y1}, \cdots, w_{yd}\} \in R^q$, 使得投影后的随机向量 $W_x^{\mathrm{T}} x \in R^d$ 和 $W_y^{\mathrm{T}} y \in R^d$ 间具有极大相关性, 其中 $d \leqslant \min\{p, q\}$ 且 $W_x = [w_{x1}, \cdots, w_{xd}] \in R^{p \times d}$ 和 $W_y = [w_{y1}, \cdots, w_{yd}] \in R^{q \times d}$ 分别称为基矩阵.

经典 CCA 也可看成是一种数据特征降维方法, 它是利用数据间的极大相关性来寻找降维子空间. 这种方法对处理来源于两个不同信息渠道 (例如, 有 n 个超文本页面, 每个页面的内容只包含文本和图像两种信息, 则第 i 个页面的文本和图像信息可分别表示为 x_i 和 y_i) 的数据非常有帮助.

8.2.1　经典 CCA 的数学模型

为了寻找基矩阵 W_x 和 W_y, 首先考虑非零基向量 $w_x \in R^p$ 和 $w_y \in R^q$, 使得投影后的随机变量 $w_x^{\mathrm{T}} x \in R$ 和 $w_y^{\mathrm{T}} y \in R$ 间具有极大相关性. 为此, 建立如下最优化模型:

$$\max_{w_x, w_y} \rho = \frac{\text{cov}(w_x^{\mathrm{T}} x, w_y^{\mathrm{T}} y)}{\sqrt{\text{var}(w_x^{\mathrm{T}} x) \text{var}(w_y^{\mathrm{T}} y)}}. \tag{8.2.1}$$

由于

$$\text{cov}(w_x^{\mathrm{T}} x, w_y^{\mathrm{T}} y) = m^{-1} w_x^{\mathrm{T}} \left(\sum_{i=1}^{m} (x_i - \bar{x})(y_i - \bar{y})^{\mathrm{T}} \right) w_y = m^{-1} w_x^{\mathrm{T}} C_{xy} w_y,$$

$$\text{var}(w_x^{\mathrm{T}} x) = m^{-1} w_x^{\mathrm{T}} \left(\sum_{i=1}^{m} (x_i - \bar{x})(x_i - \bar{x})^{\mathrm{T}} \right) w_x = m^{-1} w_x^{\mathrm{T}} C_{xx} w_x,$$

$$\text{var}(w_y^\mathrm{T} y) = m^{-1} w_y^\mathrm{T} \left(\sum_{i=1}^m (y_i - \bar{y})(y_i - \bar{y})^\mathrm{T} \right) w_y = m^{-1} w_y^\mathrm{T} C_{yy} w_y,$$

其中

$$X = [x_1, \cdots, x_m] \in R^{p \times m}, \quad Y = [y_1, \cdots, y_m] \in R^{q \times m},$$

$$\bar{x} = m^{-1} X e_m \in R^p, \quad \bar{y} = m^{-1} Y e_m \in R^q,$$

且

$$\begin{aligned}
C_{xy} &= \sum_{i=1}^m (x_i - \bar{x})(y_i - \bar{y})^\mathrm{T} = \sum_{i=1}^m (x_i - m^{-1} X e_m)(y_i - m^{-1} Y e_m)^\mathrm{T} \\
&= \sum_{i=1}^m (x_i y_i^\mathrm{T} - m^{-1} X e_m y_i^\mathrm{T} - x_i m^{-1} e_m^\mathrm{T} Y^\mathrm{T} + m^{-2} X e_m e_m^\mathrm{T} Y^\mathrm{T}) \\
&= (X Y^\mathrm{T} - m^{-1} X e_m e_m^\mathrm{T} Y^\mathrm{T} - m^{-1} X e_m e_m^\mathrm{T} Y^\mathrm{T} + m^{-1} X e_m e_m^\mathrm{T} Y^\mathrm{T}) \\
&= X(I_m - m^{-1} e_m e_m^\mathrm{T}) Y^\mathrm{T} = X P_m Y^\mathrm{T} \in R^{p \times q}, \\
C_{xx} &= \sum_{i=1}^m (x_i - \bar{x})(x_i - \bar{x})^\mathrm{T} = X(I_m - m^{-1} e_m e_m^\mathrm{T}) X^\mathrm{T} = X P_m X^\mathrm{T} \in R^{p \times p}, \\
C_{yy} &= \sum_{i=1}^m (y_i - \bar{y})(y_i - \bar{y})^\mathrm{T} = Y(I_m - m^{-1} e_m e_m^\mathrm{T}) Y^\mathrm{T} = Y P_m Y^\mathrm{T} \in R^{q \times q},
\end{aligned}$$

所以模型 (8.2.1) 可表示为

$$\max_{w_x, w_y} \frac{w_x^\mathrm{T} C_{xy} w_y}{\sqrt{w_x^\mathrm{T} C_{xx} w_x \cdot w_y^\mathrm{T} C_{yy} w_y}}, \tag{8.2.2}$$

其中 $P_m = I_m - m^{-1} e_m e_m^\mathrm{T} \in R^{m \times m}$ 是幂等阵, C_{xx} 和 C_{yy} 是对称非负定阵且 $C_{xy}^\mathrm{T} = C_{yx}$. 从模型 (8.2.2) 中可以看出 $\min w_x^\mathrm{T} C_{xx} w_x$ 和 $\min w_y^\mathrm{T} C_{yy} w_y$ 分别表示降维后的数据集 $\{w_x^\mathrm{T} x_i\}_{i=1}^m$ 和 $\{w_y^\mathrm{T} y_i\}_{i=1}^m$ 越凝聚越好. 模型 (8.2.2) 由于与基向量 w_x, w_y 的范数 $\|w_x\|, \|w_y\|$ 无关, 所以可等价地表示为

$$\begin{aligned}
\max_{w_x, w_y} \quad & w_x^\mathrm{T} C_{xy} w_y \\
\text{s.t.} \quad & w_x^\mathrm{T} C_{xx} w_x = 1, \quad w_y^\mathrm{T} C_{yy} w_y = 1.
\end{aligned} \tag{8.2.3}$$

考虑模型 (8.2.3) 的 Lagrange 函数

$$L(w_x, w_y, \lambda_1, \lambda_2) = w_x^\mathrm{T} C_{xy} w_y - \frac{\lambda_1}{2}(w_x^\mathrm{T} C_{xx} w_x - 1) - \frac{\lambda_2}{2}(w_y^\mathrm{T} C_{yy} w_y - 1), \quad \forall \lambda_1, \lambda_2 \in R,$$

并令 $\partial L/\partial w_x = \partial L/\partial w_y = 0$, 可得

$$\begin{cases} C_{xy} w_y = \lambda_1 C_{xx} w_x, \\ C_{yx} w_x = \lambda_2 C_{yy} w_y \end{cases} \Rightarrow \begin{cases} w_x^\mathrm{T} C_{xy} w_y = \lambda_1 w_x^\mathrm{T} C_{xx} w_x = \lambda_1, \\ w_y^\mathrm{T} C_{yx} w_x = \lambda_2 w_y^\mathrm{T} C_{yy} w_y = \lambda_2. \end{cases}$$

由 $C_{xy}^{\mathrm{T}} = C_{yx}$ 知 $\lambda_1 = \lambda_2 \triangleq \lambda \neq 0$. 于是, 模型 (8.2.3) 可转化为广义特征方程:

$$\begin{cases} C_{xy}w_y = \lambda C_{xx}w_x, \\ C_{yx}w_x = \lambda C_{yy}w_y \end{cases} \Leftrightarrow \begin{bmatrix} 0 & C_{xy} \\ C_{yx} & 0 \end{bmatrix} \begin{bmatrix} w_x \\ w_y \end{bmatrix} = \lambda \begin{bmatrix} C_{xx} & 0 \\ 0 & C_{yy} \end{bmatrix} \begin{bmatrix} w_x \\ w_y \end{bmatrix}. \tag{8.2.4}$$

8.2.2　经典 CCA 的几何解释

记

$$\bar{X} = [\bar{x}_1, \cdots, \bar{x}_m] = [x_1 - \bar{x}, \cdots, x_m - \bar{x}] = XP_m,$$
$$\bar{Y} = [\bar{y}_1, \cdots, \bar{y}_m] = [y_1 - \bar{y}, \cdots, y_m - \bar{y}] = YP_m$$

是中心化 (零均值) 数据矩阵. 由于 P_m 是幂等阵, 所以 $C_{xx} = \bar{X}\bar{X}^{\mathrm{T}}, C_{yy} = \bar{Y}\bar{Y}^{\mathrm{T}}$, $C_{xy} = \bar{X}\bar{Y}^{\mathrm{T}}$ 且

$$w_x^{\mathrm{T}} C_{xx} w_x = w_x^{\mathrm{T}} \bar{X}\bar{X}^{\mathrm{T}} w_x = \left\| \bar{X}^{\mathrm{T}} w_x \right\|^2,$$
$$w_y^{\mathrm{T}} C_{yy} w_y = w_y^{\mathrm{T}} \bar{Y}\bar{Y}^{\mathrm{T}} w_y = \left\| \bar{Y}^{\mathrm{T}} w_y \right\|^2,$$
$$w_x^{\mathrm{T}} C_{xy} w_y = w_x^{\mathrm{T}} \bar{X}\bar{Y}^{\mathrm{T}} w_y = \left\langle \bar{X}^{\mathrm{T}} w_x, \bar{Y}^{\mathrm{T}} w_y \right\rangle.$$

又因为

$$\left\| \bar{X}^{\mathrm{T}} w_x - \bar{Y}^{\mathrm{T}} w_y \right\|^2 = \left\| \bar{X}^{\mathrm{T}} w_x \right\|^2 + \left\| \bar{Y}^{\mathrm{T}} w_y \right\|^2 - 2 \left\langle \bar{X}^{\mathrm{T}} w_x, \bar{Y}^{\mathrm{T}} w_y \right\rangle,$$

所以模型 (8.2.3) 等价于

$$\begin{aligned} \min_{w_x, w_y} \quad & \left\| \bar{X}^{\mathrm{T}} w_x - \bar{Y}^{\mathrm{T}} w_y \right\|^2 \\ \text{s.t.} \quad & \left\| \bar{X}^{\mathrm{T}} w_x \right\|^2 = 1, \quad \left\| \bar{Y}^{\mathrm{T}} w_y \right\|^2 = 1. \end{aligned} \tag{8.2.5}$$

写成分量的形式为

$$\begin{aligned} \min_{w_x, w_y} \quad & \sum_{i=1}^{m} (w_x^{\mathrm{T}} \bar{x}_i - w_y^{\mathrm{T}} \bar{y}_i)^2 \\ \text{s.t.} \quad & \sum_{i=1}^{m} (w_x^{\mathrm{T}} \bar{x}_i)^2 = 1, \quad \sum_{i=1}^{m} (w_y^{\mathrm{T}} \bar{y}_i)^2 = 1. \end{aligned} \tag{8.2.6}$$

模型 (8.2.6) 给出了经典 CCA 的几何解释: 即在每组中心化数据投影值平方和为 1 的约束下, 两组数据投影值间的距离越小越好 (即差的平方和越小越好).

8.2.3　经典 CCA 的求解算法

不失一般性, 假设 $\lambda \neq 0$ 且对称非负定阵 C_{xx} 和 C_{yy} 都是非奇异的 (否则, 将其正则化). 由方程 $C_{yx}w_x = \lambda C_{yy}w_y$ 可推出 $w_y = \lambda^{-1} C_{yy}^{-1} C_{yx} w_x$, 将其代入方程 $C_{xy}w_y = \lambda C_{xx}w_x$ 中, 可得广义特征方程:

$$C_{xy} C_{yy}^{-1} C_{yx} w_x = \lambda^2 C_{xx} w_x. \tag{8.2.7}$$

利用矩阵 C_{xx} 的特征值分解 (EVD)$C_{xx} = U\Sigma_x U^{\mathrm{T}}$, 其中 $U \in R^{p \times p}$ 是正交阵, $\Sigma_x = \mathrm{diag}(\sigma_1, \cdots, \sigma_p)$ 且 $\sigma_1 \geqslant \cdots \geqslant \sigma_p > 0$ 是 C_{xx} 的全部非零特征值, 可将模型 (8.2.7) 转化为特征方程:

$$C_{xy}C_{yy}^{-1}C_{yx}w_x = \lambda^2 U\Sigma_x U^{\mathrm{T}}w_x.$$

进而得

$$\Sigma_x^{-1}U^{\mathrm{T}}C_{xy}C_{yy}^{-1}C_{yx}UU^{\mathrm{T}}w_x = \lambda^2 U^{\mathrm{T}}w_x.$$

记

$$\bar{w}_x = U^{\mathrm{T}}w_x, \quad B_{xy} = \Sigma_x^{-1}U^{\mathrm{T}}C_{xy}C_{yy}^{-1}C_{yx}U \in R^{p \times p},$$

则有

$$B_{xy}\bar{w}_x = \lambda^2 \bar{w}_x. \tag{8.2.8}$$

为了求解特征方程 (8.2.8), 需要将矩阵 B_{xy} 分解为

$$B_{xy} = \Sigma_x^{-1/2}\Sigma_x^{-1/2}U^{\mathrm{T}}C_{xy}C_{yy}^{-1/2}C_{yy}^{-1/2}C_{yx}U\Sigma_x^{-1/2}\Sigma_x^{1/2} = \Sigma_x^{-1/2}BB^{\mathrm{T}}\Sigma_x^{1/2},$$

其中 $B = \Sigma_x^{-1/2}U^{\mathrm{T}}C_{xy}C_{yy}^{-1/2} \in R^{p \times q}$ 且 $\mathrm{rank}(B) = r_B \leqslant \min\{p, q\}$. 利用矩阵 B 的奇异值分解 (SVD):

$$B = P\begin{bmatrix} \Sigma_B & 0 \\ 0 & 0 \end{bmatrix} Q^{\mathrm{T}} = [P_1, P_2]\begin{bmatrix} \Sigma_B & 0 \\ 0 & 0 \end{bmatrix} Q^{\mathrm{T}} = [P_1\Sigma_B, 0]Q^{\mathrm{T}},$$

其中 $P_1 = [p_1, \cdots, p_{r_B}] \in R^{p \times r_B}$ 是列正交阵, $\Sigma_B = \mathrm{diag}(\lambda_1, \cdots, \lambda_{r_B}), \lambda_1 \geqslant \cdots \geqslant \lambda_{r_B} > 0$ 是 B 的全部非零奇异值, 可将矩阵 B_{xy} 进一步表示为

$$B_{xy} = \Sigma_x^{-1/2}[P_1\Sigma_B, 0]Q^{\mathrm{T}}Q\begin{bmatrix} \Sigma_B P_1^{\mathrm{T}} \\ 0 \end{bmatrix} \Sigma_x^{1/2} = \Sigma_x^{-1/2}P_1\Sigma_B^2 P_1^{\mathrm{T}}\Sigma_x^{1/2}.$$

进而有 $B_{xy}(\Sigma_x^{-1/2}P_1) = (\Sigma_x^{-1/2}P_1)\Sigma_B^2$, 即

$$B_{xy}[\Sigma_x^{-1/2}p_1, \cdots, \Sigma_x^{-1/2}p_{r_B}] = [\Sigma_x^{-1/2}p_1, \cdots, \Sigma_x^{-1/2}p_{r_B}]\Sigma_B^2.$$

故 $\{(\bar{w}_{xi} = \Sigma_x^{-1/2}p_i, \lambda_i^2)\}_{i=1}^{r_B}$ 是特征方程 (8.2.8) 的全部非零解, 即非零特征值及对应的特征向量. 由于模型 (8.2.3) 是极大值问题, 所以可取前 $1 \leqslant d \leqslant r_B$ 个最大特征值对应的特征向量作为基矩阵 W_+, 其中

$$w_{xi} = U\bar{w}_{xi} = U\Sigma_x^{-1/2}p_i \in R^p, \quad i = 1, \cdots, d.$$

对应地, 基矩阵 W_y 可取为

$$w_{yi} = \lambda_i^{-1} C_{yy}^{-1} C_{yx} w_{xi} = \lambda_i^{-1} C_{yy}^{-1} C_{yx} U \Sigma_x^{-1/2} p_i \in R^q, \quad i = 1, \cdots, d.$$

称 (w_{xi}, w_{yi}) 为第 i 对典型方向, 对应的贡献率为

$$\frac{\lambda_i^2}{\lambda_1^2 + \cdots + \lambda_{r_B}^2}.$$

称 $w_x^{\mathrm{T}} x$ 和 $w_y^{\mathrm{T}} y$ 为典型变量 (Canonical Variable) 或典型成分 (Canonical Component). 若只取一对典型方向, 则

$$w_x = U \Sigma_x^{-1/2} p_1, \quad w_y = \lambda_1^{-1} C_{yy}^{-1} C_{yx} U \Sigma_x^{-1/2} p_1.$$

这时, 利用 w_x, w_y 可将高维数据集 $\{x_i\}_{i=1}^m \in R^p$ 和 $\{y_i\}_{i=1}^m \in R^q$ 降至一维数据集 $\{w_x^{\mathrm{T}} x_i\}_{i=1}^m \in R$ 和 $\{w_y^{\mathrm{T}} y_i\}_{i=1}^m$, 使得典型变量间具有极大相关性.

若取两对典型方向 (w_{x1}, w_{y1}) 和 (w_{x2}, w_{y2}), 则

$$\begin{cases} W_x = [w_{x1}, w_{x2}] = [U \Sigma_x^{-1/2} p_1, U \Sigma_x^{-1/2} p_2] \in R^{p \times 2}, \\ W_y = [w_{y1}, w_{y2}] = [\lambda_1^{-1} C_{yy}^{-1} C_{yx} U \Sigma_x^{-1/2} p_1, \lambda_2^{-1} C_{yy}^{-1} C_{yx} U \Sigma_x^{-1/2} p_2] \in R^{q \times 2}. \end{cases}$$

这时两对典型方向的累积贡献率为

$$\frac{\lambda_1^2 + \lambda_2^2}{\lambda_1^2 + \cdots + \lambda_{r_B}^2}.$$

利用 W_x, W_y 可将高维数据集 $\{x_i\}_{i=1}^m \in R^p$ 和 $\{y_i\}_{i=1}^m \in R^q$ 降至二维数据集 $\{W_x^{\mathrm{T}} x_i\}_{i=1}^m$ 和 $\{W_y^{\mathrm{T}} y_i\}_{i=1}^m$.

如果 d 对典型方向 $(w_{x1}, w_{y1}), \cdots, (w_{xd}, w_{yd})$ 的累积贡献率

$$\frac{\lambda_1^2 + \cdots + \lambda_d^2}{\lambda_1^2 + \cdots + \lambda_{r_B}^2} \geqslant 90\%,$$

则利用

$$\begin{cases} W_x = [w_{x1}, \cdots, w_{xd}] = [U \Sigma_x^{-1/2} p_1, \cdots, U \Sigma_x^{-1/2} p_d] \in R^{p \times d}, \\ W_y = [w_{y1}, \cdots, w_{yd}] = [\lambda_1^{-1} C_{yy}^{-1} C_{yx} U \Sigma_x^{-1/2} p_1, \cdots, \lambda_d^{-1} C_{yy}^{-1} C_{yx} U \Sigma_x^{-1/2} p_d] \in R^{q \times d}, \end{cases}$$

可将高维数据集 $\{x_i\}_{i=1}^m \in R^p$ 和 $\{y_i\}_{i=1}^m \in R^q$ 降至 d 维数据集 $\{W_x^{\mathrm{T}} x_i\}_{i=1}^m$ 和 $\{W_y^{\mathrm{T}} y_i\}_{i=1}^m$ 使得典型变量间具有极大相关性.

　　算法 8.2.1 (经典 CCA)

　　步 1. 给定两个数据集 $\{x_i\}_{i=1}^m \in R^p$ 和 $\{y_i\}_{i=1}^m \in R^q$, 计算矩阵 C_{xx}, C_{yy}, C_{xy}.

步 2. 为了避免矩阵的奇异性, 置 $C_{xx} \leftarrow C_{xx} + tI_p, C_{yy} \leftarrow C_{yy} + tI_q$, 其中 $t > 0$ 是正则化参数.

步 3. 对 C_{xx} 做 EVD: $C_{xx} = U\Sigma_x U^{\mathrm{T}}$.

步 4. 令 $B = \Sigma_x^{-1/2} U^{\mathrm{T}} C_{xy} C_{yy}^{-1/2} \in R^{p \times q}$ 且 $\mathrm{rank}(B) = r_B \leqslant \min\{p, q\}$.

步 5. 对 B 做 SVD: $B = [P_1 \Sigma_B, 0] Q^{\mathrm{T}}$, 其中 $P_1 = [p_1, \cdots, p_{r_B}] \in R^{p \times r_B}$ 是列正交阵, $\Sigma_B = \mathrm{diag}(\lambda_1, \cdots, \lambda_{r_B}), \lambda_1 \geqslant \cdots \geqslant \lambda_{r_B} > 0$ 是 B 的全部非零奇异值.

步 6. 若累积贡献率满足

$$\frac{\lambda_1^2 + \cdots + \lambda_d^2}{\lambda_1^2 + \cdots + \lambda_{r_B}^2} \geqslant 90\%,$$

则取 $d \leqslant r_B$ 对典型方向:

$$\begin{cases} w_{xi} = U\Sigma_x^{-1/2} p_i, \\ w_{yi} = \lambda_i^{-1} C_{yy}^{-1} C_{yx} U \Sigma_x^{-1/2} p_i, \quad i = 1, \cdots, d. \end{cases}$$

8.3 监督 CCA

不同于经典 CCA 考虑的是两个无标签数据集, 监督 CCA 考虑的是两个多类 ($r \geqslant 2$ 类) 数据集. 为了便于叙述, 简要回顾 5.1 节中介绍的类内、类间及总体散阵的概念.

给定 $r \geqslant 2$ 类数据集 $T = \{(x_i, y_i)\}_{i=1}^m \in R^d \times \{1, \cdots, r\}$, 第 i 类数据的个数为 m_i 且 $m_1 + \cdots + m_r = m$. 记

$$X = [x_1, \cdots, x_m] \in R^{d \times m}, \quad X_i = [x_1^{(i)}, \cdots, x_{m_i}^{(i)}] \in R^{d \times m_i},$$

$$c = \frac{1}{m} \sum_{i=1}^m x_i \in R^d, \quad c_i = \frac{1}{m_i} \sum_{x \in X_i} x \in R^d,$$

$$e = (1, \cdots, 1)^{\mathrm{T}} \in R^m, \quad e_i = (1, \cdots, 1)^{\mathrm{T}} \in R^{m_i}, \quad i = 1, \cdots, r.$$

类间、类内及总体散阵 S_b, S_w, S_t 分别定义为

$$S_b = \sum_{i=1}^r m_i (c_i - c)(c_i - c)^{\mathrm{T}},$$

$$S_w = \sum_{i=1}^r \sum_{x \in X_i} (x - c_i)(x - c_i)^{\mathrm{T}},$$

$$S_t = \sum_{i=1}^m (x_i - c)(x_i - c)^{\mathrm{T}},$$

且满足 $S_t = S_w + S_b$. 三个散阵的迹 $\mathrm{Tr}(S_b), \mathrm{Tr}(S_w)$ 和 $\mathrm{Tr}(S_t)$ 分别表示类间分离性、类内凝聚性和总体方差.

给定 $r \geqslant 2$ 类数据集 $\{((x_i, y_i), z_i)\}_{i=1}^m \in R^p \times R^q \times \{1, \cdots, r\}$, 用 c_x, c_y 分别表示数据集 $\{(x_i, z_i)\}_{i=1}^m \in R^p \times \{1, \cdots, r\}$ 和 $\{(y_i, z_i)\}_{i=1}^m \in R^q \times \{1, \cdots, r\}$ 的总体均值, 用 c_{xk}, c_{yk} 分别表示第 $k \in \{1, \cdots, r\}$ 类的类均值, 用 S_t^x, S_b^x, S_w^x 和 S_t^y, S_b^y, S_w^y 分别表示两个数据集的总体散阵、类间散阵和类内散阵.

根据总体散阵的定义知 $C_{xx} = S_t^x, C_{yy} = S_t^y$, 因此从模型 (8.2.2) 中可以看出, $\min w_x^{\mathrm{T}} C_{xx} w_x$ 和 $\min w_y^{\mathrm{T}} C_{yy} w_y$ 只是表示降维后的数据集 $\{w_x^{\mathrm{T}} x_i\}_{i=1}^m$ 和 $\{w_y^{\mathrm{T}} y_i\}_{i=1}^m$ 在整体上越凝聚越好, 并没有考虑类标签信息. 为了得到更好的相关性, 监督 CCA 在模型 (8.2.2) 的基础上加入了识别信息, 将其中的 C_{xx} 和 C_{yy} 分别用类内散阵 S_w^x 和 S_w^y 替代, 得到下面的最优化模型:

$$\max_{w_x, w_y} \frac{w_x^{\mathrm{T}} C_{xy} w_y}{\sqrt{w_x^{\mathrm{T}} S_w^x w_x \cdot w_y^{\mathrm{T}} S_w^y w_y}}. \tag{8.3.1}$$

由于模型 (8.3.1) 与投影向量 w_x, w_y 的范数 $\|w_x\|, \|w_y\|$ 无关, 所以可等价地表示为

$$\begin{aligned} \max_{w_w, w_y} \quad & w_x^{\mathrm{T}} C_{xy} w_y \\ \text{s.t.} \quad & w_x^{\mathrm{T}} S_w^x w_x = 1, \quad w_y^{\mathrm{T}} S_w^y w_y = 1. \end{aligned} \tag{8.3.2}$$

类似于 8.2 节的讨论, 可以得到监督 CCA 的求解算法, 具体如下.

算法 8.3.1 (监督 CCA)

步 1. 给定 $r \geqslant 2$ 类数据集 $\{((x_i, y_i), z_i)\}_{i=1}^m \in R^p \times R^q \times \{1, \cdots, r\}$, 计算矩阵 S_w^x, S_w^y 和 C_{xy}.

步 2. 为了避免矩阵的奇异性, 置 $S_w^x \leftarrow S_w^x + t I_p, S_w^y \leftarrow S_w^y + t I_q$, 其中 $t > 0$ 是正则化参数.

步 3. 对 S_w^x 做 EVD: $S_w^x = U \Sigma_x U^{\mathrm{T}}$.

步 4. 令 $B = \Sigma_x^{-1/2} U^{\mathrm{T}} C_{xy} (S_w^y)^{-1/2} \in R^{p \times q}$ 且 $\mathrm{rank}(B) = r_B \leqslant \min\{p, q\}$.

步 5. 对 B 做 SVD: $B = [P_1 \Sigma_B, 0] Q^{\mathrm{T}}$, 其中 $P_1 = [p_1, \cdots, p_{r_B}] \in R^{p \times r_B}$ 是列正交阵, $\Sigma_B = \mathrm{diag}(\lambda_1, \cdots, \lambda_{r_B}), \lambda_1 \geqslant \cdots \geqslant \lambda_{r_B} > 0$ 是 B 的全部非零奇异值.

步 6. 若累积贡献率满足

$$\frac{\lambda_1^2 + \cdots + \lambda_d^2}{\lambda_1^2 + \cdots + \lambda_{r_B}^2} \geqslant 90\%,$$

则取 $d \leqslant r_B$ 对典型方向:

$$\begin{cases} w_{xi} = U \Sigma_x^{-1/2} p_i, \\ w_{yi} = \lambda_i^{-1} (S_w^y)^{-1} C_{yx} U \Sigma_x^{-1/2} p_i, \quad i = 1, \cdots, d. \end{cases}$$

习题与思考题

(1) 利用 UCI 数据库中的高维数据实现本章所介绍的算法.

(2) 掌握本章介绍的经典 CCA 和监督 CCA 的推导过程, 并参考已发表的相关文章, 做进一步推广.

参 考 文 献

[1] HOTELLING H. Relations between two sets of variates. Biometrika, 1936, 28(3/4): 321-377.

[2] GAO X Z, SUN Q S, YANG J. MRCCA: a novel CCA based method and its application in feature extraction and fusion for matrix data. Applied Soft Computing, 2018, 62: 45-56.

[3] GAO X Z, SUN Q S, XU H T, et al. 2D-LPCCA and 2D-SPCCA: Two new canonical correlation methods for feature extraction, fusion and recognition. Neurocomputing, 2018, 284: 148-159.

[4] GAO X Z, SUN Q S, XU H T. Multiple-rank supervised canonical correlation analysis for feature extraction, fusion and recognition. Expert Systems with Applications, 2017, 84: 171-185.

[5] LE A, BIR B. Face image super-resolution using 2D CCA. Signal Processing, 2014, 103: 184-194.

[6] SUN Q S. Research on Feature Extraction and Image Recognition Based on Correlation Projection Analysis. Nanjing: Nanjing University of Science and Technology, 2006 (Ph.D. dissertation).

[7] YAN J J, ZHENG W M, ZHOU X Y, et al. Sparse 2-D canonical correlation analysis via low rank matrix approximation for feature extraction. IEEE Signal Process. Lett., 2012, 19(1): 51-54.

[8] LEE S H, CHOI S. Two-dimensional canonical correlation analysis. IEEE Signal Process. Lett., 2007, 14(10): 735-738.

彩　　图

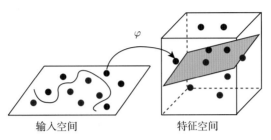

输入空间　　　　　　　特征空间

图 3.6.4　核函数的几何解释

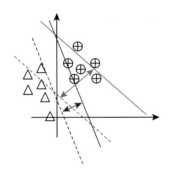

图 3.10.1　TBSVM 的直观解释

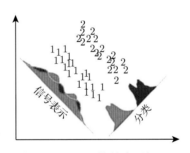

图 5.3.1　LDA 的基本思想

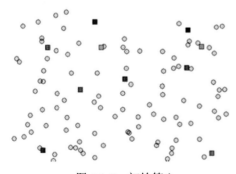

图 6.1.2　初始簇心

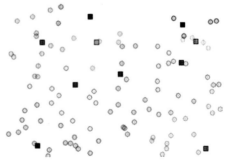

图 6.1.3　第一次聚类后的结果

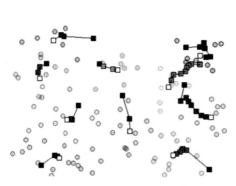
图 6.1.4　10 次聚类后的结果

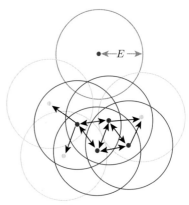
图 6.3.1　密度聚类的几何解释

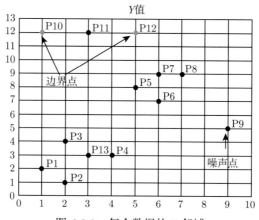
图 6.3.3　每个数据的 3 邻域

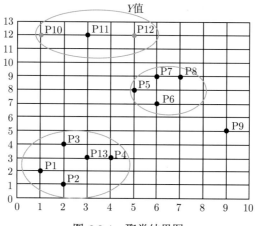
图 6.3.4　聚类结果图